创新与实践

——浙江现代植保建设论坛

史济锡◎主编

Innovation and Practice:

Zhejiang Modern Plant Protection Construction Forum

ZHEJIANG UNIVERSITY PRESS
浙江大学出版社

《创新与实践——浙江现代植保建设论坛》

编辑委员会

序

植保，在现代农业体系中有着十分重要的地位。加强植保建设是保障农业生产、农产品质量和生态安全的重要基础，是发展绿色农业的重要支撑。

“十二五”时期是浙江省植保事业快速发展的五年。五年来，浙江省按照生态文明建设、“五水共治”等决策部署和发展高效生态农业的要求，在全国率先开展了“理念生态化、体系网络化、装备现代化、技术多样化、服务专业化”为主要内容的现代植保建设，切实转变病虫害防控方式，创新防控技术，在统防统治、绿色防控、检疫监管、预警体系、技术集成、装备提升、农药减量和信息化建设等方面取得了显著成效，为大力推进浙江省现代生态循环农业和绿色农业强省建设作出了积极贡献。

在推进现代植保建设的过程中，广大植保工作者进行了积极的思考、探索与实践，形成了一批富有价值的创新与实践成果。本书收集汇编的文章，是浙江省广大植保工作者思想智慧和探索实践的结晶，既有理论研究，又有实践总结，指导性、操作性较强，是一本较好的工具书。我相信，本书的出版发行，必将有利于现代植保理念的运用和推广，必将有力地促进浙江省现代生态循环农业建设，必将有力保障农产品质量安全，也必将加快农业发展方式转变。

植保事业使命光荣，责任重大。衷心祝愿浙江省植保事业在“十三五”新的征程上取得更大的成效，为农业现代化建设作出新的更大的贡献！

黄旭明

2015 年 11 月 12 日

前 言

“十二五”时期的五年，在浙江省植保检疫事业的发展历程中，是一个难以忘怀的五年，也是充满激情和梦想的五年。

2010年，作为“十二五”计划的开局之年，浙江省在全国率先提出“理念生态化、体系网络化、装备现代化、技术多样化、服务专业化”为主要内容并具有开创意义的现代植保建设，吹响了加快从传统植保向现代植保转变的进军号角。

五年来，全省广大植保检疫系统干部、科技人员以敢于担当的精神，积极探索，不断创新，勇于实践，一以贯之地把现代植保建设作为新时期植保检疫工作改革创新的一项历史性任务加以高度重视和着力推进。根据公共植保、绿色植保、科学植保的要求，系统规划和明确植保防灾减灾体系的目标定位、主要任务、实现路径、平台构建和政策保障，转变防控方式，创新防控技术，在统防统治、绿色防控、检疫监管、预警体系、技术集成、装备提升、农药减量和信息化建设上重点突破。五年来，目标明确，路径清晰，步履坚实，成效明显。通过近五年时间的不懈努力，工作理念不断提升，组织体系得以强化，技术支撑持续优化，装备水平明显提高，服务方式得到改进，为浙江省现代农业和绿色农业发展作出了积极贡献。

在现代植保建设的推进过程中，浙江省植保检疫工作者边实践、边思考，在现代植保的理论创新上作出了积极的探索。本书收集汇编的理论文章正是这种可贵探索的结晶，现结集出版，旨在学习借鉴，也是为了让社会各界更多地了解和关注植保检疫事业，让更多的同志重视和支持植保检疫事业。

“干在实处永无止境，走在前列要谋新篇。”浙江省植保检疫事业在“十三五”时期将面临更为艰巨的任务，责任重大，使命光荣。全省植保检疫工作者必将在新的征程中，在浙江这片充满生机和活力的大地上，谱写出更加灿烂的篇章。

本书在编写过程中得到了有关领导、专家、作者和植保系统干部、科技人员的大力支持，在此一并致谢。

编者

2015年12月

目 录

坚持创新驱动　推进现代植保建设

史济锡

一、积极探索实践，浙江省现代植保建设扎实起步

近年来，浙江省认真贯彻“预防为主、综合防治”方针，积极探索实践与现代农业发展相适应的植保建设新路子，不断推动传统植保向现代植保转变，为保障浙江省农业持续健康发展提供了愈来愈有力的支撑，主要表现在以下五个方面。

（一）公共植保得到有效落实

植保公益性、基础性、社会性地位进一步确立，植保防灾减灾能力日益增强，社会化服务体系逐步构建。省、市、县三级都成立了由政府分管领导担任指挥长的重大农作物病虫害和植物疫情防控指挥机构，将重大病虫和疫情防控上升为政府行为，建立了政府主导、部门联动的指挥机制。《浙江省农作物病虫害防治条例》正式颁布实行，为公共植保的全面推进提供了法制保障。省内区域间联防联控机制进一步完善，重大病虫周报和突发病虫应急响应制度全面实施。农药经营许可和重大病虫监测预报规范等相关规章制度得到进一步落实，农药经营市场秩序和病虫情报、疫情发布行为有效规范。植保检疫基础设施不断完善，新建国家和省级病虫监控区域站59个，并配备了一批监测预警仪器设施，监测预警体系基本构建。农作物重大病虫和植物疫情应急防控成效明显，在病虫和疫情发生形势较为严峻的情况下，水稻病虫危害损失率控制在2.5%，重大植物疫情得到有效遏制。

（二）绿色防控得到大力推进

坚持以人为本，在保障农业生产安全的同时，更加注重农产品质量安全，更加注重维护生物多样性，更加注重保护农业生态环境。绿色防控理念得到各级政府、植保科技人员和农业生产者的广泛认同，初步形成了合力推进的工作氛围。绿色防控技术研究与应用取得明显进展，在生物防治、物理防治、生态调控和生物农药等绿色防控集成创新方面迈出积极步伐，形成一批区域性的技术模式，得到了普遍推广。绿色防控示范应用规模不断扩大，通过典型引路、科学谋划、强化指导、合力推进等有效措施，组织创建省级绿色防控示范区62个，示范面积突破40万亩（1亩约为667平方米，考虑到农业生产实际工作情况，本书仍使用亩作为面积单位），示

范带动作用更为明显。绿色防控应用作物种类不断扩大,主要粮食作物和经济作物覆盖率进一步提升,为提升农产品质量、开发“三品一标”产品以及树立农业品牌等方面奠定了基础。

(三)防治方式得到重大转变

根据农业生产组织方式的新变化和病虫发生的新特点,积极调整农作物重大病虫害防治方式,推动病虫防控方式由一家一户分散防控向专业化统防统治转变。到2012年底,累计创建国家级专业化统防统治示范县、示范区43个,实施农作物病虫害专业化统防统治353万亩。加大专业化统防统治政策扶持力度,财政资金补贴和管理办法逐步完善,2012年全省专业化统防统治财政补贴资金达1.15亿元。积极扶持和规范植保专业化服务组织,植保社会化、专业化服务能力不断提高,全省已建植保专业化服务组织2000多家,拥有专业防治人员3.5万名,装备新型植保器械2.8万台(套),创建全国百强植保服务组织4家,创建省级示范性植保服务组织100家。

(四)检疫执法得到不断加强

建立和落实农业重大植物疫情防控责任制,省、市、县、镇(乡)逐级落实防控责任,明确属地管理原则,并实行了严格考核。切实加强重大植物疫情监测与防控,扎实推进重大农业植物疫情阻截带建设,重大植物疫情防御能力进一步增强,已建国家级阻截带监测点230个、省级监测点2000多个,有效阻截了疫情传入和遏制疫情扩散。强化植物检疫执法和监管,组织开展种子种苗检疫专项执法检查,规范产地检疫和调运检疫签证,加大境外引种检疫管理力度,实行跨区域联检,改善监管手段,提高了执法监管实效。切实抓好植物疫情防控,落实防控措施,加强督导力度,有效遏制了柑橘黄龙病、加拿大一枝黄花、梨树疫病、黄瓜绿斑驳花叶病毒病等重大疫病的发生和危害,没有造成区域性恶性蔓延。

(五)科技支撑得到明显提升

大力推进以监测预警数字化平台为主要内容的信息化建设,基本完成省级数字化平台一、二期建设,建设衢州、湖州、上虞、兰溪等市县数字化预警区域站40个,在建镇(乡)级农业有害生物数据采集点61个和省级植物疫情示范监测点30个,初步实现了粮油作物重大病虫监测预警数据标准化采集、网络化传输、规范化分析、图形化处理。借助“三农六方”的人才优势,组建现代植保建设专家组,为探索现代植保建设的目标、路径、措施和重点提供了更加坚实的智力支持和决策咨询。农科教协同攻关取得丰硕成果,以部、省级科研项目和“三农六方”科研协作项目为依托,通过协作攻关、示范应用相结合,开展南方水稻黑条矮缩病、梨树疫病、黄瓜绿斑驳花叶病毒病等灾变规律、监测预警与综合防治技术研究,为有效防控提供了技术支撑。

二、统一思想认识，切实增强新形势下推进现代植保建设的责任感和紧迫感

现代植保是建设现代农业的重要内容，是促进产业转型升级的重要手段。现代植保与传统植保相比，在工作理念上，传统植保较多侧重关注防病治虫、保证产量，往往是“有虫才治”、“为量而治”，忙于打应急战，现代植保则注重长远布局规划，突出防灾减灾、保障农业安全协调发展；在监管对象上，传统植保较多侧重对农药、作物的监管，现代植保则注重统筹兼顾农药生产、经营、使用主体和市场的全方位监管；在技术措施上，传统植保较多侧重依托药剂防治、化学防治，现代植保则注重化学、物理、生物综合防治和生态绿色防控；在防治方式上，传统植保较多侧重单家独户形式，现代植保则注重专业化、社会化的统防统治和联防联控；在工作手段上，传统植保较多侧重依赖传统工具和经验主义，现代植保则注重使用先进设施装备；在推进力量上，传统植保较多侧重依靠政府部门的行政推力，现代植保则注重行政力量、社会力量和生产主体自身力量的整合，形成合力共同推进。当前浙江省正处于加快推进现代植保的关键时期，各级农业部门要充分认识它的重要性，进一步增强责任感和紧迫感。

（一）加快推进现代植保建设是保障农业生产、消费和生态安全的迫切需要

植保检疫工作不仅担负着农业防灾救灾、防控农作物重大病虫草鼠和检疫性有害生物的重要任务，更肩负着保障农业生产、消费和生态环境安全的历史使命。首先，从农业生产安全角度看，综合各种资料、文献汇总，进入新世纪以来，我国农作物病虫害呈多发重发态势，每年发生面积近 70 亿亩次，因防控能力不足造成粮食损失 250 亿千克、经济作物损失 175 亿千克。推进现代植保建设，可以运用更加科学有效的植保检疫技术，加强农作物特别是粮食作物的病虫害防治，减少农作物病虫草害等有害生物的危害，对提升农业综合生产能力，保障农产品基本供给安全意义重大。其次，从农业消费安全角度看，植保检疫技术是控制和保障农产品质量安全的关键环节。随着人们生活水平的不断提高，以及农业市场化、国际化的加快推进，城乡居民对农产品质量安全日益关注，对植保检疫工作提出新的更高的要求，赋予了植保更为繁重的任务。加快推进现代植保建设，就是要转变防治策略和防控方式，最大限度地减少农药使用量，最大限度地提高防治的效率，努力从源头上控制农药使用风险，降低农药残留，让人民群众吃到安全放心的农副产品，应该说意义重大。再者，从农业生态安全角度看，合理利用自然资源，实现农业可持续发展，是当前农业发展的必然趋势。在传统植保思维的指导下，为有效防治病虫危害，很少考虑化学农药的使用量，容易造成在消除病虫害的同时，病虫害抗药性也

同步上升，面源污染加剧，造成农业生态环境的严重破坏。推进现代植保建设，加大绿色防控推进力度，高效防控重大植物疫情，严防检疫性外来有害生物入侵和恶性蔓延，有利于从根本上维护农业生态环境安全，促进人和自然的和谐发展，对推动现代农业可持续发展，意义重大。

（二）加快推进现代植保建设是推动农业转型升级的迫切需要

推动农业转型升级是浙江农业现代化的根本途径，也是要继续走在全国前列的必然选择。为此，浙江省农业厅根据要求作出了以扎实推进农业现代化“8810”三年行动计划来加快推进浙江省农业转型升级的重大决策部署。当前，各地农村大量青壮年外出务工，农村劳动力结构性短缺问题凸显，社会劳动力成本不断上升，在发展现代农业生产的大课题中，谁来种地，谁来防病治虫、怎样开展病虫防治等问题都将直接关系到农业的转型升级。推进现代植保建设，就是按照农业现代化“8810”三年行动计划的总体部署，坚持以大力推进专业化统防统治、绿色防控、植保信息化建设、重大植物疫情执法监管为主攻方向，着力构建新型植保服务体系，创新防控机制，集成防控技术，这有利于转变传统的一家一户分散防治方式，提高防治效果、效率和效益，促进农业生产经营方式转变，有利于统一品种布局、统一病虫防治，促进农业产业结构的调整优化，促进农民增产增收，有利于推动植保检疫的基础设施、预警体系、公共服务、科技示范、机制创新向“两区”集成配套，促进现代农业示范样板的打造。

（三）加快推进现代植保建设是实现农业创新驱动发展的迫切需要

全面实施创新驱动发展战略，是浙江省深入实施“八八战略”的内在要求和最新实践。植保检疫技术具有学科跨度大、涉及行业多、产业链条长等特点，它不仅与农药开发、植保机械等制造业密切相关，而且与作物育种、栽培方式等紧密相联，对推进农业科技进步具有明显的传导和放大效应。可以说，植保技术的创新驱动发展能力是衡量农业科技进步的重要标志。顺应农业科技创新浪潮，加快推进现代植保建设，有助于进一步引领农药开发，加快形成适应浙江省农作物布局结构和病虫害发生实际的农药产业体系，有助于推动农作物育种等生物技术的提升，加快培育一批抗病虫害能力强、稳产高产的农作物新品种，有助于推动农作物栽培方式的创新，扩大避灾减灾技术、设施的推广应用。

（四）加快推进现代植保建设是应对当前农作物病虫害灾情严峻形势的迫切需要

近年来，由于受异常气候、产业结构调整和耕作制度变革等因素的影响，农作物病虫害灾变规律发生新变化，一些跨国境、跨区域的迁飞性和流行性重大病虫暴发频率增加，外来有害生物入侵危害加重，农作物重大病虫害和重大农业植物疫情防控形势日趋严峻，对植保检疫工作提出了新的更高要求。这就需要我们加快推进现代植保建设，立足科学防控、有序防控和高效防控，进一步健全“政府主导、属地管理、联防联控”的防控机制，科学制订防控方案，全面落实防控责任，全力推进农作物病虫害监测预警信息化建设，提高病虫实时预警和防控决策指挥能力，强化灾情预测、预判、预警与应急处置能力，最大限度地减轻灾害损失，确保农业丰产丰收。

三、坚持创新驱动，努力推动现代植保建设迈上新台阶

浙江省委十三届三次全会作出了“关于全面实施创新驱动发展战略，加快建设创新型省份的决定”。这个决定是浙江省立足全局、面向未来的重大战略抉择。积极推进理念创新、体制创新与管理创新，进而带动科技创新、产业创新、发展方式创新等各个领域的创新，是推进现代农业创新发展的必由之路。建设现代植保，同样需要系统的变革创新，需要通过创新实现更高水平、更好质量的发展。这就要求我们把思想和行动统一到省委创新驱动发展战略这一重大决策部署上来，紧紧围绕农业现代化“8810”三年行动计划，以创新驱动推动现代植保事业再上新台阶。具体创新驱动从以下五方面着力。

（一）进一步提升工作理念

理念创新是认识不断深化的过程，其本质在于超越，在于对原有观念的突破。这需要我们从创新理念入手，在破解难题中及时地总结和升华成功的经验，在解决矛盾中不断修正过时甚至制约前进步伐的观念，不断优化植保检疫工作的策略、方式和措施。要坚持公共植保、绿色植保、科学植保理念。坚持把植保检疫工作作为“三农”公共事业的重要内容，作为人与自然和谐系统的组成部分，把农作物病虫害防治作为公共卫生的工作要求，突出其社会管理和公共服务职能，突出其对高产、优质、高效、生态、安全农业的保障和支撑作用。要明确事业定位。防治病虫害、控制疫情是植保检疫工作的具体内容，如果防控不到位，将直接影响粮食等作物的产出数量与质量。但我们必须清醒地认识到，防病虫、控疫情不是发展目标，植保检疫事业的根本在于保丰收、保质量、保安全。因此，各级农业部门要围绕保丰收、保质量、保安全的根本任务，主动调整工作思维，科学梳理发展思路，不断地用新载体、新手段推进现代植保事业实现新发展。要调整监管领域。长期以来，浙江省植保检疫工作在防治病虫害、促进作物生长方面付诸了很多努力，也积累了许多宝贵的经验，为农业生产发展起到了重大作用。随着当前植保形势的新发展，只有紧紧抓住人的关键因素，从监控病虫、作物向监管主体、市场转变，才能不断拓展和丰富现代植保理念的内涵和外延，才能更大限度地发挥主体在植保检疫事业中的积极性。

（二）进一步强化组织体系

组织体系是现代植保的引擎和基础。当前，浙江省农业产业结构、经营方式和

耕作制度面临一系列新的调整，对植保检疫工作要求越来越高，必须加快建立上下贯通、覆盖多元的现代植保组织体系。要健全应急防控体系。继续强化属地管理和责任制度，加强重点区域应急防治设施设备建设，完善应急预案，建立健全县级以上重大病虫害和疫情防控指挥系统为主导、植保体系应急防治队伍为主体、社会专业防治组织为重要补充的应急防控体系，提高重大病虫和植物疫情应急处置和联防联控能力。要壮大植保服务体系。建立健全县级以上植保公共服务体系，强化植保机构的公益性属性，突出加强监测预警、防治指导、疫情监管、农药管理等公共服务职能，切实加强基层植保站点建设。同时，要加快培育多元化、规范化的植保专业化服务组织，鼓励支持科研单位、教育机构、农民专业合作社、涉农企业和基层农技服务组织开展社会化服务，引导植保专业服务组织持续健康发展，切实提升植保社会化服务水平。要夯实政策保障体系。多渠道增加植保检疫防灾减灾资金投入，加大对粮食生产功能区病虫害应急防治和统防统治的政策扶持力度，建立完善重大植物疫情铲除、生物防治和高效低毒农药推广的补贴机制，加大专业化防治组织购置植保机械的补贴力度。深入推进植保检疫法制建设，严格落实《浙江省农作物病虫害防治条例》，保障基层植保机构开展病虫害监测预报和防控指导所需经费，完善植保检疫防灾减灾相关配套管理办法、技术规程，规范植保检疫执法行为，切实提升植保工作的法制化和规范化水平。

(三)进一步优化技术支撑

技术创新是推进现代植保建设的不竭动力，也是植保检疫事业永葆生机的源泉。要准确把握植保产业发展趋势，瞄准国际植保检疫科技前沿，加强病虫发生规律、暴发成灾机理基础理论以及植保检疫高新技术的研究，提高先进科学技术对现代植保的支撑能力。要加大绿色防治技术研发力度。紧扣当前农业生产中的突出问题，针对近年来南方水稻黑条矮缩病、黄瓜绿斑驳花叶病毒病、番茄黄化曲叶病毒病等灾变性新发病虫和植物疫情，密切农科教和产学研协作，加强病虫害发生规律、监测预警、综合治理等研究，加快绿色防控技术和产品的开发、推广和应用。要加快农药产品开发步伐。针对杨梅、中药材、食用菌等特色优势农作物病虫害防治“无登记药可用”的状况，积极创新机制，引导生产企业加强技术研发和攻关，加强农作物病虫抗药性研究，加快高效、低毒、低残留新农药的开发，努力破解特色优势农作物病虫害防治“无药可用”难题。严格农药生产和经营许可，加强农药市场产品质量监管，坚决杜绝生产经营国家明令禁止的高毒、高残留农药，从源头保障农产品质量和生态安全。要提升技术推广应用效果。要加强病虫害生物防治、生态控制、物理防治、化学防治等关键实用技术的集成应用，做好农机、农艺融合和良种、良法配套，不断提高防控工作的科技贡献率，全面提升防治的效果和质量。

(四)进一步提高装备水平

现代装备是现代植保的重要支撑。要建立植保检疫全程信息化平台。要根据农业手段信息化行动部署，充分应用物联网、全球定位系统、地理信息系统以及雷达遥感监测等现代信息手段，加快构建农作物病虫害监测预警、防控和检疫数字化平台，不断提升重大病虫害监测预警、防控指挥和检疫监管信息化水平。要组织实施好23个国家级中央植保工程项目和36个省级监测网点和数据采集点，加强病虫害监控网点建设，加快构建病虫害监测网络体系。同时，要继续推进重大植物疫情阻截带建设，改善疫情监测和防控设施及设备，提高疫情监管能力。要加强植保机械装备的推广应用。充分用好农机购机补贴政策，因地制宜装备大中型高效植保机械，改善病虫防控作业条件。要结合中央植保项目和省级植保项目的实施，重点改善病虫调查监测、信息传输、检验检疫、防控处置等先进仪器设备。积极引导生产企业与科研单位合作，加大植保机械的研制开发、施药技术的研究，提高植保机械装备的科技含量和自主创新能力，扩大先进适用植保机械装备的推广应用。

(五)进一步改进服务方式

服务“三农”是农业部门的宗旨所在，也是农业部门的优良传统。当前，随着农业经营方式的转变和现代农业的推进，做好植保检疫工作，必须牢固树立为基层服务、为农民服务、为生产服务的观念，坚持群众路线，倾听农民呼声，切实为基层群众解忧、破难。一方面，要加强专业化统防统治服务。实践证明，推进专业化统防统治是一条现实而有效的路子。要围绕“两区”建设平台，按照“政府支持、市场化运作”的原则，在全面推进水稻病虫害专业化统防统治的基础上，加快推进统防统治技术在水果、茶叶、蔬菜等经济作物上的应用，不断提高病虫害专业化统防统治技术的覆盖面和到位率。另一方面，要加强专业大户防治专业培训。从农业生产过程看，植保检疫工作是技术含量较高、用工较多、劳动强度较大、风险控制较难的环节，农民单家独户难以应对。因此，在大面积连片推行统防统治的基础上，必须高度重视专业大户防治能力的提升。要积极组织开展病虫害综合防治农民田间学校培训活动，加强对病虫害专业化防治的知识技能培训，切实提高广大农户病虫防治、应用植保新技术的能力与水平。

四、注重工作方法，确保现代植保建设取得实效

(一)要加强组织领导

各级农业部门要充分认识现代植保建设在现代农业发展中的重要地位和作用，切实把植保检疫工作摆上重要议事日程，定期研究解决建设过程中遇到的困难和问题。要积极争取党委政府的重视和有关部门的支持，进一步健全重大病虫和植物疫情防控指挥机构，落实防控责任。强化植保检疫机构建设，积极争取把县级以上植保检疫机构从业人员纳入参照公务员管理。加强基层农业公共服务体系建

设，落实植物疫病防控公共服务职能。特别在病虫害和植物疫情防控关键时期，要切实履行职责，加强督导检查，确保农作物病虫不造成重大危害、农业重大植物疫情不恶性蔓延。尤其是当前，各级农业部门要针对水稻“两迁”害虫呈暴发成灾态势，及时向政府领导汇报，要密切关注病虫发生动态，加强监测预警，及时准确发布病虫情报，突出重点区域、关键时期，强化分类指导、科学防控，落实各项防控措施，努力实现“虫口夺粮”，确保晚稻增产增收。

(二)要注重示范推广

坚持示范推广，是推进现代植保建设的有效途径。近年来，浙江省积极探索开展绿色防控示范区创建工作，创新运行机制，组装集成技术，总结成功经验，扩大示范效应，提高推广效果，使浙江省绿色防控工作得到有力推进。各级农业部门要以绿色防控示范区建设为突破口，在认真总结经验的基础上，积极开展理论创新、实践创新和科技创新，不断注入新的元素和活力，总结切合浙江省实际的现代植保建设实现路径、具体措施和发展模式，并积极加以示范推广，以点带面推动浙江省现代植保建设取得新成效。

(三)要建立协作机制

现代植保是一项系统工程，既包括政策层面的内容，又包括机制、技术等方面的要素，必须依赖于完善的协作机制。各级农业部门要统筹兼顾、加强协调，通过建立和完善协作机制，确保现代植保建设顺利推进。要加强与有关职能部门的沟通协作，争取在资金投入、政策保障、机构设置、职能确定、参照公务员管理等方面加大支持力度，形成工作合力。要加强与科研单位、大专院校的协作，建立跨部门、跨学科、跨行业的科技创新团队，形成产学研、农科教紧密协作的联合体，为现代植保建设提供科技支撑。要加强农业系统内部协作，通过与栽培、种子、土肥、农机等部门紧密配合，健全工作机制，整合系统内部资源力量，共同推动现代植保健康发展。

(四)要抓好干部队伍

任何一项事业，没有队伍不行，有了队伍不成体系也不行，有了体系没有能力还是不行。当前，植保系统人才紧缺、青黄不接的问题十分突出，全省县级病虫测报站专业病虫测报员平均每县不足2名，而且年龄老化、知识老化和结构不合理的问题突出，难以适应现代植保事业发展的需要。要加快培养三支队伍，即加快培养一支装备精良、技术精湛、务实高效的监测预警队伍，加快培养一支扎根基层、擅长业务、勤奋敬业的推广管理队伍，加快培养一支持证上岗、行为规范、廉洁奉公的检疫执法队伍。要着力提升三大能力。要提升把握大局的能力，主动适应现代植保服务现代农业的发展要求，把植保检疫工作纳入现代农业大局中系统谋划，努力增强对新形势、新知识、新方法的把握能力。要提升政策研究的能力，善于调查，深入研究发展现代植保中碰到的瓶颈问题，捕捉前沿信息，分析深层问题，提出前瞻对策。要提升应急防控的能力，组织开展疫情预防与处置知识的培训，完善应急处置预案，注重应急防控演练，切实增强突发重大植物疫情应对能力。要继续发扬三种精神。植保检疫系统广大干部职工长期以来工作在农业生产一线，工作条件艰苦，肩负任务繁重，有着吃苦奉献的精神和传统。要继续发扬肯吃苦的精神，不畏艰难，勇挑重担，锐意进取，争创一流工作业绩。要继续发扬重实干的精神，坚持脚踏实地、真抓实干，谋划实招、务求实效。要继续发扬乐于奉献的精神，坚持以农民群众利益为工作的根本出发点，以强烈的事业心和责任感，全身心投入植保检疫事业中。同时，各级农业部门要完善人才激励机制，为广大植保检疫工作人员提供施展才干的舞台，创造更好的工作和生活条件，努力形成“人才辈出”的良好局面。

（作者为浙江省农业厅党组书记、厅长。本文系作者在2013年8月15日全省现代植保建设暨绿色防控现场会上的讲话摘要）

积极探索创新重大农业植物疫情防控机制

史济锡

一、肯定成绩，坚定做好植物检疫工作信心

近年来，在省委、省政府的高度重视下，各地认真贯彻“预防为主、综合防治”植保方针，坚持遵循“科学植保、公共植保、绿色植保”理念，积极探索创新重大农业植物疫情防控机制，切实履行检疫监管职能，封锁扑灭了一批植物疫情，有效控制了植物检疫性有害生物的蔓延危害，为全省农业农村经济健康快速发展作出了重要贡献。

（一）植物疫情严重蔓延危害势头有效遏制

各地按照省防控指挥部统一部署，因地制宜制订防控技术方案，强化防控措施，重大植物疫情蔓延势头得到有效遏制。柑橘黄龙病发生面积从最高时的15.9万亩缩小到4.6万亩，病株数从187万株减少到9万株，龙泉、云和、东阳、永康、景宁、缙云、武义等7个县（市）达到基本扑灭标准；加拿大一枝黄花发生面积从24万亩压缩到6万亩，目前控制在零星轻发生状态；梨树疫病仍只在部分县（市、区）点片发生，病株率控制在1%以下；黄瓜绿斑驳花叶病毒病危害减轻，未发生区域性流行危害。浙江省柑橘黄龙病、梨树疫病、黄瓜绿斑驳花叶病毒病防控工作多次得到农业部的高度评价，为促进全国柑橘等优势产业健康发展作出了重要贡献。

（二）植物疫情监测预警防控能力明显提升

各地认真落实国家重大植物疫情阻截带建设要求，全省设立了各类植物疫情监测点1195个，新建省级示范监测点30个，初步形成了全省重大植物疫情监测与阻截网络。各监测点严格按照农业部《重大植物疫情阻截带疫情监测办法（试行）》等要求，落实专人定期定点观察疫情动态，严格执行疫情发布制度，做到发现扶桑绵粉蚧、黄瓜绿斑驳花叶病毒病等疫情及时报告，坚决处置，确保将疫情封锁控制在局部区域，有效阻截了红火蚁、香蕉穿孔线虫、马铃薯甲虫重大疫情入侵。植物疫情监测发现处置上报及时率和准确率逐年提高，植物疫情监测管理的制度化、规范化和科学化水平不断提升。

(三)植物检疫执法监管责任体系基本构成

严格政府主导,省、市、县三级都成立了由政府分管领导担任指挥长,财政、发改等19个相关部门为成员的重大农业植物疫情防控指挥机构,建立健全工作联系机制,基本形成由政府层面负总责、各相关部门协同配合的工作格局。严格属地责任,省、市、县、乡(镇)政府逐级签订重大农业植物疫情防控工作责任书,完善年度考核机制,基本构建了全省上下植物检疫执法监管责任体系,实现了植物检疫工作由依靠检疫收费支撑向政府提供保障的根本转变。严格检疫执法监管,以源头检疫为重点,以产地检疫和执法检查为抓手,每年组织集中执法行动,全面推广应用"全国植物检疫工作平台",建立"一户一档"网络监管检疫档案,实现了对种子种苗从生产—流通—市场的全程网络化检疫监管,检疫监管的针对性、有效性和规范性明显增强。

(四)植物检疫维护农业安全作用日益凸显

认真贯彻《植物检疫条例》和《浙江省植物检疫实施办法》,以植物检疫执法和检疫性有害生物防控为重点,狠抓产地检疫、调运检疫、市场检疫监管和国外引种疫情监测,全省种子种苗产地、调运、境外引种检疫监管率分别达到95%、100%、100%,自觉接受检疫、主动要求检疫的单位(主体)比例逐年增加。深入开展检疫性有害生物监测、阻截防控治理工作,全省植物疫情发生面积逐年下降,危害程度逐年减轻,有效维护了生物多样性,保障了产业安全和农业生态平衡。据不完全统计,近三年全省累计实施种子、苗木和植物产品产地检疫402万亩,铲除疫情点915个(面积7.3万亩),建立防控示范区484个(面积23.1万亩),销毁染疫果树35.2万株、染疫苗木39.1万株、染疫农产品23万千克,挽回经济损失1.51亿元,经济、生态和社会效益十分明显。

综上所述,近几年来浙江省的植物检疫工作的确取得了长足的进步,这些成绩的取得,得益于各级党委、政府的高度重视,也得益于农业部一直以来对浙江的关心和大力指导,更与全省植检队伍所付出的辛勤劳动和卓有成效的工作绩效是密不可分的。

二、认清形势,准确把握植物检疫工作特点

当前,受经济全球化、贸易自由化、物流多样化以及气候变化异常等因素影响,检疫防疫工作形势更加严峻、责任更加重大、任务也更加艰巨。一是植物疫情传入风险越来越高。据统计,近10年来我国新发现植物有害生物多达20种,是前30年的2倍,2013年口岸检疫机构截获植物有害生物达40余万次,其中检疫性有害生物达217种近3万次,植物疫情传入频率呈明显上升趋势;浙江省地处东南沿

海，国际贸易频繁，近10年间先后有扶桑绵粉蚧、梨树疫病、黄瓜绿斑驳花叶病毒病等8种新植物疫情传入，其中国内外高度关注的梨树疫病为国内首次发生。二是疫情传播速度越来越快。2013年，全国农业植物检疫性有害生物在1328个县(市、区)发生，发生面积2233.5万亩次，比上年增加10.5%，防治面积8643.5万亩次，比上年增加33.5%；国内外高度关注的红火蚁、葡萄根瘤蚜、香蕉穿孔线虫等，在邻近省份已经都有发生，潜在入侵风险极大；浙江省梨树疫病、黄瓜绿斑驳花叶病毒病、扶桑绵粉蚧及加拿大一枝黄花疫情在局部区域有加剧扩散蔓延态势。三是植物检疫工作任务越来越重。浙江省虽然在植物疫情防控上投入了大量的人力、物力和财力，但目前全省仍有11种全国检疫性有害生物、10种省补充检疫性有害生物发生危害，加上交通运输、物流业和旅游业的快速发展，植物检疫监管难度更大，植物检疫任务更重。

面对这些新的形势和新的任务，我们必须准确把握植物检疫工作的新特点，以现代植保建设为统领，围绕目标导向和问题导向，进一步创新工作理念、转变工作思路。在工作定位上，要更加注重服务大局。浙江省委十三届五次全会提出建设美丽浙江创造美好生活的战略部署，这是全省农业工作的大局，也是植物检疫工作的主旨。我们必须紧紧围绕“治水倒逼促转型、生态兴农美田园”、“产管并举促提质、安全放心美生活”主线，坚持“预防为主、综合防治”的植保方针和“科学植保、公共植保、绿色植保”理念，深入研究植物检疫工作目标任务、工作重点和实施措施，努力为“两美”农业、“两美”浙江建设增光添彩。在工作重心上，要更加注重监测阻截。监测预警阻截有利于主动切断植物疫情传入的途径，管住人为传播渠道，降低疫情扩散风险。必须采用传入区和源头区并重防控模式，将疫情防控的关卡和重心前移，更加注重危险性有害生物传入控制，更加注重初次传入疫情阻截扑灭，早发现，早预警，早处置，早扑灭，努力做到发现疫情于新传入之际，扑灭新疫情于立足未稳之时，控制疫情于局部区域。在工作方法上，要更加注重执法为民。植物检疫工作是行政强制执法，更是公共服务行为。必须正确处理好严格执法与服务为民的关系，既要把严格执法作为预防疫情发生和传播的有效手段，进一步整合执法资源、改善执法条件、提升执法能力，也要牢固树立服务理念，进一步优化服务环境、创新服务机制、提升服务质量，努力做到以服务促执法，实现执法与服务相统一。在工作机制上，要更加注重协同合作。植物检疫是一项系统工作，仅靠农业部门是难以有效完成的。必须建立高效、科学、规范的检疫工作协调机制，在内部要主动做好植保、种子、栽培、执法等部门协调配合，在外部要积极争取科技、财政、林业、检疫、环保、工商等部门支持合作，整合资源力量，强化上下联动，努力形成植物检疫工作的强大合力。

三、突出重点，扎实推进植物检疫各项工作

根据全国植物检疫工作的部署要求，结合浙江省农业工作实际，当前和今后一段时期浙江省植物检疫防疫工作的总体目标是做到新发疫情不蔓延危害，已有疫情不暴发成灾，危害损失控制在3%以内，力争重点疫情发生区的植物调出施检率、良种繁育基地产地检疫率和重大疫情处置率达到100%。实现上述目标，任务艰巨，责任重大，各级农业部门必须以高度的使命感和责任感，攻坚克难，开拓创新，重点要在以下五个方面加以着力推进：

（一）着力推进以阻截带建设为重点的预警防控体系建设

疫情监测预警是植物疫情防控的基础性工作，以全面推进重大植物疫情阻截带建设为重点，强化疫情监测，突出科学防控，切实做到防得准、除得净、控得住，确保疫情不扩散、不蔓延，既是贯彻“预防为主、综合防治”植保方针的具体体现，也是落实“科学植保、公共植保、绿色植保”理念的具体行动。一要健全疫情监测预警体系。以阻截带建设为重点，围绕重点区域、重点作物和重大疫情，科学、合理设立疫情监测点，实行分类管理，进一步健全完善疫情监测网络体系，努力做到疫情监测全覆盖。二要改善监测防控条件。改造提升一批重大疫情阻截带监测点的设施装备，提高快速检测能力，2014年重点将对230个监测点每点配置一个监测工具箱；继续开展重大植物疫情示范监测点建设，充分利用省级农作物病虫害监测预警数字化平台，提高植物疫情监测预警信息化水平。三要健全应急防控体系。加强重点区域应急检疫防疫基础设施建设，完善重大农业植物疫情防控应急预案，建立健全县级以上重大植物疫情防控指挥体系为主导、植物检疫体系应急专业防除队伍为主体、社会专业化防治组织为重要补充的应急防控体系，提高重大植物疫情应急处置和联防联控能力，全面推行专业化统防统治。

（二）着力强化以执法为重点的植物检疫重点环节的监管

检疫监管是源头控制疫情随植物、植物产品传播、保障产业安全和农民增收的关键性措施，也是农业部门的重要职责。一要继续加强检疫执法。进一步加大执法力度，重点加强种子种苗流通市场监管，严肃查处违法行为；进一步改进执法方式，加强部门合作和系统协作，组织开展多部门联合执法，省、市、县上下联动执法等活动，提高执法效能；进一步规范执法行为，严格按照法定程序开展执法检查，树立植物检疫执法新形象。二要着力加强关键环节监管。按照程序规范、办事高效、重点突出、监管有力的要求，以种子、种苗为重点，着力加强三个环节的监管。首先要把好产地检疫关，以源头检疫为重点，以产地检疫为抓手，以种子种苗繁育、生产经营企业为切入点，建立健全种苗繁育企业和生产基地的备案制度，加强产地检疫

监管,依法查处违规传播和恶意传播疫情行为,建立黑名单制度,完善植物疫情传播追溯体系。其次要把好引种检疫关,建立健全引进种苗的检疫风险管理制度、种苗隔离试种制度和审批责任制度,避免重事前审批、轻事后监管,进一步明确引进种苗企业和检疫机构对引种疫情监测防控的职责,落实"谁审批,谁监管"、"谁引种,谁负责"的机制,建立责任追究制度。再次要把好检疫证书关,按照检疫证书签发程序,加强签证管理,完善配套措施,强化信息化建设,以全国植物检疫工作平台和浙江农民信箱为服务载体,全面推行网络审批、网络查询和网络监管,充分利用信息化手段,要切实提高检疫监管服务效率和管理水平,确保植物检疫审批公开透明。

(三)着力推进以责任制为重点的疫情防控责任体系建设

建立防控责任制是做好植物检疫防疫工作的基础。当前,正值传统农业向现代农业迈进的关键时期,农业产业结构、经营方式和耕作制度的调整,对植物检疫工作的要求越来越高,必须加快健全上下贯通、覆盖多元的植物疫情防控责任体系,以适应现代植保建设服务现代农业发展要求。一要进一步完善防控责任。认真总结近年防控责任制考核工作的经验,以阻截带建设为重点,进一步细化防控责任内容,层层签订防控责任书,全面落实责任制,把防控工作任务一级一级地落到实处。突出政府责任,强化行政推动,进一步建立健全重大农业植物疫情防控指挥机构和工作机制。二要进一步细化部门职责。落实细化防控指挥部成员单位工作责任,进一步健全成员单位联席会议制度、情况通报制度、联络员制度,强化防控指挥部的领导协调功能,充分发挥各成员单位的职能作用,形成工作合力,提高工作效率。三要优化监督考核机制。修订完善防控责任监督考核验收办法,努力做到使责任监督考核更科学、合理、公正,能更好地发挥考核的激励作用,切实做到疫情防控"组织保障、责任保障、经费保障和措施保障"四到位,确保完成重大农业植物疫情防控工作任务。四要夯实政策保障体系。多渠道争取资金加大对植物疫情阻截带建设和检疫防灾减灾政策扶持力度,逐步建立完善重大植物疫情铲除补贴机制。深入推进植物检疫法制建设,加快对滞后植物检疫法规的修订步伐,切实提升植物检疫工作的法制化和规范化水平。

(四)着力强化以技术创新为重点的科技支撑和装备武装

技术创新是推进植物检疫事业蓬勃发展的动力和支撑。要准确把握植物检疫事业发展趋势,瞄准国际植物检疫科技前沿,加强植物检疫性有害生物发生规律、暴发成灾机理基础理论以及植物检疫、防控阻截高新技术的应用,提高先进科学技术对植物检疫防疫的支撑能力。要加大对新近传入检疫性有害生物防控技术研发力度,针对新入侵的黄瓜绿斑驳花叶病毒病、扶桑绵粉蚧疫情,依托省"三农六方"科技合作平台,加强其发生规律、监测预警、综合治理等研究,加强与口岸检疫机关和已发疫情相邻省市合作，收集储备相关应急防控技术。要加快开展有害生物风险评估研究与应用，按照有关国际协议、协定和标准原则，加快推进浙江省有害生物风险分析评估研究工作，对首次引进的进境种苗全面实施有害生物风险分析评估，努力把引种可能带来的有害生物入侵风险降到最低限度。要提升现有技术应用效果，通过开展培训、实地指导、现场观摩等形式，优化集成一套完整、简便、易行的技术规程，不断提高防控工作的科技贡献率，全面提升检疫防疫的效果和质量。要加强植保机械装备的推广应用，充分用好农机购机补贴政策，因地制宜装备大中型高效植保机械，改善疫情防控作业条件和效率。

(五)着力加强宣传普及营造检疫工作良好环境

植物检疫工作是一项社会性、公益性很强的防灾减灾措施，有很强的专业性、敏感性和强制性，除与农业生产直接相关外，与政府有关部门、社会公众有着紧密的联系。实践证明，要做好植物检疫工作，必须依靠政府推动、部门配合、社会支持、公众参与、协同推进。如何让社会了解、让执法对象理解、让相关部门支持、让领导重视，加强植物检疫宣传显得非常重要。要牢固树立抓宣传工作就是抓全局、抓大事的思想，坚持把植物检疫宣传周活动作为“十二五”期间的常态化工作，拓展宣传渠道，创新宣传方式，使宣传工作成为落实植物检疫工作的助推剂。要运用《植物检疫知识百题问答》等资源，对种子苗木繁育、生产、经销者及农产品经销大户开展法律法规知识专题培训，大力普及检疫性有害生物识别及预防控制知识。要多层次、多渠道、多形式地宣传植物检疫防疫的工作成就、形势任务和工作理念，让各级领导关心和重视检疫工作，让社会各界理解和支持检疫工作，让群众了解和掌握疫情传播基本知识和防控方法，形成全社会共同做好植物检疫工作的共识，努力营造良好的植物检疫工作氛围。

四、强化保障，确保植物检疫工作落到实处

植物检疫防疫工作事关农业生产安全、农产品质量安全、生态安全、公共安全乃至国家安全，关系农业可持续发展和人与自然和谐发展。各级农业部门要充分认识植物检疫工作的重要意义，时刻牢记重大植物检疫防疫是任何时候都不能放松的一项工作，加强组织领导，认真履行职责，改进工作作风，确保各项植物检疫工作顺利开展。

(一)要加强组织保障

注重保障机构合法，积极争取有关部门支持，推进检疫机构参公管理，建立健全职能更加清晰、任务更加明确、上下总体对应、相对统一的执法主体资格合法的植物检疫机构。建立健全检疫人员管理制度，严格把好植物检疫队伍“入口”关，认

真执行新入检疫人员全国统一考试制度，对经省厅确认的专职检疫员，没有特殊情况不得变动；要通过乡镇“三位一体”农业服务中心建设和重大植物疫情阻截带建设，强化乡村植物检疫力量，在重点乡镇实施增设专职植物检疫员试点，把疫情监管点监测人员纳入兼职植物检疫员聘用序列，逐步建立完善进出有序、相对稳定的植物检疫员管理机制。

（二）要提高履职能力

任何一项事业，最终都需要干部队伍去实践推进。队伍素质、能力、水平如何，将直接影响到整个事业的成败。当前植物检疫面临的新情况、新问题对植物检疫人员的能力和素质提出了更高的要求。要高度重视队伍建设，把教育培训作为中心工作来抓，按照“干什么、学什么，缺什么、补什么”的原则，组织检疫系统干部和技术人员认真学习“三农”方针政策、植物检疫法律法规和业务知识，优化知识结构，着力提高理论素养和业务技能。要分层次开展上岗培训、专业技能培训和知识更新培训，主动适应现代检疫服务现代农业的发展要求，把植物检疫工作纳入现代农业大局中系统谋划，增强检疫干部队伍和技术人员对新形势、新知识、新方法的把握能力。要健全应急机制，加强应急演练，提高应急处置防控能力，有效应对处置重大植物疫情等突发事件。

（三）要改进工作作风

植物检疫工作直面“三农”，工作条件艰苦，任务繁重。全省检疫系统干部职工要结合群众路线教育实践活动，坚持以农民群众利益为工作的根本出发点，大力弘扬“泥腿子”精神，积极推行“领导在一线指挥、干部在一线工作、问题在一线解决、决策在一线落实”的工作方法，重心下移，深入基层，深入群众，脚踏实地、真抓实干，始终保持奋发有为、昂扬向上的精神状态，自觉在创业干事的实践中锻炼才干、改进作风。要坚持以事业发展和集体利益为重，勇于担当，不畏艰难，锐意进取，努力争创一流工作业绩。

（作者为浙江省农业厅党组书记、厅长。本文系作者在2014年6月11日全省重大植物疫情防控现场会暨应急预案演练上的讲话摘要）

围绕绿色发展　强化创新驱动
努力谱写专业化统防统治新篇章

史济锡

一、充分肯定专业化统防统治和绿色防控在现代农业发展中的重要作用

专业化统防统治是农作物病虫害防治方式的进步与创新，是对应于过去一家一户的传统的农业生产方式和传统的农作物病虫害防治方式的进步和提升，是绿色防控的必然要求，是农业现代化进程的必然途径，也是一种具有公益性质的生产性服务。浙江省自2006年开始推行水稻病虫害专业化统防统治以来，工作得到了快速发展，已迈出了坚实步伐，并呈现良好的态势，为保障浙江省粮食安全、农产品质量安全和农业生态环境安全作出了十分积极有效的贡献。

（一）实现了防控方式的重大提升

专业化统防统治作为新型服务业态，是对应于农业生产方式变化的一种与时俱进的提升，顺应了农业规模化生产、集约化经营的发展趋势，符合农业兼业化、农民老龄化的现实需求，实现了植保公共服务体系向基层的有效延伸，是浙江省高效生态农业发展的生动实践。专业化统防统治的发展，也带动了其他生产环节的专业化服务，目前已有很多植保组织开展经营种子统供、秧苗统育、肥药统配、肥水统管等等，突出一个统字，体现集约专业，逐步成为农业生产的“全职全程保姆”，为浙江省转变农业发展方式进一步夯实了基础。

（二）推动了农药减量目标的实现

浙江省作为全国唯一的现代生态循环农业发展试点省，现在还在着力积极争取打造全国农产品质量安全放心示范省，主要内容是“一控二减四基本”，其中“二减”就是化肥、农药减量施用。怎么减，专业化统防统治是一个十分重要的方式和渠道。多年实践证明，与农民一家一户分散自防相比，水稻统防统治每季减少防治次数2次左右，化学农药施用量下降30％以上。水稻绿色防控融合区每季减少用药3次左右，化学农药用量减少50％以上，蜘蛛等有益生物数量增加4倍左右。自实施统防统治以来，全省累计减少使用化学农药11296吨，减少农药包装废弃物约1208吨，2014年全省化学农药施用量比2012年下降6.68％，有效控制了农业面源污染，明显改善了农田生态环境。

(三)保障了农业增效和农产品质量安全

施肥用药,既是保障农业增产丰收的重要措施,也是影响农产品质量安全的重要因素。与传统防治方式相比,专业化统防统治具有技术集成度高、装备先进、防控效果明显等优势,能有效控制病虫害暴发成灾,最大限度减少病虫危害损失。各地实践表明,实施专业化统防统治每亩水稻可增产30～50千克,平均每亩节本180元左右。自实施专业化统防统治以来,浙江省累计实施2152万亩,其中水稻1932万亩,覆盖率已达32.21%,为保障浙江省粮食生产安全发挥了重要作用。同时,专业化统防统治通过实施标准化生产,严格按照病虫害防治适期和合理剂量科学用药,大大提高了技术精准性、到位率,从源头上保证了农产品质量。

(四)促进了绿色防控的扎实推进

绿色发展是现代农业的主基调,如果说"十二五"时期我们是打造高效生态、特色精品大省,那么"十三五"时期我们将聚焦绿色农业强省。"绿色"两个字在今天、在未来将会更加凸显,而绿色发展需要推广应用生物防治、生态修复和生物农药等绿色防控技术,专业化统防统治是一个有效的平台。绿色防控是方向,统防统治也是方向。近几年来,全省植保部门大力推进统防统治与绿色防控融合发展,分区域、分作物优化集成绿色防控配套技术,累计建成部级绿色防控示范区10个、省级绿色防控示范区110个,示范区面积达到50多万亩,形成了"金华市水稻病虫草害绿色防控技术规程"、"松阳县茶叶病虫专业化统防统治与绿色防控融合技术操作模式"、"柯城区柑橘病虫害绿色防控技术集成"等一批易学管用的防控模式。

二、准确把握专业化统防统治促进绿色防控的发展重点

现在,我们正在进行"十二五"时期的最后冲刺,即将迎来新常态下的"十三五",面对建设绿色农业强省这一目标,"十三五"期间要实现绿色发展,统防统治必不可少,作用将会更加凸显。在看到这些年取得巨大成就的同时,对一些亟待解决的问题,必须引起我们足够的警醒。一是认识不尽到位的问题。有的认为统防统治还是一项纯粹的技术,而没有从生态发展、质量安全、发展方式转变的高度去认识。认识的高度决定措施的力度,认识问题虽是老生常谈,但所有的行为都是跟认识密切相关的,所以,认识问题有时的确是一个"开关问题"。二是服务组织还比较弱小。相对来讲,现在的植保服务组织数量在增加,但是真正能力强、规模大、效益明显的还不多。已注册的植保服务组织中服务面积在万亩以上的只有23家,仅占1.08%,服务面积在千亩以下的达1143家,占53.61%,总体上服务组织规模小、效益差、抗风险能力低,从业人员年龄大、文化低、应用新技术能力弱,难以满足现代农业发展需求。三是要素制约也比较明显。受劳动力成本、农资价格上涨等多种

因素影响，政策激励效应还不是特别明显，先进技术应用还不够广泛，统防统治规模化推进势头在某种程度上有所迟缓。

如何破解这些问题和困难，适应新常态下农业发展变化，我们必须紧紧按照目标导向、问题导向、绩效导向，坚持绿色发展方向，更加积极主动地作为，做到在思想认识上更统一，在政策机制上多谋划，在体系路径上多思量，在方法措施上多探索，着力强化制度安排、机制创新和统筹协调，以此来扎实推进浙江省病虫害专业化统防统治新的跨越，在实践当中希望大家把握好四方面的发展重点。

（一）更加注重绿色发展导向

产出高效、产品安全、资源集约、环境友好、绿色可持续日益成为当今现代农业发展的主题词。在保供给、助增收、强安全的过程中，绿色发展决定了浙江现代农业最终走远、走好，真正实现走强。所以，绿色发展导向是必须始终坚定不移的。要积极争取成为国家现代生态循环农业试点省和农产品质量安全示范省，其核心就是要真正走在前列，以此体现核心竞争力。对于病虫害的防治，要着力念好"防、减、收"三字经。"防"就是要紧紧围绕供给安全、生产安全、环境安全，根据气候、土壤、环境等因素，提高防控措施的针对性。"减"就是通过物理的、生态的防治手段减少化学农药施用。"收"就是要做好农药废弃包装物的回收处置。最近省政府出台了《浙江省农药废弃包装物回收和集中处置试行办法》，省平安办将农药废弃包装物回收处置列入了平安浙江考核，各地要认真落实该试行办法，抓紧研究制定具体贯彻落实措施，切实做到农药废弃包装物应收尽收，减轻农业面源污染。

（二）更加注重整建制推进

我们越来越认识到，一项工作只是单打独斗，仅仅靠一个部门来做，往往是事倍功半；如果是着眼大局，纳入整体就能事半功倍。整建制就是意味着是在党政中心工作当中加以统筹推进，通过积极探索防控模式，创新防控技术，整县、整域地推进统防统治。浙江省已累计组织整建制试点 70 个，实施面积 133.4 万亩，辐射带动面积 530 余万亩。各试点区域平均散户面积占统防面积的 50%以上，散户带动率在 90%以上，统防统治覆盖率在 95%以上。实践证明，整建制推进统防统治，在制度安排上更体现层次，在政策保障上更具集聚效应，在实践效果上更显现成效，有效破解了散户防治难、难防治的问题，扩大了统防统治覆盖面和散户带动率，提高了病虫防控专业化、组织化水平。2015 年浙江省财政支农资金改革后，各县（市、区）拥有更大的自主权，政策具有更强的灵活性，如果我们能够更有针对性地来做，相信一定会有更大的突破。我们一定要做到方向明确、决心坚定，注重调查研究，用改革的思维、创新的举措，着力构建适合本地区统防统治持续发展的长效机制。

(三)更加注重高新技术集成应用

专业化统防统治在组织形式上较好地解决了“谁来防”的问题,但“怎么防”的问题就需要用植保技术来支撑。各地要注重农、科、教协同配合,产、学、研联合攻关,加强病虫防控技术、高效低毒低残留环保型农药、绿色防控技术及产品的研发、示范和推广应用,着力解决疑难病虫害的防治技术研究与集成,提高防治效果、效益和效率。要根据不同作物病虫种类和发生特点,突出重点环节、关键时期,切实加强对植保服务组织的技能培训和技术服务,及时提供病虫发生信息和防治技术,做好高效环保农药和新型植保器械推荐,积极引导应用绿色防控技术,提高植保技术到位率,不断提升统防统治科学防控水平。

(四)更加注重现代植保建设

浙江省自2010年在全国率先提出并大力推进现代植保建设,其重点是根据“科学植保、公共植保、绿色植保”的要求,系统规划和明确植保防灾减灾体系的目标定位、主要任务、实现路径、平台构建和政策保障,转变防控方式,创新防控技术,在统防统治、绿色防控、预警体系、技术集成、装备提升和信息化建设上重点突破,打造适应浙江省现代农业发展需要的现代植保体系。经过近五年的积极探索和实践,取得了一定的成效,得到了农业部的充分肯定,明确要求在全国加以推广。要围绕建设绿色农业强省、加快农业现代化发展这一中心任务,以现代植保建设为统领,以专业化统防统治为有效载体,一张蓝图绘到底,一茬接着一茬干,加以扎实推进。要紧紧强化组织体系、优化技术支撑、提高装备水平、改进服务方式,坚持不懈地大力推进植保理念生态化、植保体系网络化、植保装备现代化、植保技术多样化、植保服务专业化。

三、积极创新专业化统防统治各项工作

习近平总书记视察浙江时提出了“干在实处永无止境、走在前列要谋新篇”的要求,对于推进专业化统防统治,加快现代植保建设,同样具有十分重大的指导意义。浙江省的专业化统防统治走在全国前列,但这是动态的,在大家普遍重视并加大力度推进这一工作的进程中,不进则退,慢进也是退。在推进浙江农业现代化、建设绿色农业强省的征程中,在现代生态循环农业试点省和全国农产品质量安全示范省建设的实践中,在保障粮食安全、农产品质量安全和农业生态环境安全的责任中,专业化统防统治舞台广阔、使命光荣、大有可为。我们一定要以“归零”的心态,以先行和示范为标杆,勇于担当,敢于创新,不断开创浙江省专业化统防统治新局面。

(一)要创新扶持政策

专业化统防统治在现阶段,如果没有政府政策、资金的扶持是很难发展的;如果政策弱化或没有持续的政策刺激,也很容易停下来,甚至垮下去。所以各地务必要高度重视,要适应财政支农方式转变的新形势,把握其资金整合和统分结合的特点,加强研究,注重统筹,切实加大对专业化统防统治的政策扶持和资金支持。浙江省不少地方在这方面已做了有益探索,如常山县从省级下达的粮食补贴资金和县财政胡柚产业振兴发展资金中安排专项资金;遂昌县整合惠农资金,建立惠农服务卡制度;松阳县整合县群众增收致富奔小康特别扶持资金、生态循环农业、现代农业综合区等项目相关资金;天台县落实财政支持粮食生产综合改革资金和"肥药双控"专项资金优先支持统防统治补助;等等。这些做法在实践中都较好地发挥了补助资金的导向和激励作用,值得借鉴。

(二)要创新运行机制

当前,浙江省专业化统防统治正处在一个十分关键的时期。现在是态势很好,问题不少,机会很多。大户统防统治已基本覆盖,统防统治的成效日益被党政领导、广大农业生产者和农产品消费者所重视和接受。目前的难点在散户,潜力也在散户。如何提高散户的覆盖率是必须正确面对和解决的紧迫问题。近年来,浙江省植保部门为解决这一难题,开展的整建制统防统治试点,在机制上进行了有益尝试,实践证明是富有成效的。各地要借鉴典型经验,与现代生态循环农业发展试点省、农产品质量安全示范省建设和农业水环境治理紧密结合,充分整合各类资源,强化政策创新驱动、行政指导推动、技术推广促动、上下服务联动,精准发力,实现专业化统防统治覆盖率、散户带动率双突破,逐步实现整县甚至跨区域的统一防治和联防联控。

(三)要创新服务方式

各级植保部门要切实履行职责,主动作为,以优质的服务推动专业化统防统治再发展。在服务对象上,要更加注重以专业合作社、家庭农场、种植大户等新型经营主体为重点服务对象,以新型经营主体带动散户,提升防控技术到位率。在服务方式上,要更加强调示范引领作用,深入田间地头,蹲点示范;充分发挥试点窗口作用,积极向领导汇报统防统治的效果,争取政府领导和有关部门的重视;要利用各种媒体,大力宣传整建制统防统治的重大意义、主要成效、先进技术、典型经验,争取社会各界的关心、关注和支持,努力营造全社会合力推进的良好氛围;要通过现场观摩、田间培训等多种方式,让农民了解统防统治在病虫防控、农药减量、节本增效等方面的效果,增强他们参加统防统治的信心和热情。在服务内容上,要从原来的单一病虫防治技术指导服务,向保障农业生产提质增效的综合服务上转变,在政策支持、法律法规、防控方式、技术装备、信息传递等方面提供复合型、多层次、全方位的优质服务。

（四）要创新服务主体

专业化统防统治发展得好与坏、快与慢，服务组织最关键。要把工作重点放在服务专业化统防统治组织发展上，在政策引导、资金扶持、风险化解上为专业化统防统治组织创造健康发展的环境，逐步建立健全与农村生产力发展水平和现代农业发展进程相适应、服务高效的病虫专业化统防统治服务组织体系。要坚持主体多元化、服务专业化、运行市场化的方向，鼓励和引导农资企业、粮食生产企业、非农产业资本和社会力量投向统防统治服务领域，进行市场化运作、企业化管理、连锁式经营，大力培育多种形式的统防统治服务组织，优化服务组织结构，拓展服务领域，拉长服务链条，推动由单一服务水稻向蔬菜、茶叶、水果等经济作物多领域延伸，从单个环节服务向综合性全程服务发展，增强统防统治服务组织自我造血功能和可持续发展能力。

（五）要创新技术装备

要积极推进技术装备的创新，为专业化统防统治组织科学防治和科学减量提供技术支撑。要加强新时期特定区域病虫害发生规律研究，掌握病虫害发生机理和科学防控理论，加大高效环保型农药、绿色防控技术及产品的研发力度，加强生物防治、物理防治、生态调控和高效环保型农药等绿色防控措施的集成创新与推广应用，强化作物全生育期的科学防控技术体系集成示范，提高科学防控水平。要重点突出植保信息化建设，紧盯信息化前沿技术和装备，注重统一规划，分步实施，积极引导和联合有关研发单位和企业解决测报实际工作中的瓶颈问题，建立大数据、构建大平台，实现信息共享，创新数据采集手段。要切实加快植保领域机器换人，引导服务组织、生产企业与科研单位对接合作，加大适应浙江省农田环境，特别是水田、高秆作物和其他复杂环境的大型高效植保器械和施药技术的研发应用，提高植保器械装备的科技含量和自主创新能力，努力提高服务组织植保装备的现代化水平。

四、切实抓好当前晚稻病虫害防控工作

保障粮食生产安全是浙江省农业工作的首要任务，2015 年粮食总产确保 75 亿千克以上、冲刺 80 亿千克任务相当艰巨。受厄尔尼诺现象影响，2015 年已出现持续低温阴雨寡照、台风等灾害天气，根据病虫害发生趋势会商情况，预计晚稻主要病虫害呈偏重发生，重于上年。其中，稻纵卷叶螟、褐飞虱两大迁飞性害虫偏重发生，二化螟、纹枯病、稻曲病、稻瘟病等多种病虫混合交替发生，对晚稻安全生产构成严重威胁，防控形势十分严峻。因此，必须全力以赴抓好晚稻病虫害的防控工

作，绝不能因为监测预警不到位而错失防治时机，绝不能因为防控措施不到位而造成病虫暴发成灾，坚决打赢晚稻病虫防控攻坚战。

（一）要落实防控责任

各地务必高度重视，严格执行“政府主导、属地责任、联防联控”的病虫防控机制，切实加强组织领导，切实落实属地管理责任，真正做到思想认识到位，责任落实到位，措施落实到位。要将病虫防控工作纳入重要议事日程，密切关注病虫发生动态，在防控关键时期，要建立值班制度，成立防控督导组和技术指导组，加强面上的督导和重点防控区域、重点防控对象的技术指导，必要时将病虫防控部门行为上升为政府行为，把技术行为上升为行政行为，切实做到“守土有责”，努力将病虫可能带来的危害损失降到最低。

（二）要加强监测预警

监测预警是有效防控的基础和前提。一要加大监测调查的力度和频度。各县（市、区）除了做好面上重大病虫害监测预警外，要加强乡镇、村两级病虫害监测调查，加大监测调查力度和频度，做到乡乡有测报点、村村有责任人。要加强系统调查和面上普查，密切关注稻纵卷叶螟、褐飞虱、稻瘟病、细菌性条斑病、白叶枯病和病毒病等，做到“看好灯、守好田、明实情”。二要严格执行信息报告制度。认真做好重大病虫害周报工作，坚决杜绝虚报、漏报或瞒报等行为，一经发现，将予通报并追究相关责任。各地农业部门要及时向当地党委、政府报送病虫信息，为政府决策当好参谋。三要提高信息的进村入户率和时效性。各地要注重预报预警发布方式、方法创新，不仅要发挥广播、电视、报纸等传统媒介的作用，更要善于利用手机、互联网等新兴媒介，及时快速发布病虫发生信息和防控技术。

（三）要抓好应急防控

各地要结合当地实际，根据病虫发生情况，制订晚稻病虫应急防控预案，在防控资金、物资、装备、人员、技术等各方面做好充分准备，确保应急时物资拿得到、队伍拉得出、装备用得上、技术贴得紧。要加强农药市场监管，严打假药，严防涨价，确保农民用上放心药。要根据病虫的发生演变，及时组织会商，调整完善预案，适时启动预案，切实做到未雨绸缪、从容应对、有效防控。

（四）要强化服务指导

要组织植保技术人员，深入晚稻重点产区、可能的重大病虫重发区，开展技术培训和巡回指导，做到技术服务到田头，配套服务到农户，帮助农民落实病虫防控措施。要因地制宜制定科学防治策略，重点抓好晚稻破口抽穗和齐穗期的穗颈瘟预防、稻飞虱的控制，为农户防治搞好服务。要在病虫防治关键时期，组织技术人员深入田间地头开展田间调查，及时掌握病虫实情，分类指导，正确用药，确保防治质量。

（五）要加强队伍建设

抓好农业植保队伍建设是当前一项关键的基础性工作，既要适应新常态下植保工作新要求，又要有为“三农”服务的思想境界，须按照“三严三实”的要求，进一步加强学习、优化作风、敢于担当，努力为植保检疫事业发展提供人才和组织保障。一要勤于学习。病虫情况瞬息万变，植保技术日新月异，只有不断地加强学习、勤于钻研，才能掌握植保前沿科技，才能提升业务素质，科学指导生产实践。二要敢于担当。担当是一种精神、底气、境界的鲜明反映，也是一个人品格、素质、责任的综合体现。要把担当贯穿到日常工作中，做到敬业爱岗、守土有责、守土尽责，以强烈的事业心和责任感，扎实做好各项工作，不断提高植保系统干部队伍的执行力。三要勇于创新。要自觉把植保工作放在发展现代农业的全局中来衡量、来推进，拓宽视野视角，增强逻辑思维，防止就技术论技术，不断增强围绕中心、服务大局能力。要善于用改革创新的办法解决前进中的问题，分析新形势，研究新思路，采取新举措，寻求新发展，创造性地探索解决建设现代植保的理论盲区和实践难题。四要优化作风。植保系统广大干部职工长期以来工作在农业生产一线，工作条件差，肩负任务重，有着吃苦奉献的精神和传统。要继续传承和发扬我们农业人“泥腿子”精神，深入基层，深入生产第一线，加强指导和服务。要切实增强政治定力，坚定理想信念，严格执行党的政治纪律、组织纪律、廉政纪律，干净干事。

（作者为浙江省农业厅党组书记、厅长。本文系作者在2015年8月5日全省整建制统防统治与绿色防控融合推进暨晚稻病虫害防控现场会上的讲话摘要）

积极探索现代植保建设的新路子

叶新才

一、务实创新，迎难而上，2011 年植保检疫工作成绩显著

2011 年，全省植保检疫系统以推进现代植保建设为主题，紧紧围绕现代农业建设中心任务，主动服务粮食增产、农业增效、农民增收和保供给、保安全、保民生，在农作物重大病虫害和植物疫情发生形势较为复杂的情况下，坚持"科学植保、公共植保、绿色植保"理念，创新机制，完善体系，提升能力，强化管理，农作物重大病虫害和植物疫情防控取得显著成效，现代植保建设作出了有益的探索，监测预警体系建设得到有效推进，植保检疫工作的法制保障进一步加强。专业化统防统治、绿色防控、监测预警体系信息化建设、柑橘黄龙病疫情防控等多项工作走在全国前列，受到农业部的充分肯定。

（一）实现增产增收作出新贡献

2011 年，全省农作物病虫害总体是一个中等发生年，但受异常气候变化、耕作方式革新，特别是年初冰冻雨雪、梅汛期旱涝急转等灾害性气候影响，病虫害发生情况仍然十分复杂。一是新发病虫和突发性病虫成灾风险加大。南方水稻黑条矮缩病、番茄黄化曲叶病毒病等新发、突发病虫发生态势严峻，灾变风险进一步加大。二是迁飞性害虫局部重发。稻纵卷叶螟在浙北部分稻区发生较重，晚稻后期褐飞虱在浙南部分稻区危害加重，四代斜纹夜蛾在全省蔬菜主产区偏重发生。三是流行性病害危害加重。早稻恶苗病在建德、黄岩、嘉兴等地部分品种上发生危害严重，稻瘟病在文成、余姚等地局部山区稻区偏重发生，蔬菜炭疽病在草莓、果用瓜等作物上大流行，黄斑病在胡柚上偏重发生，褐斑病在瓯柑上严重发生。特别是浙北稻区晚稻纹枯病是近年来发生最重的年份。面对复杂严峻的病虫发生形势，全省植保检疫系统立足"抗灾就是夺丰收、减灾就是促增产"的思想，切实加强病虫害监测预警，严密监控灾变性、迁飞性、流行性重大病虫害发生态势，科学制订防控方案，落实防控责任，加强分类指导，强化技术服务。发布各类病虫情报 1100 余期，实施农作物病虫害统防统治 320.6 万亩（其中水稻 281.2 万亩，茶叶、柑橘等经济作物 39.4 万亩），组织防治农作物病虫草鼠害 2.18 亿亩次，水稻病虫危害损失率

降低到1.86%，挽回粮食损失218万吨。为实现浙江省早稻单产居全国之最，晚稻单产创历史新高，粮食总产781万吨和农民人均纯收入增长15.6%作出了积极贡献。

（二）保障农业安全得到新加强

2011年，通过采取各种有效的植物疫情防控措施，全省柑橘黄龙病发病株率控制在1%以下，加拿大一枝黄花发生面积比去年下降16%，梨树疫病控制在10个县（市、区），没有发生进一步蔓延，是2006年以来病情最轻的一年，黄瓜绿斑驳花叶病毒病等新发疫情得到了有效遏制。植物疫情阻截带建设有了新的推进，新建示范监测点7个，在11个市、87个县（市、区）的高风险区域、重点产区设立了各类疫情监测点1204个，其中国家疫情阻截带监测点230个。植物检疫执法进一步规范，有效降低了植物疫情传播蔓延风险，据统计，全省累计办理植物检疫行政处理案件32起，办结案件28起，产地、调运和境外引种检疫监管率分别达到95%、100%和100%，还组织开展了全省联动的春季种子种苗检疫执法检查，制定实施《境外引进农作物种子种苗环境风险评估管理办法》。农药安全监管和科学用药水平得到提升，全面贯彻实施农药经营许可制度，结合农作物植保工职业技能鉴定，加大安全用药和农药经营资质培训力度，规范农药经营秩序，全省开展农药经营许可专项宣传教育和培训220余期，发放宣讲资料5万余份，累计培训1.5万余人次，颁发职业技能鉴定证书8000余份，核发农药经营许可证6000份，取缔经营资质不符的农药经营店113家。同时各地围绕“两区”建设和生态循环农业创建，积极开展新农药（械）试验示范，大力推广综合防治、绿色防控和农药减量技术，全省创建农药减量工程示范区466个，示范面积102万亩，实施农药减量控害增效工程面积1104万亩，建立县级以上绿色防控示范区499个，示范面积54万亩。有效地保障了农业生产安全、农产品质量安全、农业产业安全。

（三）创新防控机制实现新提升

2011年，浙江省各地切实贯彻和落实“政府主导、属地管理、联防联控”重大病虫害防控工作机制，进一步建立健全政府主导的各级农作物重大病虫防控指挥机构，明确各级政府及其相关部门的防控责任。2010年在完善省、市、县、乡植物疫情防控责任制的同时，对植物疫情防控责任制考核做了进一步规范，提高了考核的科学性。联合协作的病虫防控工作机制取得新的进展，针对南方水稻黑条矮缩病、梨树疫病等新发病害和疫情的发生特点和防控要求，2011年在省外我们参与了全国性的联合防控协作，在省内组织市、县间的联合防控协作，开展了信息共享、技术协作、配合密切、责任明确的区域联防联控行动。针对局部地区突发性病虫害，各市、县建立和完善了应急防治预案、物资储备、队伍组建、快速反应相互配套的应急防控机制，有效控制了病虫的危害和疫情的扩散。针对一家一户防病治虫难、劳动力素质呈结构性下降的实际，积极探索和推进专业化、社会化病虫防治和疫情防控的组织机制，据统计，全省已拥有植保专业化服务组织 2161 家，比 2010 年的 1920 家增加了 241 家；其中经工商注册的有 1963 家，比 2010 年的 1712 家增加了 251 家。全省植保服务组织拥有新型植保机械 28106 台（套），比 2010 年新增 4898 台（套）；拥有专业防治人员 34823 名，比 2010 年新增 3367 名。其中，嘉兴南湖区绿农植保专业合作社等 35 家植保服务组织被农业部确定为全国第一批示范性植保服务组织。专业化、社会化防控组织机制的积极推进，为实行分类指导、分区治理，切实打好"区域性重大病虫歼灭战、局部性重大病虫突击战和重大疫情阻截战"发挥了重要作用。在病虫预测预报方面，各地在推进监测预警信息化的同时，还广泛利用电视、广播、农民信箱、网络、手机短信等新媒体发布病虫发生、防控信息，提高了技术的入户率和到位率。防控机制的不断创新，为浙江省农作物重大病虫害和植物疫情防控奠定了基础。

（四）优化发展环境得到新改善

2011 年，全省植保检疫系统在各级党委、政府的重视支持下，着力优化自身发展环境，为加快推进现代植保建设创造了较好的发展条件。2011 年各地继续加大《浙江省农作物病虫害防治条例》的宣传贯彻力度，对植保检疫工作的维护、保障、促进、规范和巩固的作用进一步显现，"科学植保、公共植保、绿色植保"的理念更加深入人心，各地对植保检疫工作的责任得到了进一步落实，组织领导得到了进一步的加强。随着《浙江省农作物病虫害防治条例》的深入贯彻，省农业厅根据《条例》的要求，相继出台了《浙江省农作物病虫害监测预报规范》、《浙江省农药经营许可证核发办法》、《浙江省重大植物疫情考核办法》、《境外引进农作物种子种苗环境风险评估管理办法》等一系列规范性文件，植保检疫工作得到了进一步规范。随着人们生活水平的提高和社会消费理念的变化，社会和公众对食品安全关注度普遍提高，各级政府对农业生产安全、农产品质量安全和农业生态安全重视程度日益提高，植保检疫作为确保农业安全的一个重要环节，也将得到全社会更多的关注、重视和支持。省财政在继续加大对水稻专业化统防统治支持力度的同时，开始实施经济作物统防统治的补助试点，确定开展第二轮重大病虫害监测预警体系项目建设，2012 年将实施小农药登记补助政策，绿色防控技术及其产品的补助政策也在积极研究之中。各地普遍加大了财政支持的力度，比如宁波出台了支持统防统治的政策，温州对监测预警信息化建设给予扶持，舟山专门安排加拿大一枝黄花防控专项经费，松阳、常山、武义对经济作物统防统治和绿色防控出台了专项补助政策。所有这些，都为植保检疫工作提供了良好的发展环境。

（五）现代植保建设迈出新步伐

2011 年的全省植保检疫工作会议首次提出在浙江省推进现代植保建设这一

目标，通过一年来各市、县植保检疫系统干部和科技人员的积极实践和探索，迈出了可贵的第一步。现代植保的理念正成为全系统的共识，认识不断得到深化，工作得到有序推进。以信息化为重点的监测预警体系建设有了新的发展，省级农作物重大有害生物预警控制分中心项目建设2011年已建成并投入使用，省级农作物重大病虫害数字化监测预警项目2011年已完成一期建设，项目二期2012年也已开始组织实施，2011年开始实施的嘉兴、诸暨、龙游等16个市、县(市、区)农作物重大病虫害数字化监测预警区域站和植物疫情示范监测点项目建设进展顺利，体系项目建设还为平阳、路桥、吴兴等33个县(市、区)装备了一批信息化监测预警设施。截至目前，浙江省已建成国家级区域站15个，省级区域站45个，重大病虫疫情监测点42个，网络化的病虫害监测与控制体系基本构建，有效提升了浙江省病虫害监测预警能力、植物疫情监管阻截能力和重大病虫防控能力。各地结合当地实际在建立网络化的植保体系、运用现代化的植保装备、推广多样化的植保技术、推进专业化的植保服务等各个层面和不同的领域进行了有益的探索和研究，如柯城区、松阳县推进绿色防控，诸暨市推进预警体系建设、南湖区、萧山区、椒江区以统防统治为主要内容的专业化服务，安吉县结合美丽乡村建设的植保技术服务等，可谓亮点纷呈，成效明显。浙江省现代植保建设得到了农业部领导的充分肯定和关注，史济锡厅长在调研植保检疫工作时也指出，要在实践中积极探索与现代农业推进相适应的现代植保建设的新路子，这种探索很有意义，如果做好了，就是浙江在植保检疫工作上的一个创新和实践。

过去的一年，是浙江省植保检疫工作长足发展、成效明显的一年，为浙江省农业发展作出了积极贡献。成绩来之不易，应该充分肯定。

同时，我们也要清醒地看到，当前浙江省植保检疫工作仍面临不少矛盾和问题。一是体系需要进一步完善，组织体系、监测预警体系、防控体系虽然这几年有了长足发展，但离现代植保建设的要求还有较大差距，尤其是基层问题更为突出，机构不规范、人员配备不足、经费保障不够等问题比较普遍；二是装备需要进一步提升，随着近几年植保工程项目的实施，基础设施有所改善，但测报、防控、检测、交通等装备仍然比较落后；三是技术需要进一步创新，随着新发病害和疫情的增多，一些灾变性病害缺乏有效的应对技术和措施，技术贮备明显不足；四是发展"瓶颈"日益显现，随着专业化统防统治、绿色防控技术的推进，在进一步发展中，一些地方财力支撑瓶颈制约的问题开始显现。这些矛盾和问题都需要我们认真研究，大胆实践，逐步加以解决。

二、认清形势，深化认识，正确把握植保检疫工作总体要求

2012年的全省农业工作会议提出，今后一个时期，农业现代化建设必须牢牢

把握"三化"同步的客观规律，以高效生态农业强省、特色精品农业大省为目标，按照生产规模化、产品标准化、经济生态化的要求，强化粮食增产、农业增效、农民增收和保供给、保安全、保民生"三增三保"工作布局，全面推进质量农业建设，加快转变农业发展方式，着力提高资源利用率、土地产出率和劳动生产率，努力实现农业现代化新跨越。并提出今后一个时期要全面构建粮食生产功能区、现代农业园区、基层农业公共服务中心三大平台，新型产业体系、新型组织体系、新型服务体系三大体系，技术装备支撑、政策资金支撑、资源环境支撑三大支撑，组织领导保障、队伍能力保障、社会环境保障三大保障。这也为我们植保检疫工作指明了方向。

根据全省农业工作会议的精神，2012 年全省植保检疫工作的总体要求是：以科学发展观为指导，按照全省农业工作会议的总体部署，牢固树立"科学植保、公共植保、绿色植保"理念，进一步完善"政府主导、属地管理、联防联控"长效机制，依托"两区"建设平台，着力加强植保检疫组织体系、预警体系和防控体系建设，切实增强农作物重大病虫害和疫情监测、预警、防控能力，不断提升现代植保建设水平，扎实推进植保植检防灾减灾工作，促进农业增效、农民增收，保证农业安全生产。

(一)把握植保检疫工作总体要求，必须正确分析当前面临的形势

史济锡厅长在全省农业工作会议上指出，当前浙江省正处于农业现代化蓄势突破的关键时期，不进则退、慢进也退。我们务必进一步增强忧患意识、使命意识、责任意识、前列意识，准确把握农业现代化的形势背景、发展要求和内在规律，努力促进农业现代化的新跨越。从植保检疫工作来看，工业化、城镇化和农业现代化"三化"同步战略的深入实施，农业现代化的加快发展，为植保检疫事业的推进提供了难得的发展机遇和良好的发展环境。粮食生产功能区、现代农业园区建设，为我们创新发展植保检疫工作提供了广阔的空间；基层农业公共服务中心建设，为植保检疫事业共享资源、优化服务、拓宽领域提供了平台。新型产业体系、组织体系、服务体系和技术装备、政策资金、资源环境支撑体系的构建，为加快推进现代植保建设创造了条件。组织领导、队伍能力、社会环境三大保障体系的构建，将有力保障现代植保建设的顺利推进。因此，无论是从社会环境、政策环境，还是资金支持、技术支持等方面来分析，对于加快推进现代植保建设都是一个十分有利的重要机遇期。但是，我们同时要清醒地看到，随着农业发展方式的变化，随着现代农业的加快推进，随着社会公众对生态安全、农产品质量安全、农业产业安全的更高要求，植保检疫工作的任务更加艰巨。特别是 2012 年农作物重大病虫害和植物疫情的防控形势依然十分复杂和严峻。全球气候异常越来越突出，极端灾害性天气发生概率增加，气候异常和耕作方式变革导致病虫发生规律发生新的变化，农作物病虫害持续偏重发生态势，新发突发病虫明显增多。随着国内外农产品贸易活动日益频繁，植物疫情传入与扩散风险也进一步加大。特别是浙江省遭遇 2011 年入冬偏晚且前冬偏暖、今年早春持续低温阴雨寡照等异常气候，导致病虫害发生的复杂性、严重性和频繁性越来越难把握。根据全国农技服务中心和省植保局分析预测，2012年浙江省迁飞性害虫褐飞虱和稻纵卷叶螟发生趋势仍然较为严峻，一代二化螟和水稻纹枯病中等偏重发生，稻瘟病和南方水稻黑条矮缩病有潜在流行的可能，水稻病虫发生面积约1.2亿亩次。为此，一定要高度重视，任何时候都不可掉以轻心，任何时候都必须把植保检疫工作放在重要的议事日程上。

（二）把握植保检疫工作总体要求，必须重视确立公共植保体制

随着社会的发展、科学技术的不断进步和几十年对植保检疫工作理解的不断加深，使我们认识到仅仅停留在"预防为主、综合防治"的植保方针思维上已远远不够，要求我们对植保检疫工作要有更深层次的理解和采取更有效的措施，才能适应新时期迅速发展的现代农业的需要，这就需要进一步确立公共植保的体制。2006年，农业部正式提出："公共植保就是把植保检疫工作作为农业和农村公共事业的重要组成部分，突出其社会管理和公共服务职能。"这一表述清楚地阐述了植保检疫工作的性质，也就是说植保检疫是国家的事业，是政府的职能，应该把植保检疫工作列入政府的工作范畴。通过几年来的努力，浙江省在落实公共植保这一理念上已经做了大量的工作，也取得了一些成绩，但仍然有较大差距。近年来浙江省专业化统防统治、绿色防控技术及产品的推广应用、组织体系的完善等，虽然取得了很大的成绩，但在向纵深推进中常常会遇到一些瓶颈，关键原因还是一些地方始终没有跳出"农作物病虫害防治仅仅是保证农业增产增收的一项技术措施"这个思维方式去认识、去理解植保检疫工作。只有进一步确立公共植保的体制，才能引起全社会的关注和支撑，包括政府财政的支撑，相关法律法规的制定，部门协作配合，科研部门先进技术的保证，才能真正解决现在植保检疫工作中存在的一些问题和矛盾。从某种意义上，可以说公共植保是建设现代植保的必要保证和条件。我们一定要进一步统一思想认识，重视确立公共植保体制，不断完善"政府主导、属地管理、联防联控"机制，加强体系建设，加强队伍建设，加强政策保障，加强财政支持，确保浙江省植保检疫工作的顺利推进。

（三）把握植保检疫工作总体要求，必须牢固树立绿色植保理念

历史经验告诫我们，植保检疫工作再也不能以牺牲环境、不顾农产品的安全为代价，去换取暂时的防治效果，不能以扑灭病虫害为由损害全局利益。要在植保检疫工作中，始终坚定不移地增强全民族的环境意识，牢固树立人与自然相和谐的观念，使植保检疫工作真正起到为高产、优质、高效、生态、安全的农业生产保驾护航的作用。促进经济发展和人口、资源、环境相协调，不断保护和增强农业发展的可持续性，积极发展循环经济，实现自然生态系统和社会经济系统的良性循环，建立和维护人与自然相对平衡的关系，这是现代植保检疫工作的最终目的。绿色植保就是把植保检疫工作作为人与自然界和谐系统的重要组成部分，突出其对高产、优质、高效、生态、安全农业的保障和支撑作用，其核心是强调植保措施要与自然界和谐友好。通俗地讲，绿色植保就是采取与自然生态系统和谐友好的植保方法或措施（手段），遵循的是农作物病虫害和植物疫情防控与农业生态、农产品安全并重的原则。尤其是在浙江省提出建设“高效生态农业强省、特色精品农业大省”的目标要求下，更需要我们把绿色植保作为贯穿于植保检疫所有实际工作中的一个重要理念加以践行。要着力扭转病虫害和疫情防控依赖化学农药的局面，满足绿色消费，服务绿色农业，提供绿色农产品。要在农作物上大力推进病虫害和疫病绿色防控措施。要通过农科教结合，重点针对主导产业和主要农作物病虫害集成推广一批绿色防控配套技术及其产品，筛选和推荐高效、低毒、低残留农药，分区域、分作物制订完善绿色防控技术方案，加大生物防治、物理防治和安全用药等技术的推广力度，逐步提高农药减量控害效果。同时，我们在推进专业化统防统治、装备植保检疫基础设施、研发推广病虫疫情防控技术、建设监测预警体系、制定财政扶持政策等各项工作中，都要把绿色植保作为重要内容加以结合。绿色植保既是我们必须坚持的一个重要理念，也是我们植保检疫工作的最终目的和方向所在。

（四）把握植保检疫工作总体要求，必须深化认识现代植保规律

现代植保既是植保检疫转型升级的一种形态，也是适应现代农业发展的必然选择。在现代植保的推进过程中，既要从浙江省实际出发，形成明确的奋斗目标，又要有分阶段的推进战略，还要有扎实可行的具体措施，这些均离不开对现代植保发展规律的研究。植保检疫工作千头万绪，但我们要以现代植保建设统领植保检疫各个方面、各个层次的具体工作，要在实践中探索现代植保建设的路子，在探索中加深对现代植保规律性的认识，进而把这种认识提升为指导我们推进植保检疫工作的理论，这样我们就能事半功倍。全省各地都有各自的实际，有不同的地域环境、不同的产业布局、不同的气候影响，农作物病虫害和植物疫情发生的情况也有差异，同时，植保检疫工作涉及面广，技术关联度大，科技含量高，特别是南方水稻黑条矮缩病、黄瓜绿斑驳花叶病毒病等一些新发病害和疫情的发生规律和有效防控措施都有待深入研究。因此，各级植保检疫部门，要深入基层，加强调查研究，把握现代植保建设的规律，研究确定符合当地实际的现代植保建设发展重点和具体措施，注重用现代的理念、装备、科技、管理、方法来提升植保检疫水平，积极创新防控思路、防控技术、防控主体、防控机制，推进植保检疫各项工作走在前列。

（五）把握植保检疫工作总体要求，必须紧紧围绕农业发展目标

全省农业工作会议对2012年农业工作的目标、任务和重点工作都已作出了明确的安排。作为全省农业工作的一个重要组成部分，植保检疫工作要围绕全省农业工作的中心，服务全省农业工作的大局，承担重任，尽职尽责。要明确责任，进一步提高思想认识，强化责任意识，落实重大病虫害和植物疫情属地管理的责任机制，层层落实防控责任制，加强责任制的考核，加强植物检疫执法力度。要突出重点，把粮食生产功能区、现代农业园区作为植保检疫工作的主战场，监测防控和植保检疫项目安排要向“两区”倾斜，积极主动地参与到“两区”建设中去，在工作内容上要注意把专业化统防统治和绿色防控作为今年的重点工作加以强力推进。要强化服务，各级植保检疫部门要认真转变作风，提高服务能力，深入基层，深入农户，深入植保服务组织，深入田头地角，把政策、信息、技术等各项服务送到农民当中去，提高服务效能，要主动参与农业公共服务中心建设，使之成为开展植保检疫服务的重要渠道。要落实措施，各地要加强重大病虫害和植物疫情的监测预警，加强信息预报和交流，制订防控方案，落实各项防控措施，确保粮食增产、农业增效、农民增收和生态安全。要争创一流，以饱满的精神状态，积极工作，奋发向上，发挥当地的优势条件，培育典型，总结经验，走在前列，为现代农业建设作出应有的贡献。

三、突出重点，狠抓落实，着力抓好2012年植保检疫重点工作

2012年植保检疫工作面临的任务依然十分艰巨，做好新形势下植保检疫工作，既需要唱好“四季歌”，又需要不断创新发展。植保检疫工作在农业生产中具有非常重要的地位，在大力推进现代农业建设中承担着重要的责任。我们要充分认识植保检疫工作的极端重要性，以高度的责任感和使命感，大兴实干之风，脚踏实地，埋头苦干，不断提高植保检疫服务现代农业的能力和水平，扎扎实实做好2012年植保检疫各项重点工作。

（一）全力抓好主要农作物重大病虫害的监测防控

毫不松懈地做好重大病虫害监测预警和防控工作是我们植保检疫部门的首要职责。一是要强化监测预警，努力提高预报准确率。要切实做好水稻等主要农作物的重大病虫发生动态监测，完善信息报告和发布制度，进一步规范监测预报技术，着力提高重大病虫监测预警能力。特别是在病虫害主要发生时期要加强乡镇、村两级病虫害监测调查，加大监测调查力度和频度，做到乡乡有测报点、村村有责任人，严密监测重大病虫害的发生动态。要加强病虫情会商，科学分析发生趋势，准确把握病虫发生动态，及时发布预警预报，做到早监测、早预报、早预警。要充分利用广播、电视、报刊、网络、手机短信等形式，扩大预警信息的发布面和入户率。全力做好水稻“两迁”害虫、稻瘟病、南方水稻黑条矮缩病、小麦赤霉病、油菜菌核病等重大病虫害的监测预警，确保中、长期预报准确率达到90%以上，短期预报准确率达到95%以上。二是要着力做好重大病虫防控，确保农业生产安全。要根据当地作物布局、栽培制度及病虫害发生情况，及时提出相应的防控方案和对策措施，

加强对关键农时、重点区域的防灾减灾技术指导，切实提高病虫防控的针对性和有效性。要全面落实政府主导的重大病虫害防控责任制，着重抓好“两迁”害虫、螟虫、稻瘟病、南方水稻黑条矮缩病等病虫害防控，进一步强化对水稻重大病虫害防控的指导督查，积极做好南方水稻黑条矮缩病、条纹叶枯病和黑条矮缩病传毒媒介带毒率检测，切实加强对蔬菜、果树、茶叶等经济作物病虫害防控的分类指导，坚决打好“虫口夺粮、防病保粮、减损增收”这场攻坚战，确保区域性农作物重大病虫害不造成重大损失，局部性农作物重大病虫害不暴发成灾，水稻病虫危害损失率控制在5%以内，为保障浙江省粮食等主要农作物生产安全作出新贡献。

（二）切实加强重大植物疫情监控阻截和执法监管

植物检疫防控和监管是法律法规赋予植保检疫部门的重要职责，各级植保检疫部门要切实加以重视。一是落实防控责任。要进一步建立健全重大农业植物疫情防控指挥机构和工作机制，逐级签订植物疫情防控责任书，认真落实植物疫情防控责任制，强化行政推动。以规范防控工作责任制考核为抓手，切实做到疫情防控“组织保障、责任保障、经费保障和工作措施”四到位，确保完成重大农业植物疫情防控工作任务。二是加强检疫执法。要进一步规范执法行为，严格植物检疫执法。注重加强部门合作，组织开展与有关部门联合、上下联动的秋季全省种子种苗检疫联合执法和跨区域联合执法行动，着重监管种子苗木的生产、销售领域，查处和曝光一批检疫违规案例，树立植物检疫执法新形象。三是监管重点环节。着重加强种子种苗生产和销售环节产地、调运、境外引种等重点环节的检疫监管，监管率分别达到95%、100%、100%。组织开展重点作物种子种苗和农业“两区”产地检疫联检活动，规范检疫程序，提高检疫质量。加强植物检疫单证管理，全面推行网络审批、网络查询和网络监管，规范出证程序，提高服务效率和管理水平。要进一步规范鲜活农产品运输“绿色通道”检疫签证管理服务。四是强化疫情阻截。进一步落实国家东南沿海重大植物疫情阻截带建设，着力提高重大及新发植物疫情监测防控能力，强化疫情监测预警和阻截防控。重点加强对黄瓜绿斑驳花叶病毒、梨树疫病、扶桑绵粉蚧、柑橘黄龙病、红火蚁、葡萄根瘤蚜等监测防控，密切关注新发植物疫情发生动态。切实抓好以柑橘黄龙病、加拿大一枝黄花和梨树疫病为主的重大植物疫情监测、普查与防控，柑橘黄龙病、加拿大一枝黄花防除面达到100%，确保不发生区域性重大植物疫情流行。五是加强植物检疫宣传。植物检疫工作必须依靠社会力量支持和公众的积极参与。要按照农业部的统一部署，组织开展植物疫情宣传周活动，省、市、县三级联动宣传植物检疫法规、检疫性有害生物特性及防控知识等，把握好正确的舆论导向，积极营造全社会关心、各部门支持植物检疫工作的良好氛围。

（三）全面推进农作物重大病虫害专业化统防统治

农作物病虫害专业化统防统治是加快病虫防控方式转变、提高防治工作组织化、推动植保服务社会化的重要抓手和有效举措。一是稳步推进水稻病虫害专业化统防统治。由于受水稻种植效益低等多重因素影响,专业化统防统治工作进一步推进难度有所加大,各地务必要克服畏难情绪,强化组织领导促落实,注重整合资源促发展,实施全方位政策引导,加大行政推动力度,大力推进统防统治示范县、示范区建设,实施水稻病虫害专业化统防统治面积300万亩。2012年省里的补助政策保持不变,各地要尽早落实配套资金,加大扶持力度,继续推动浙江省农作物病虫害专业化统防统治走在全国前列。二是扩大经济作物统防统治试点示范。经济作物统防统治试点要与绿色防控示范区建设相结合,注重突出重点抓典型,做到典型引路、辐射带面,不断扩大示范作物种类和面积,实施经济作物病虫害专业化统防统治面积50万亩。三是规范专业化植保服务组织。要注重强化管理促规范,加强技术培训和理念引导,探索运行和管理模式,规范专业化防治行为,大力培育植保社会化服务组织,做到扶持培育一批、发展壮大一批、规范提升一批,树立服务典型,打造服务品牌,提升服务品质,推动植保社会化服务向更大范围、更高层次、更深程度发展。2012年,浙江省将组织开展省级示范性植保服务组织创建活动,培育100家组织规范化、服务规模化、技术标准化的省级示范性植保服务组织。

(四)努力扩大绿色防控技术及其产品的推广应用

病虫害绿色防控是今后植保检疫工作的发展方向和重要任务。扩大绿色防控技术的推广应用有利于加快转变以化学防治病虫害为主的防治方法,提高病虫防控科技含量,有利于减少使用化学农药,保障农产品质量安全,有利于修复农田生物多样性,保护生态环境安全。一是进行绿色防控示范试点,浙江省植物保护检疫局将整合部分专项资金,在全省组织开展绿色防控示范试点工作,采用项目申报的办法,省、市、县联动,明确示范创建主体,集中建立不同作物种类的绿色防控省级示范区试点20个。作为2012年浙江省植保要重点推进的一项工作,请各地高度重视,认真组织实施。各地要结合当地实际,建设主导产业农作物病虫害绿色防控示范区,确保建设一批能看、能学、能推广的绿色防控典型,并通过试点探索农作物病虫害绿色防治技术和产品财政补助政策方案,逐步创造条件在全省全面实施农作物病虫害绿色防治技术和产品的财政补助,努力使绿色防控技术示范推广在浙江省有一个新的突破。二是要围绕蔬菜、果树、茶叶等作物病虫发生特点,引进灯诱、色诱、性诱等诱杀技术、生物农药和新型安全、高效低毒低残留化学农药新品种,积极开展病虫害绿色防控技术的集成创新,尽快形成适合浙江省推广应用的绿色防控集成技术。三是要从不同层面,采取多种形式,积极开展绿色防控技术培训与宣传,把绿色防控示范区作为集成和创新绿色防控技术的基点,向社会展示宣传绿色防控技术的窗口,教育引导农民实施绿色防控技术,展示防控新技术、新成效、新亮点,改变群众防治观点,从源头上控制和减少化学农药使用量,提高农民对病虫绿色防控的认知程度和参与积极性。

(五)继续实施以信息化为重点的监测预警体系建设

建设以信息化为重点的监测预警体系，是一项具有战略性、基础性和决定性的重要任务，是当前和今后一个时期内浙江省植保检疫系统的重点工作。首先，要根据农业主导产业布局和农作物病虫害、植物疫情监测预警和防控工作需要，按照"统筹规划、合理布局、资源共享、综合建站"的原则，编制《浙江省"十二五"农作物病虫害监测预警体系(数字化)建设规划》，以信息化、数字化建设为重点，建设提升一批市、县级数字化监测预警区域站，逐步构建覆盖全省的数字化监测预警网点，提高监测预警的有效性和针对性。其次，要加快建设省级农作物重大病虫害监测预警数字化平台二期项目，要综合运用地理信息、人工智能、计算机网络和电视多媒体等高新技术，逐步实现病虫防治、农药应用和绿色防控数据采集、汇总、分析等信息处理自动化，病虫害发生动态推演、信息发布可视化和预警信息传递网络化，努力提高重大病虫害监测预警和灾变风险决策水平。

(六)着力提升农药科学使用水平和安全监管规范

农药是重要的农业生产资料。科学合理地使用农药，可有效防控病虫危害，挽回或减少产量损失，对于提高单位面积产量，促进农业生产具有重要作用。但是，当前存在的一些农药使用不合理现象，不仅不利于农药作用的发挥，而且还对农产品质量构成了重大安全隐患，甚至威胁人们身体健康和生命安全。第一，各地务必要严格按照《浙江省农药经营许可证核发办法》，把好农药经营许可证核发关，做到农药经营许可全覆盖，加强对经营人员的培训考核，提高经营人员整体素质。强化农药安全使用监管，大力开展安全用药技术宣传、培训和指导，加大"两高"农药的禁用替代力度，牢牢构筑农产品质量安全防线。第二，要大力推广病虫综合防治和农药减量控害技术，结合农业面源污染治理和生态循环农业示范区创建，实施农药减量控害增效工程1000万亩。实施农药减量控害增效工程要以农作物病虫害的安全防控和安全用药为主题，注重典型示范和面上辐射相结合、"三新"技术试验推广和适用技术组装集成相结合、生态环境保护和农民增产增收相结合，着力加快绿色防控产品和"三新"技术的推广应用，切实降低化学农药使用量，确保农产品质量安全。第三，要严密监控病虫抗药性。近年来，浙江省褐飞虱、灰飞虱、二化螟、小菜蛾等重要害虫对多种主治药剂的抗药性呈逐年持续上升态势，甚至出现了激增现象。各地务必要高度警惕，严密监测抗性发展动态，加大替代防治药剂和技术的引进、筛选、试验和推广力度，积极开展水稻、果蔬等农作物农药应用调查，制订全程科学用药方案，优化用药结构，指导农民合理安全用药，切实提高植保技术到位率，确保重大病虫灾年不成灾。第四，要强化农药应急储备管理。采取专家论证等方式科学统筹规划储备计划，提高农药应急储备的科学性和针对性；要进一步完善管理机制，加强对农药应急储备监管，确保应急储备农药有效到位和安全储存，切实提高应急防控能力。

（七）大力促进标准化工作对植保检疫的引领作用

标准化是组织现代植保检疫活动的重要手段和必要条件，是开展植保检疫专业化、社会化服务的前提，是实现植保检疫科学管理和现代化管理的基础，是通过植保检疫手段提高农产品质量和保证农业安全的技术保证，是推广植保检疫新技术、新药械、新装备和新科研成果的桥梁，也是全面提升农作物重大病虫害和植物疫情防控水平的重要途径之一。因此，各级植保检疫部门要切实重视推进植保检疫的标准化工作，充分发挥标准化工作对植保检疫的引领作用。一是要着力完善植保检疫技术标准。要根据植保检疫工作的发展要求，进一点修订完善现有的技术标准，要针对植保检疫发展进程中出现的新情况、新问题，制定相应的标准和规程，要从有关植保检疫工作基础性、公共性和关键性问题研制相关管理规范和标准，逐步建立和完善植保检疫的标准化体系。二是要严格执行植保检疫技术标准。对现有的农作物病虫预测预报规范、新农药试验示范准则、植物检疫规程等各级植保检疫部门要严格按照标准和规范的要求加以执行，并在制度上加以保证。三是要大力宣传植保检疫防治规程。对病虫防治技术规程、农药合理使用准则、农药安全使用规范、产地检疫规程等，各地要加大宣传、培训、推广的力度，让广大生产、经营者掌握了解规程标准的内容和要求，增强执行标准的自觉性，同时要加强对标准执行的督查，提高标准执行力。四是要积极参与农业标准化示范创建。要根据全省农业标准化工作的总体要求，以“两区”建设为主平台，以农业主导产业为重点，以推进专业化统防统治和绿色防控为突破口，积极参与农业标准化示范创建。

（八）积极探索和创新实践现代植保建设的新路子

推进现代植保建设是加快农业产业转型升级与社会和谐进步的迫切要求，是植保检疫工作的一项长期任务。各地要加强调研，分析新形势，研究新思路，采取新举措，寻求新发展；要善于运用改革创新的办法解决前进中的问题，创造性地探索解决建设现代植保的理论盲区和实践难题；要建立健全植保重大事项专家咨询决策和会商机制，加强科学统筹谋划，顺应现代农业发展方向，从政策导向、技术应用和完善组织等方面促进植保检疫工作持续发展，提升植保检疫工作服务现代农业发展大局的能力。2012 年，省局将成立浙江省现代植保建设专家顾问组，组织开展省、市、县三级联动的现代植保理论和实践大调研活动，与省植保学会联合举办浙江现代植保建设论坛，开展优秀调研论文评选活动，编制《浙江省现代植保建设规划》。各地要立足当地，积极参与，上下联动，共同探索与现代农业推进相适应的现代植保建设新路子，创新发展具有浙江特色的现代植保检疫工作。

最后，必须加强植保队伍建设。一是完善制度加以规范。实践证明，植保检疫队伍建设要取得长期成效，必须从长远着手，加强制度机制建设。要出台规范性文件，明确植保检疫机构职能、编制和人员，逐步理顺机构，壮大队伍，完善常态管理机制、工作责任机制和考核激励机制。要重视改善植保检疫人员的待遇和工作条件。二是加强学习提升能力。学习是开启干部队伍思想宝库的钥匙，也是推进技术创新的源泉和动力。要重视植保检疫系统广大干部和科技人员的知识更新，使干部做到主动学习，自觉学习，勇于学习，善于学习，通过学习和各种培训，明心启智，提高决策、管理和技术水平。三是转变作风改进服务。植保检疫系统的工作直接面对“三农”，要大力推行“领导在一线指挥、干部在一线工作、问题在一线解决、决策在一线落实”的工作方法，重心下移，深入到最基层、深入到群众中、深入到第一线，说实话、出实招、办实事、求实效。四是强化基层优化结构。基层是植保检疫工作的基础和重心，特别是县以下植保专业技术队伍建设更为紧迫。乡（镇）村级植保员肩负着农作物重大病虫害和植物疫情防控指导工作的重要使命，要指导广大群众合理使用农药，降低农药施用量，确保人民身体健康，同时还要承担调研当地植物检疫性有害生物的分布情况、发生情况及上报等工作，任务十分艰巨。要通过乡镇“三位一体”农业服务中心建设，强化乡（镇）村的植保检疫力量，建立一支责任心强、肯吃苦耐劳、懂业务的基层植保检疫专业队伍。同时要重视推进植保专业服务组织建设，这也是植保检疫体系中不可或缺的一支重要力量，要进一步加大扶持。

（作者为浙江省农业厅党组成员、副厅长。本文系作者在2012年度全省植保检疫工作会议上的讲话摘要）

绿色防控是推进现代植保建设的重要内容

叶新才

一、进一步提高对农作物病虫害绿色防控示范区试点工作重要性的认识

绿色防控示范区试点是2012年全省植保检疫工作会议部署的一项重要任务，也是浙江省植保检疫重点工作之一，既是落实“公共植保”、“绿色植保”的重要举措和具体行动，也是推进“现代植保”建设的重要内容。史济锡厅长在听取关于试点工作的汇报后，十分重视也十分关注，明确要求要认真抓好落实。最近农业部种植业司周普国副司长和全国农技中心钟天润副主任来浙江省调研时，也对绿色防控试点工作给予了充分肯定。各地要进一步统一思想认识，给予高度重视，特别是植保检疫系统要把这项工作当作今年的一项重要工作切实抓紧抓好。

（一）开展绿色防控试点工作是应对浙江省植保检疫形势的现实需要

浙江省地处东南沿海，自然条件优越，既适宜各种农作物的生长，又是多种病虫和农业生物灾害频繁发生的省份。近年来，由于受耕作制度改变，气候变暖，农业投入品不合理使用等因素的影响，农作物病虫发生危害呈加重态势。水稻“两迁”害虫暴发概率增加，由稻飞虱传播的水稻病毒病等流行风险加大，蔬菜、果树、茶树等作物病虫害发生为害加重，柑橘黄龙病、黄瓜绿斑驳花叶病毒病、梨树病害等植物疫情形势严峻，对农业生产安全构成严重威胁。目前，浙江省农作物病虫害防治主要依靠化学防治，在控制病虫危害损失的同时，也带来了自然天敌杀伤、病虫抗药性上升、害虫再猖獗和病虫暴发概率增加等问题。通过推广应用绿色防控技术，有助于保护生物多样性，降低病虫害暴发概率，保障粮食丰收和农产品的有效供给。农产品质量安全与人民群众的生命安全休戚相关，与人民群众的生活品质紧密相连，是社会关注的热点、焦点问题。2012年绿色和平组织报告的茶叶农药残留问题、浙江省抽检的草莓农药残留问题、济南有机磷“毒韭菜”事件等都与农药不合理使用有关。开展绿色防控试点，既是确保农产品质量源头安全的重要举措，也是应对浙江省农作物病虫和植物疫情防控形势的现实需要。

（二）开展绿色防控试点工作是推进“现代植保”建设的重要内容

浙江省人多地少，土地复种指数高，农作物重大病虫危害重，导致农药使用量

大，农业生产环境安全隐患突出。据统计，浙江省每年农药使用量在1.2万～1.6万吨(折合100%有效成分)，是国内单位面积农药使用量最高地区之一。病虫害绿色防控技术属于资源节约型和环境友好型技术，推广应用生物防治、物理防治等绿色防控技术，不仅能有效减少化学农药的使用，还能降低生产过程中的病虫防控作业风险，避免人畜中毒事故，同时可显著减少农药及其废弃物造成的面源污染，有助于提高农产品质量安全水平和保护农业生态环境。病虫害绿色防控技术是践行“公共植保、绿色植保”理念的重要举措，是农作物病虫害防控技术的更高层次、更高水平和更高阶段，是“现代植保”建设的重要内容。

(三)开展绿色防控试点工作是贯彻《浙江省农作物病虫害防治条例》的客观要求

《浙江省农作物病虫害防治条例》(以下简称《条例》)明确规定鼓励农业生产经营者应用绿色防治技术和产品，并对采用绿色防治技术和产品进行补贴。根据《条例》的要求，浙江省正在积极研究推进绿色防控的政策措施。通过试点，探索适合浙江省实际的绿色防控技术方案和财政补贴政策，既是进一步贯彻落实《条例》的客观要求，也是大力推进绿色防控的有效途径。推进绿色防控已经成为植保系统业内的共识，也被公众所广泛接受，势在必行。农业部确定2012年为农作物病虫害绿色防控推进年，并召开全国农作物病虫害绿色防控工作会议。因此，认真抓好试点工作，结合专业化统防统治等有效载体，明确方向，丰富内容，改进方法，完善政策，对于深入贯彻《条例》和提高浙江省农作物有害生物防控水平具有重要的现实意义和历史意义。

(四)开展绿色防控试点工作是践行“两富”奋斗目标的具体体现

浙江省第十三次党代会提出物质富裕、精神富有“两富”奋斗目标，对于我们植保检疫工作和开展绿色防控试点同样具有重要的指导意义。“两富”是科学发展观在浙江的具体体现，是“八八战略”和“两创”总战略的深化，直接关乎农民群众和广大消费者的期盼和要求。一方面，随着社会经济的发展，人民生活水平已从温饱向小康迈进，人们对农产品质量安全要求越来越高，价格接受能力也不断提高，安全农产品的市场需求在不断扩大。另一方面，推广应用绿色防控技术，发展绿色安全农产品，将成为今后促进农业产业发展、增加农民收入的重要途径。比如柯城区推广应用柑橘病虫害绿色防控技术，促进柑橘出口；松阳县推广茶树病虫害绿色防控，提升茶叶安全品质，促进茶叶销售；金华市推广应用水稻病虫害绿色防控技术，打造稻米品牌，提升稻米价值等，都证明了这一点。我们要以浙江省第十三次党代会精神为动力，从坚定“两富”奋斗目标的高度，指导推进绿色防控试点工作。

二、切实抓好农作物病虫害绿色防控示范区试点的各项工作

绿色防控示范区试点工作的指导思想是：贯彻“预防为主、综合防治”的植保方

针和“公共植保、绿色植保、现代植保”理念，分区域、分作物优化集成适合当地实际的农作物病虫害绿色防控配套技术，探索绿色防控产品和技术的补贴政策。示范绿色防控技术和产品，展示绿色防控成效，研究绿色防控推广机制，提升防控水平，服务现代农业建设。

厅里对绿色防控示范区试点工作十分重视，各地也表现出了很高的积极性。但正因为是试点，所以还有很多的不确定性，还有许多未知的认识有待于进一步深化。这次试点工作，省植物保护检疫局不做统一模式的规定，目的就是要充分发挥各地的积极性和创造性，给大家最大限度的试验和探索空间。但与此同时，各市植保检疫部门和试点实施单位的责任也就更大了，需要更好地发挥各地的主观能动性。最近，王建满副省长到我厅调研时指出，农业部门近年来工作充分展示了“把握准、措施实、善创新、服务优”的特点。这是对我们农业部门的勉励，但这四句话对我们的试点工作同样具有很强的指导意义，希望大家按照“把握准、措施实、善创新、服务优”的要求，把试点工作作为一项重要任务抓紧抓好，抓出成效。

绿色防控示范区试点工作要求：

（一）科学谋划

制订一个好的试点实施方案，是试点成功的基础。各地要根据这次试点工作的指导思想和总体要求，认真研究，认真谋划，制订切实可行的实施方案和具体措施。实施方案要细要实，要有可操作性，要包含组织领导、工作计划、责任分工、技术措施、补贴政策等方面的内容。方案中关于试点的目标要把握两个重点：一是技术方案。要因地制宜、因作物制宜、因靶标制宜，通过试验示范，集成相应配套技术，制定相关技术规程，使技术体系模式化、区域化、轻简化和标准化。通过示范区的试点，集成优化适合不同区域、不同作物的病虫害绿色防控配套技术，建立绿色防控技术规范，不断提高绿色防控技术的先进性、实用性和可操作性。二是补贴政策方案。着重是在补贴对象、补贴环节、补贴标准、补贴机制等方面进行探索和试验，提出可行的政策建议。要根据试点作物和当地病虫发生实际，确定示范主要技术和设施，优化集成适合当地的农作物病虫害绿色防控配套技术。示范应用以抗病虫品种、优化作物布局、健身栽培和农田生态工程为重点的生态调控技术；以保护利用自然天敌，生物农药应用为重点的生物防治技术；以“三诱一阻”（灯诱、性诱、色诱，防虫网阻隔）为重点的理化诱控技术和以选用高效、低毒、低残留、环境友好型农药、提高农药应用技术、减少农药用量为重点的科学用药技术。每个示范区要做到“五个一”，即一个核心示范方、一块示范标志牌、一个实施方案、一套主推技术体系、一名技术指导人员。

（二）精心组织

开展试点的市、县农业部门要根据《浙江省农作物病虫害绿色防控示范区建设试点实施意见》的要求，把绿色防控示范区试点工作列入议事日程，切实加强组织领导。各实施单位要高度重视，精心组织实施小组，专人负责，落实责任，集中人力和精力，切实抓好绿色防控示范区试点工作。负责试点实施的植保部门主要负责方案制订、试验示范、绩效评估等有关工作；试点实施主体主要负责示范区绿色防控技术实施、田间操作记载、协助调查等。省、市、县三级植保部门要形成合力，上下联动，加强指导。绿色防控技术示范推广工作在浙江省尚处在起步阶段，要依托农作物病虫害绿色防控示范区试点的平台，充分展示绿色防控产品、技术和成效，利用各种媒体，通过现场会、田间培训等方式，大力宣传绿色防控的重大意义、主要成效、先进技术、典型经验。主动向领导汇报，邀请领导到示范区指导调研，让社会了解绿色防控的作用，让领导知道绿色防控的效果，让农民增强绿色防控的信心，促进绿色防控技术的推广应用。要把绿色防控的推广应用与发展专业化统防统治、实施病虫综合防治和农药减量工程等有机结合起来，优先在农作物病虫害专业化统防统治服务区，病虫害综合防治、农药减量工程实施区示范应用绿色防控技术和产品；要鼓励农民专业合作组织、涉农企业和农民采用绿色防控技术，全面推进绿色防控技术的推广应用。

(三)扎实推进

要保证示范区示范面积到位，设施装备到位，技术措施到位。要保证资金投入，省植物保护检疫局对每个农作物病虫害绿色防控示范区试点给予 20 万元补助。各市植保部门要加强对省级绿色防控示范区试点补助资金的监管，确保省级补助资金主要用于示范区绿色防控产品和技术的示范推广和试验、培训等工作，三分之二以上用于绿色防控产品补助。各示范区建设单位要注重上、下结合和横向联合，整合行政、计划、财务、科技等方面的资源，在省级示范区补助资金的基础上，多渠道争取各级财政和相关项目支持，加大对绿色防控示范区的投入，扩大示范推广规模。充分利用当地农业、科研、教学、推广、企业等方面力量，加强与农作、经作、农机、种子、土肥等部门合作，形成工作合力，共同做好绿色防控示范区建设。同时要结合“阳光工程”、农作物植保工职业技能培训鉴定等项目，在示范区开展多种形式的技术培训，培养一批掌握绿色防控技术的带头人，促进绿色防控技术的推广。要强化督查检查，省植物保护检疫局将把省级绿色防控示范区建设工作列入对各市植保(植检)站的考核内容。各地植保部门要按照工作职责，加强对绿色防控示范区试点工作的日常管理，建立示范区工作档案、田间档案和物资台账。要强化工作督导，保障各项技术措施和设施的落实，确保示范区有亮点，出成效。要加强考核，做到激励先进，鞭策后进，促进绿色防控示范区建设工作的平衡发展。

(四)认真总结

要认真做好试点工作的总结和示范区试点的绩效评估。各示范区建设单位要在示范区设置农户病虫害常规防控区和不防治对照区，调查绿色防控措施的效果、减少农药用量、挽回产量损失、投入产出比等，并做好农产品质量安全检测，生物多样性调查，全面总结绿色防控的经济效益、社会效益和生态效益。加强田间试验，科学评价各项绿色防控技术和配套技术的成效。年终，各绿色防控示范区试点建设单位要对试点实施工作和绩效做全面的总结，如实反映绿色防控示范区建设、技术集成、实施成效、示范推广工作取得的成绩、下一步推进绿色防控工作的对策，并针对绿色防控推进工作的实践，分析推进农作物病虫害绿色防控的主要瓶颈，提出适合当地的绿色防控产品和补贴政策建议。

三、重视抓好当前农作物病虫和植物疫情防控工作

最近农业部办公厅先后发出《关于加强梨树病害疫情防控工作的通知》和《关于加强夏秋季农作物重大病虫防控工作的通知》。通知指出，2012 年以来，梨树病害疫情发生范围呈扩大态势，梨树病害疫情是重要的检疫性病害，不仅严重危害水果生产安全，而且影响我国水果出口。同时，入夏以来，强对流天气频繁、大部地区雨水偏多，十分有利于农作物重大病虫发生危害，稻飞虱、稻纵卷叶螟、稻瘟病等对秋粮生产构成较大威胁。通知要求，对梨树病害疫情要切实加强组织领导，全面开展疫情调查，加强检疫监管措施，科学开展综合防控。夏秋两季病虫防控工作要进一步贯彻落实全国农作物重大病虫防控工作视频会议精神，强化病虫防控措施，最大限度降低危害损失。省农业厅也在全省农作物重大病虫防控工作视频会议和植物检疫宣传周视频会议上再三强调要重视抓好今年的病虫防控和植物检疫工作。史济锡厅长在最近召开的厅务会议上，也强调要切实做好农作物重大病虫和植物疫情防控工作，进一步落实防控责任。当前正值农业生产的关键季节，浙江省农作物病虫和植物疫情防控形势仍然比较严峻，大家要高度重视，切实抓好当前农作物病虫和植物疫情防控工作。

（一）切实加强组织领导

各级农业部门和植保检疫部门要充分认识做好梨树病害疫情和其他主要植物疫情防控工作的特殊性和紧迫性，充分认识当前病虫害发生的严重性和防治工作的艰巨性。及时向当地政府领导汇报农作物重大病虫和植物疫情发生的情况及提出相应的对策建议，争取政府领导的重视和支持，加大资金、物资和技术支持力度，确保各项防控措施落到实处。要克服麻痹思想和厌战情绪，坚定促进粮食稳定发展的目标不动摇，立足抗灾夺丰收，再加力度，再上措施，进一步加强组织领导，全面落实防控责任，强化病虫监测预警和疫情调查，科学开展综合防控，加强检疫监管和病虫防控督导检查。

(二)严密监控重大病虫发生动态

据浙江省植物保护检疫局会商预测,2012 年浙江省水稻病虫发生将明显重于 2011 年,水稻"两迁"害虫防治形势严峻。自 6 月 17 日"入梅"以来,浙江省大部分地区普降大雨,局部地区大暴雨,十分有利于水稻"两迁"害虫迁入。2012 年浙江省白背飞虱迁入期早、迁入量大,局部地区带毒率较高,南方水稻黑条矮缩病流行风险增加。特别要关注的是,褐飞虱田间出现早,来势凶,浙北单季晚稻前期虫口基数较高,若经过多个代次繁殖,主害代将严重发生,已初步呈现大发生态势。稻纵卷叶螟、单双季混栽稻区二代二化螟田间残虫量高,总体呈偏重发生。随着近期气温上升及后期台风天气影响,水稻纹枯病、沿海稻区细菌性病害等成灾风险进一步加大。这将对浙江省水稻安全生产构成严重威胁。各地务必要提高警惕,迅速行动,切实加强系统监测和田间普查,及时发布病虫情报,严格执行周报制度,严密监控以"两迁"害虫为主的重大病虫发生动态,做到早监测、早预警、早预报,严防农作物重大病虫害暴发成灾。

(三)全面落实重大病虫防控措施

针对 2012 年浙江省水稻重大病虫害防控形势严峻,各地要坚持贯彻"预防为主、综合防治"植保方针,根据当地实际,抓住重点区域、重点生育期、重点病虫害,科学制定防控策略,加强分类指导防治,层层落实防控措施。在重大病虫防控关键时期,要及时组织由行政领导和专业技术人员组成的督导组,分片包干,深入基层,对防控工作进行督查指导,及时帮助基层解决防控工作中出现的新情况、新问题,确保防控效果。当前单季稻上要重点抓好以稻飞虱和二化螟为主的水稻病虫害防治,密切关注稻纵卷叶螟、纹枯病、稻瘟病的发生。连作晚稻秧田重点做好治虫防病,移栽前做好带药下田。防治水稻病毒病要贯彻"治虫防病"、"治前期保后期"的策略;防控稻飞虱坚持"治前控后",狠抓主害代前一代的防治;稻纵卷叶螟防控贯彻适期达标防治方针;穗颈瘟、稻曲病要抓住水稻关键生育期进行防治;沿海地区在台风暴雨前后做好细菌性病害预防工作。

(四)强化重大植物疫情阻截防控

植物疫情防控是各级植保检疫部门必须长期予以高度重视的一项工作。当前浙江省重大植物疫情防控形势不容乐观,根据 2012 年全省疫情普查结果,有 13 个县(市、区)发生梨树病害疫情,其中新增富阳、桐庐、青田 3 个县(市),有 12 个县(市、区)发生黄瓜绿斑驳花叶病毒病,这两种疫情在全省发生范围呈扩大态势,总体发生程度重于往年。各地一定要克服麻痹思想,严格落实防控责任。当前植物疫情防控要以梨树病害、黄瓜绿斑驳花叶病毒病和扶桑绵粉蚧为重点。在植物疫情处置上要坚决果断,坚持"依法、科学、坚决、稳妥"的处置原则,按照防控技术方案,采取科学封锁控制措施,严防疫情扩散蔓延,把危害损失控制在最低限度。梨树病害发生区要求7月底前彻底清除发病梨树。在植物疫情监测上要系统全面，进一步加大监测调查力度与频度，落实专人按照监测技术规范进行系统监测，将疫情监测调查作为常态化工作。一旦发现新的疫情，果断处置，并按程序及时报告。在植物检疫监管上要依法严格，切实加大植物检疫执法监管力度，特别要依法加强对疫情发生区域的植物检疫监管，并充分发挥好疫情发生区周围部署设立的临时植物检疫检查站的作用，严格实施检疫检查。

（五）加强农药安全使用管理

随着气温的逐渐升高，浙江省农作物病虫害已进入盛发期和防控关键期，也是因农药使用不当引起农产品农残超标、农作物药害和人畜中毒事故的多发期。各地要严格按照《浙江省农药经营许可证核发办法》，加快农药经营许可证核发进度，切实加强与公安、工商、技术监督等有关部门的配合，加大农药经营环节监管力度，进一步规范农药经营行为。同时，要针对当前农药安全使用中存在的主要问题，结合当地病虫害发生与防控情况，加强安全用药宣传和培训，严禁使用高毒、高残留农药，严格遵守农药安全间隔期，着力提高农民科学用药水平，努力确保不发生重大农产品质量安全事故和农作物药害事故。要加强施药作业人员自我安全防护意识教育，杜绝生产性中毒事故发生。

（作者为浙江省农业厅党组成员、副厅长。本文系作者在2012年7月11日全省农作物病虫害绿色防控示范区试点工作现场会上的讲话摘要）

着力抓好当前植保检疫重点工作

王建跃

一、扎实推进绿色防控工作

实施病虫害绿色防控是贯彻“公共植保、绿色植保”的重要举措，是建设现代植保的有效途径。近年来，各级农业部门坚持“预防为主、综合防治”的植保方针，综合运用政策扶持、技术集成、多元推广、宣传引导等措施，大力推进绿色防控工作，取得了积极成效。两年来，全省已创建省级农作物病虫害绿色防控示范区62个，带动建设市、县级绿色防控示范区499个。概括起来主要体现了四个方面：一是绿色防控理念深入人心。各地加大绿色防控宣传力度，示范应用绿色防控技术，充分展示绿色防控成果，绿色防控理念得到各级政府和有关部门及社会各界的广泛认同，初步形成了领导重视、社会关注、群众欢迎、全社会合力推进的工作氛围。二是绿色防控技术集成完善。各地把绿色防控示范区建设作为推进绿色防控的重要抓手，加强新时期特定区域病虫害发生规律研究，分区域、分作物优化集成绿色防控配套技术，初步形成了一批浙江省主要农作物全生育期病虫害绿色防控技术体系和适应不同区域的绿色防控技术模式。三是绿色防控推进体系初步形成。各地在积极开展绿色防控技术创新和集成示范的同时，探索实施绿色防控扶持政策和绿色防控推广机制，初步形成了政府扶持、部门参与、主体实施、市场拉动的绿色防控推进体系。四是绿色防控效益较为明显。与农民自防区相比，示范区早稻和连作晚稻每季减少用药2～3次，单季晚稻减少用药3～4次，化学农药用量减少50%以上，减少了农药污染。同时，还有力促进了农民增收，示范区的农产品品质明显高于农户自防区，且农药成本逐步减少，有效提高了种植效益。

虽然浙江省绿色防控工作取得了一定成效，但由于处在起步阶段，还存在绿色防控面积有待扩大、技术仍需完善、扶持力度不够等问题。对此，各级农业部门要高度重视，在总结以往好的经验做法的基础上，进一步完善体制机制，狠抓措施落实，加大推进力度。重点抓好以下几方面工作：

（一）突出示范创建，着力体现绿色防控的引领性

要坚持绿色防控方向，进一步扩大示范创建范围，重点扶持引导专业合作社、家庭农场等新型主体开展病虫害绿色防控。要注重规范化建设,组织示范区实施“五个一”行动,即设立统一的示范展示牌,明确不少于一名技术指导员,制订一套技术实施方案,示范一批绿色防控技术产品,提出一批扶持政策建议,使示范区真正能看得见、摸得着、有形象、有落实。要发挥示范引领作用,以绿色防控示范区为平台,通过现场观摩、田间培训等多种形式,大力宣传绿色防控的主要成效、先进技术、典型经验,充分发挥示范区先行先试的引领作用。

(二)狠抓技术创新,着力体现绿色防控的安全性

要加强核心技术攻关,围绕重大病虫害绿色防控的实际需要,以减少化学农药用量、提高防治效果、保障农产品质量安全为目标,联合农科教和产学研协作攻关,积极开展绿色防控核心技术和产品的引进研发,不断丰富适用于不同作物、不同病虫、不同区域的绿色防控实用技术和产品。要注重关键技术集成,因地制宜、因作物制宜,集成优化适合不同区域、不同作物的病虫害绿色防控配套技术,建立一批绿色防控技术规范或技术标准,形成一批防治效果好、操作简便、成本适当、农民欢迎的绿色防控技术模式,不断增强绿色防控的先进性、实用性和可操作性。

(三)狠抓推广应用,着力体现绿色防控的高效性

要坚持“政府扶持、优化技术、保障安全、多元推广”的原则,把绿色防控与农业“两区”、“菜篮子”工程、产业提升以及“三品一标”等项目扶持紧密结合,与产业体系、行业科技等科技创新和推广应用紧密结合,与主要农作物重大病虫的区域治理和专业化统防统治紧密结合,全面提高绿色防控的普及率。要加强与生产基地、企业和专业合作组织的合作,引导社会力量推动绿色防控技术的应用,探索建立技术与物资结合、市场与品牌对接、企业和基地联合的绿色防控推广联合体,推动绿色防控产业化。要加强队伍建设和带头人培育,大力开展绿色防控技术培训,通过专题技术培训班、农民田间学校、植保社区服务站和网络诊所等方式,培养一批掌握绿色防控技术、善用绿色防控技术的带头人。

(四)加大政策投入,着力体现绿色防控的长效性

要依据《浙江省农作物病虫害防治条例》有关规定,积极争取出台地方配套政策,多渠道增加资金投入。省农业厅将联合省人大法工委等部门对贯彻落实《条例》及其配套政策的实施情况开展专项执法检查。要优化整合项目资源,将绿色防控措施纳入农产品质量安全监管、生态循环农业、面源污染治理、阳光培训工程等政策扶持范畴,千方百计为绿色防控工作提供政策支撑。有条件的地方还要积极探索争取绿色防控技术补贴政策,对采用绿色防控技术的专业合作组织和农民给予资金补贴或物资扶持,提高农业主体采取绿色防控措施的积极性。

二、切实抓好当前植保检疫工作

植保检疫工作是农业的一项基础性工作，也是不断提高农业生产水平、增加农民收入的重要手段。随着农业发展环境和生产方式的变化，植保检疫工作在农业生产中的作用和地位越来越重要，任务也越来越繁重。当前，各级农业部门要突出重点，抓住关键环节，力求实现植保检疫工作的新主动、新提高和新突破。

（一）全力做好晚稻重大病虫害防控

当前浙江省晚稻总体来说长势良好，但受高温干旱的影响，晚稻能不能丰收还有很多不确定因素，其中，重大病虫害的防控是关键之一。根据预测，2013年浙江省水稻中后期病虫发生情况复杂，由于受梅汛期持续强降雨和7月份短时强降水等强对流天气影响，稻纵卷叶螟和稻飞虱等“两迁”害虫迁入早、迁入虫量大，田间虫口基数高，近期又遇持续高温干旱，气候起伏反差大，防控形势极为复杂严峻。各地要从确保粮食安全和农民增收的高度出发，针对当前实际情况，切实抓好晚稻重大病虫害防控工作，坚决打好“两迁”害虫歼灭战，做到守土有责、守土有方、守土有效。一是全面落实防控责任。要把病虫害防控工作作为当前农业生产的头等大事来抓，按照“政府主导、属地责任、联防联控”要求，尽快建立完善应急防控机制和组织指挥体系，制订重大病虫防控预案，适时启动农作物生物灾害应急预案，落实应急防治的各项措施。抓紧做好应急防控物资和资金储备，加强专业化防控应急队伍演练，努力提高应急处置能力，做好打硬仗、防大灾的准备。二是强化病虫害监测预警。要突出抓好迁飞性害虫和流行性病害以及突发性病虫的监测预报工作，加大监测调查力度和频度，加强系统调查和面上普查，分析研判稻飞虱、稻纵卷叶螟、稻瘟病等病害的暴发和流行趋势，做到早监测、早发现、早预报。要严格执行病虫信息报告制度，凡发生重大病虫情况的要及时向省植物保护检疫局报告，坚决杜绝虚报、漏报或隐瞒不报等行为，一旦发现失职行为，要追究相关责任。要扩大信息发布面，积极开展电视预报，增加病虫害预报的时效性和可视性。三是坚持科学分类防控。鉴于各地区之间水稻“两迁”害虫发生情况差异较大，要因地制宜，分类指导水稻重大病虫防治工作，引导农民科学合理用药，提高防治技术的到位率。要及时组织技术人员奔赴重点区域，实行分片包干，深入田间地头开展指导服务，做到技术服务到田头，配套服务到农户，狠抓各项防控措施落实，确保防控效果。要根据当地重大病虫发生防控形势，充分发挥植保服务组织在重大病虫害防控中的骨干带动作用。组建应急防控队伍，开展应急防控服务，提高重大病虫害应急防控能力。

（二）加快推进植保检疫信息化建设

各地要按照省“十二五”农作物病虫害监测预警建设规划，以信息化、数字化为重点，着力改善信息化监测预警装备条件，大力推进植保信息化建设。要千方百计创造有利条件，积极推进部级植保工程项目和省级监测预警体系项目建设，组织实施好23个国家级中央植保工程项目、9个省级数字化监测预警网点和27个数字化监测预警数据采集点建设，加快构建病虫害监测网络体系。要组织开展产学研联合协作攻关，研发数字化监测预警平台自动化数据采集系统，加强县级病虫监测和防控信息数据库建设，进一步完善省级农作物病虫害监测预警数字化平台，稳步提高病虫实时预警和防控决策指挥能力。要推进农作物病虫害区域站信息服务创新，推进部级标准化区域站创建，开展植保信息化应用技术培训，提高专业技术人员植保信息化应用水平。

（三）切实做好专业化统防统治工作

2013年全省组织实施农作物病虫害专业化统防统治400万亩，其中水稻340万亩，经济作物60万亩，目前各项目标任务已分解到各市，省财政预付补助资金也已经拨付到位。各地务必要采取有效措施，落实配套资金，精心组织实施，保质保量完成年度计划任务。要按照“组织规范化、服务规模化、技术标准化”的要求，强化规范管理，增加资金投入，扶持发展植保服务组织，扩大服务规模，提升服务能力。有条件的地方可推动组建植保联合社（联合会），加快构建新型植保社会化服务体系。要按照“服务质量优先、作业能力优先、防治任务优先”的原则，加大对全国百强植保服务组织、省级示范性植保服务组织的扶持力度，积极探索统防统治工作机制，在条件成熟的地区逐步推进统防统治示范乡（镇）建设。要不断拓宽服务领域，积极探索实施茶叶、水果、蔬菜等经济作物专业化统防统治。

（四）着力加强安全用药指导管理

当前，浙江省持续高温天气，水稻、蔬菜等农作物用药频繁。各地要牢固树立安全生产责任意识，多管齐下抓监管，多措并举保安全，全面加强农药安全使用管理，有效预防各类安全事故的发生。要因地制宜地开展各类安全用药宣传教育活动，多形式、多渠道、全方位地普及病虫害科学防控知识和安全用药常识，提高农药经营者和农业生产者的安全用药责任意识。要严格执行农药经营许可证核发办法，全面实施农药经营许可制度，严格审核资格条件，做到“谁核发谁负责”。要结合当地实际，组织开展农药经营许可实施情况大检查，坚决取缔无证经营，着力整顿净化农资市场，规范农药经营行为。要强化农药安全施用指导，积极借助广播、电视、网络、短信等多种途径，使重大病虫害监测防控信息快速进村入户。要加强对统防统治机手等施药作业人员的安全用药培训，严格遵守农药安全操作规程，做好安全用药自身防护，严防生产性农药中毒事故的发生。

（五）严密监测防控重大植物疫情

要加强监测预警，严密监控加拿大一枝黄花、黄瓜绿斑驳花叶病毒病、柑橘黄龙病等重大植物检疫性病虫的发生动态，抢抓防控有利时机，组织开展秋季集中防控行动，确保重大农业植物疫情不恶性扩散蔓延。要严格检疫措施，积极开展植物检疫联合执法检查专项行动，组织跨区域联合执法活动，以种子苗木和果品的违法调运为重点内容，以种子苗木生产、销售、加工单位为重点对象，查处和曝光一批检疫违规案例，进一步强化产地检疫、调运检疫和境外引种检疫监管，确保种子种苗产地检疫监管率达到95%以上，调运检疫签证规范率、境外引种检疫监管率达到100%。要加强宣传培训，结合全国植物检疫宣传周活动，广泛宣传植物检疫法规，大力普及疫情防控知识，增进社会各界和广大公众对植物检疫工作的了解与支持，营造依法开展植保检疫的良好环境，推动检疫执法监管和疫情阻截防控等重点工作的落实。

（作者为浙江省农业厅党组成员、副厅长。本文系作者在2013年8月15日全省现代植保建设暨绿色防控现场会上的讲话摘要）

围绕中心　创新发展
努力为加快现代植保建设作出新贡献

唐中祥

一、务实创新，植保检疫工作取得长足发展

2012年，在浙江省农作物病虫害和植物疫病多发、重发的严峻形势下，全省各级植保检疫部门齐心协力、勇于创新、埋头苦干，成效明显，现代植保建设、统防统治、绿色防控、信息化建设等多项工作走在全国前列。

（一）农作物重大病虫防控成效显著

2012年是浙江省水稻病虫害重发年份，病虫种类多、发生早、来势凶。面对农作物病虫害多发、突发、重发的严峻形势，在各级政府和农业部门的高度重视下，各地通过及时制订防控方案、加强组织领导、落实防控责任、强化监测预警和防控督查等有效措施，迅速行动，积极应对，全力打好晚稻病虫防控战。全省水稻病虫害发生面积1.27亿亩次，防治面积1.90亿亩次，其中褐飞虱防治面积为3284.25万亩次，打赢了以水稻"两迁"害虫等为重点的虫口夺粮攻坚战，水稻病虫危害损失率控制在2.53%，为实现浙江省粮食丰收作出了重要贡献。

（二）绿色防控示范区建设亮点纷呈

病虫害绿色防控是落实科学发展观，转变农业发展方式的重要途径，是病虫害综合防治在新时期的深化与发展。2012年，浙江省把组织开展绿色防控示范区试点作为推进绿色防控的突破口，通过典型引路、科学谋划、强化指导、合力推进等措施，精心组织实施了24个省级绿色防控示范区试点，示范面积近15万亩。通过试点，推广了一批先进药械，示范了一批关键技术，宣传展示了绿色防控的成效，特别是对生物防治、物理防治、生态调控和环保型农药等绿色防控措施的集成创新，以及绿色防控的推广机制和扶持政策进行了积极的探索。试点工作受到农业部种植业管理司和全国农技推广服务中心的充分肯定。全国农技推广服务中心还在金华水稻病虫绿色防控示范区召开了现场会，向全国推广金华示范区水稻病虫害生态控制技术。

(三)专业化统防统治得到有效推进

专业化统防统治是转变农作物重大病虫害防治方式的重要举措,也是现代农业发展的必然要求。浙江省 2012 年将此项工作作为提高防控水平的重要途径,通过强化规范管理、加大支持力度、拓展服务领域、提升服务能力等措施,结合植保服务组织规范化建设,着力加以推进。据统计,全省实施农作物病虫害专业化统防统治 353 万亩,财政补贴资金达 1.15 亿元,创建省级示范性植保服务组织 100 家、全国百强植保服务组织 4 家。

(四)植物检疫执法和监管不断强化

植物检疫是确保农业生产和农业生态安全的重要环节,2012 年我们以强化检疫执法、检疫监管和阻截带建设为重点,通过完善组织机制、落实防控责任、严格检疫执法、强化检疫监管等措施,切实抓好植物疫情防控。组织开展了防控责任制考核,调整充实了防控指挥部成员单位,签订了省政府和各市政府的防控责任书。组织开展种子种苗检疫专项执法检查,新建 6 个省级重大植物疫情阻截带示范监测点,加强以柑橘黄龙病、加拿大一枝黄花、梨树疫病和黄瓜绿斑驳花叶病毒病为主的重大植物疫情监测、普查与防控,重大农业植物疫情得到有效遏制。柑橘黄龙病、加拿大一枝黄花防除面达到 100%。种子种苗产地、调运、境外引种检疫监管率分别达到 95%、100%、100%。柑橘黄龙病发病面积比去年减少了 37.58%,加拿大一枝黄花发生面积比去年下降了 16%,梨树疫病和黄瓜绿斑驳花叶病毒病发生危害程度明显轻于去年,未发生区域性流行危害。

(五)监测预警信息化水平有效提升

通过认真编制规划、加强项目监管、注重技术创新等措施,大力推进病虫监测预警信息化建设。新提升建设了衢州、湖州、上虞、兰溪、温岭、开化、常山、东阳、萧山等 9 个市、县级数字化监测预警区域站。省级农作物病虫害监测预警数字化平台二期项目建设基本完成,实现与国家系统无缝对接。系统较好地承担了主要农作物病虫系统监测和植保专业年度统计任务。全省数据填报平均完成率从 2000 年的 25.8%提高到 2012 年的 100%,数据存储量达到 40.79 万条。目前在建乡镇级农业有害生物数据采集点 61 个,省植物疫情示范监测点 23 个。省级指挥中心和良渚分中心均已完成建设并投入运行。浙江省农作物重大病虫害监测预警信息化水平得到了有效提升。

(六)现代植保建设取得初步成效

加快从传统植保向现代植保转变,是新时期植保检疫系统面临的一项历史性任务。浙江省率先提出现代植保建设并积极加以推进,这项开创性的工作得到了农业部的重视和肯定,省农业厅主要领导也多次批示,给予关注、肯定和重视。

2012年我们通过制订规划、组织调研、成立专家组、建立决策咨询机制、举办论坛等措施，以现代植保建设为统领，以强化科技支撑体系、社会化服务体系、应急防控体系、政策保障体系建设为重点，以重大病虫害和疫情防控、绿色防控示范区试点、专业化统防统治、检疫执法和监管、监测预警体系信息化建设为载体，积极开展理论创新、实践创新和科技创新，在理念、机制、方式上进行大胆的探索，不断注入新的元素和活力，积累了初步经验和成效。

但与此同时，我们也清醒地看到，植保检疫工作中还存在一些需要加以解决的问题。一是政策扶持力度还需要进一步加大。近年来各地对植保检疫的政策支持和财政支持都有明显改善，但随着现代植保建设的推进，提高专业化统防统治补助标准和扩大补助作物种类、落实绿色防控技术和产品财政补助政策、落实检疫性病虫防控经费财政预算等都需要进一步研究解决。二是植保检疫执法需要进一步加强，《浙江省农作物病虫害防治条例》的贯彻实施，植物检疫执法监管等有待进一步落实。三是植保检疫体系队伍建设需要进一步加强，特别是测报员队伍工作条件差、人员严重不足的问题应该引起政府部门高度重视并尽快解决。

二、把握重点，推进现代植保建设上新台阶

（一）更加注重围绕中心服务全局

浙江省委、省政府专门出台农业现代化若干意见，李强省长对农业工作明确提出“保供给、强科技、重转型、促增收、美乡村、增活力”的要求，省农业厅也下发《加快推进农业现代化三年行动计划》（简称“8810”行动计划），勾勒了浙江农业现代化发展蓝图，最近召开的全省农业工作会议就此专门作出部署。“8810”行动计划明确了今后三年浙江省农业发展的总体目标、重点任务和保障措施，是指导全省现代农业建设的行动指南，对于做好今年和今后一个时期植保检疫工作具有重要的指导意义。各级植保部门要牢固树立中心意识、大局观念，切实将“8810”行动计划实施作为植保检疫工作的出发点、着力点和落脚点。要按照“8810”行动计划中对植保检疫工作提出的任务，因地制宜研究制订具体工作计划，明确目标任务、工作重点和实施措施。要把“加快推进现代植保建设，护航浙江现代农业”作为浙江省植保检疫工作的总要求，在实际工作中加以落实。

（二）更加注重防灾减灾、增产增收

保供给就是要毫不放松地抓好粮食等主要农产品的生产。确保国家粮食安全和保障主要农产品有效供给，是建设现代农业的首要任务，也是植保检疫防灾减灾的第一要务。根据省植物保护检疫局2013年浙江省粮油作物主要病虫发生趋势预测，2013年浙江省水稻重大病虫呈偏重发生态势，其中迁飞性害虫稻飞虱和稻

纵卷叶螟偏重至大发生，二化螟、纹枯病中等偏重发生，稻瘟病、稻曲病、恶苗病在部分感病品种上有局部流行的可能，南方水稻黑条矮缩病等水稻病毒病仍有潜在风险，油菜和小麦主要病虫呈中等发生态势。预计2013年麦类病虫发生面积约为250万亩次，油菜病虫发生面积约为500万亩次，水稻病虫发生面积约为1.1亿亩次。农作物重大病虫发生形势依然严峻，防控任务十分艰巨。同时，随着全球气候变化，耕作制度变革，病虫害灾变规律发生了新变化，一些常发性重大病虫发生范围扩大、危害程度不断加重，一些偶发性病虫暴发成灾频率增加。这些都对浙江省粮食生产和主要农作物的生产构成严重威胁，通过植保检疫防灾减灾确保农业增效、农民增收就显得十分重要。各地一定要全面增强防控能力，有效控制病虫灾害，为现代农业发展提供保障。

（三）更加注重保障农业生产安全

植保检疫工作不仅关系到农产品的数量安全，也与农产品的质量密切相关，外来有害生物和重大疫病的防控还是影响农业生产和农业生态安全的重要因素。我们强调保供给，不但要注重“量”，还要注重“质”，要切实把农产品质量安全抓好，让人民群众吃上“放心米”、“放心肉”、“放心菜”。过去我们常说“有收无收看种子，收多收少看植保”，这是长期以来农民群众对植保工作的高度概括，现在我们还要加上一句：“质量好坏也得看植保”，在这方面植保检疫责任重大，要切实做好外来有害生物和重大疫病的防控阻截，确保农产品质量、农业生产和农业生态安全。这些都要求我们加快现代植保建设，转变传统的病虫害防治策略和防治方式，加大绿色防控技术和产品的推广力度，提高高效、低毒、低残留农药的普及率，提高农药利用率，从源头上降低农药使用风险，减少农药残留，促进绿色消费。

（四）更加注重植保防灾方式转变

随着工业化、城镇化的快速推进，浙江省农业发展已到了重要的转型期，农业生产面临的农业劳动力短缺、农药等农业生产资料价格上涨、农业比较效益下降等问题一时难以改变。农作物病虫害防控是农业生产过程中强度最大、用工最多、技术要求最高的环节，植保方式还对农作制度、品种布局、技术推广产生举足轻重的影响。目前千家万户的小生产已经不适应发展现代农业和“四化同步”的需要，“谁来种田”、“谁来治虫”已成为制约农业生产稳定发展的重大难题。完善植保社会化服务，转变传统的一家一户的分散防治方式，大力发展专业化统防统治，既是改变植保防灾方式，提高防治效果、效率和效益的内在要求，也是促进农业生产经营方式转变，提高专业化、规模化、集约化的现实选择。

（五）更加注重可持续发展理念

农药不合理的大量使用对环境的影响，已经成为全球共同关注和迫切需要加以解决的问题。在传统植保思维的指导下，过分依赖农药的使用，势必带来害虫抗药性上升、面源污染、生物多样性受到破坏等问题加剧。现代植保是经济效益、社会效益、生态效益高度结合的事业，在促进农业可持续发展中责任重大，任务艰巨，也直接关系到“美丽乡村”的建设成效。浙江省开展绿色防控示范区试点的实践证明，大力实施绿色防控，可以实现病虫害的可持续控制，生态控制、生物防治、物理防治技术得到充分应用，化学农药使用量明显减少，生物多样性得到保护，农产品质量安全得到保障，是实现人与自然和谐发展的重要途径。各地要充分认识和高度重视植保检疫在促进可持续发展中不可替代的重要作用，大力推进科学防控、绿色防控。

(六)更加注重科技创新，增添活力

农业的根本出路在于科技，浙江省农业发展到今天，已经到了更加依靠科技突破资源环境约束、实现持续稳定发展的新阶段，必须把农业科技创新摆到更加突出的位置。植保检疫工作同样也要注重科技创新与应用，要紧盯国际植保科技前沿，加强病虫发生规律、暴发成灾机理基础理论以及植保检疫高新技术的研究，要针对生产实际，做好绿色防控等关键技术的集成应用，要根据农产品质量安全的需要，大力推广应用先进植保装备和技术。要充分利用互联网、物联网技术，大力提升农作物重大病虫害和重大植物疫病监测预警、应急防控信息化水平。重视知识创新、技术创新、装备创新和推广机制创新，加大植保检疫专业技术人才培养力度，进一步加强对植保社会化服务组织从业人员的技术培训。

三、真抓实干，确保完成今年重点工作任务

2013年是实施“8810”行动计划的第一年，也是浙江省加快推进现代植保建设的重要机遇期。植保检疫工作总体思路是：贯彻落实全省农业工作会议精神，按照《加快推进农业现代化三年行动计划》的总体部署，以“科学植保、公共植保、绿色植保”理念为引领，坚持“预防为主、综合防治”方针，全面落实“政府主导、部门联动、属地管理、联防联控”机制，以大力推进专业化统防统治、大力推进绿色防控、大力推进植保信息化建设、大力推进重大植物疫情执法监管为主攻方向，着力加强植保检疫组织体系、预警体系和防控体系建设，切实增强农作物重大病虫害和植物疫情监测预警、综合防控能力，强化植保检疫防灾减灾社会化服务能力和执法监管能力，加快推进现代植保建设，促进农业增效、农民增收，全力保障粮食丰收和农业生产安全。

工作总体目标是：积极推进现代植保建设，努力改善物质装备，加大科技创新和推广力度，切实提高监测预警信息化水平，着力提升重大突发性病虫害应急处置能力。中、长期病虫预报准确率达到90%以上。继续抓好植保服务组织规范化建

设和专业化统防统治示范县、示范区建设，实施农作物病虫害专业化统防统治400万亩，组织省级绿色防控示范区试点50个，推广综合防治和农药减量技术1000万亩，水稻病虫危害损失率控制在5%以内，柑橘黄龙病、加拿大一枝黄花防除面达到100%，种苗产地检疫监管率达到95%以上，调运检疫签证规范率、境外引种检疫监管率达到100%。确保区域性农作物重大病虫害不造成重大损失，局部性农作物重大病虫害不暴发成灾，重大植物疫情不恶性蔓延。

(一)完善监测预警规范，增强科学预报水平

进一步规范监测预报，落实监测预警责任，提高监测预报效能。推行首席预报员、预报员和病虫调查员聘任制，探索建立病虫测报岗位激励机制。完善重大病虫专家会商机制，及时组织水稻等主要农作物病虫发生趋势会商。大力推广可视化预报和网络预报，充分利用广播、电视、互联网、手机短信等渠道，建立病虫预报信息快速发布机制，重点完善向乡(镇)、村和农业经营、服务组织的信息传递机制，实现信息实时共享，提高病虫预报信息的时效性、入户率和覆盖率。依托省农作物病虫害数字化监测预警平台，力争实现病虫监测预警信息数字化管理。进一步完善重大病虫害周报制度，确保重大病虫发生防治信息周报按时上报率达到100%。确保中、长期病虫预报准确率达到90%以上。

(二)转变病虫防控方式，促进农业增产增收

加强农作物重大病虫防控，科学制订防控方案，全面落实防控责任。强化应急防控能力建设，对远距离迁飞害虫、流行性病害做好分类指导，加强区域性协同响应，确保不造成跨区域暴发成灾，对区域性突发病虫害，落实关键防控措施，确保区域内不造成严重危害。水稻病虫大发生年份危害损失率控制在5%以内，一般发生年份控制在3%以内。加强小麦赤霉病和油菜菌核病防治，重视抓好蔬菜、果树、茶叶等经济作物病虫防控。大力推进病虫害绿色防控，加强关键技术的示范引导、技术培训和政策扶持，继续组织开展绿色防控示范区试点工作，在抓好部级农作物病虫害绿色防控示范区建设的同时，建设省级绿色防控示范区50个，辐射示范面积30万亩。通过试点，加强新时期特定区域病虫害发生规律的研究，掌握病虫害发生机理和绿色防控理论，加强生物防治、物理防治、生态调控和环保型农药等绿色防控措施的集成创新与示范推广应用，探索适合浙江省实际的绿色防控扶持政策和绿色防控推广机制。继续推进专业化统防统治，鼓励和扶持示范性服务组织做大做强，扩大服务规模，提升服务能力，新建植保专业服务组织70家，举办统防统治管理人员培训，强化指导和服务。继续抓好统防统治示范县和示范区建设，提高粮食功能区和现代农业示范园区病虫专业化统防统治覆盖率，在条件成熟的地区逐步推进统防统治示范乡(镇)建设。积极探索和扩大茶叶、水果、蔬菜等经济作物专业化统防统治。2013年全省组织实施农作物病虫专业化统防统治400

万亩，其中水稻340万亩，经济作物60万亩。

（三）落实疫情防控责任，保障农业生态安全

全面落实重大植物疫情防控责任，进一步完善责任机制，加大考核力度。充分发挥各级重大植物疫情防控指挥部职能作用，落实指挥部成员单位责任。组织开展植物检疫宣传周活动。组织开展检疫员业务培训和统一考试。对黄瓜绿斑驳花叶病毒病、梨树疫病、扶桑绵粉蚧、柑橘黄龙病、红火蚁、葡萄根瘤蚜等检疫性病虫，严格检疫监管措施，加强监测预警，强化阻截防控。密切关注新发植物疫情发生动态，及时组织对新发疫情和零星疫点的应急防控、清除和扑灭。严格执行疫情报告制度，按规定程序及时发布植物疫情。柑橘黄龙病、加拿大一枝黄花、梨树疫病、黄瓜绿斑驳花叶病毒病防除面达到100%；柑橘黄龙病病区病株减少10%以上；加拿大一枝黄花发生面积下降10%以上；梨树疫病病株率控制在1%以下；黄瓜绿斑驳花叶病毒病危害损失率控制在5%以内。确保重大农业植物疫情不恶性扩散蔓延。

（四）加强植保检疫执法，优化依法植保环境

联合省相关部门，组织开展全省性植保法规贯彻情况检查，重点检查《浙江省农作物病虫害防治条例》支持政策落实情况以及《浙江省农作物病虫害监测预报规范》、《浙江省农药经营许可证核发办法》、《浙江省重大农业植物疫情防控责任制考核办法》等配套制度执行情况。组织开展全省检疫执法专项检查，组织跨区域联合执法活动，加强对种子苗木生产、销售领域的监管，查处和曝光检疫违规案例。加强产地检疫、调运检疫和境外引种检疫监管，种子种苗产地检疫监管率达到95%以上，调运检疫签证规范率、境外引种检疫监管率达到100%。进一步扩大植保检疫法规的宣传，提高植保检疫法规的普及程度，营造依法开展植保检疫的良好环境。加大植保检疫执法培训力度，提升植保检疫执法人员素质和执法监管水平。

（五）以信息化为突破口，提升体系服务效能

继续组织实施《浙江省"十二五"农作物病虫害监测预警体系（数字化）建设规划》，以信息化、数字化为重点，着力改善信息化监测预警装备条件，大力推进植保信息化建设。继续推进部级植保工程项目和省级监测预警体系项目建设，组织实施23个国家级中央植保工程项目、9个省级数字化监测预警网点和27个数字化监测预警数据采集点建设，加快构建病虫害监测网络体系。组织开展产学研联合协作攻关，重视国外先进技术引进，研发数字化监测预警平台自动化数据采集系统。开展植保信息化应用技术培训，提高专业技术人员植保信息化应用水平。进一步完善省级农作物病虫害监测预警数字化平台建设，加强县级病虫监测和防控信息数据库建设，严格信息填报和灾情报告制度，稳步提高病虫实时预警和防控决策指挥能力。推进农作物病虫害区域站信息服务创新，按照农业部要求开展部级标准化区域站创建。

(六)强化药械管理服务,加大推广应用力度

根据应急防控的需要,建立健全应急防治物资储备和使用制度,强化储备农药和防控用品的管理,提高重大病虫应急处置能力。加强科学安全用药管理服务与指导,做好重大病虫抗药性系统监测,全面落实农药经营许可制度,规范农药经营行为,强化安全用药监管。结合专业化统防统治和绿色防控示范区试点,开展全程科学用药技术示范,推广水稻病虫害综合防治和农药减量增效技术1000万亩。根据农业机械化、规模化、兼业化的要求,强化农机农艺结合,加快研发、创新、推广一批优质高效的病虫害防治器具和机械。积极探索推进物质装备现代化工作,广泛应用高效、便捷、实用的现代植保器械和环保型药剂,努力提高病虫防治效率和效益,高效、低毒、低残留农药普及率达到70%以上,单位面积农药利用率提高2个百分点。

(七)推进现代植保建设,不断创新发展理念

以植保科技创新与应用、重大病虫监测预警、重大病虫应急防控、专业化统防统治、农作物病虫绿色防控、现代植保体系队伍建设、植保防灾减灾政策扶持为重点,以实现农业生产安全和质量安全有机统一、促进人与自然和谐发展为根本要求,以监测预警信息化、物质装备现代化、防控技术集成化、防控服务社会化、人才队伍专业化、植保管理规范化为目标,继续着力推进现代植保建设。根据浙江省现代农业发展的要求,不断转变防控方式,积极推进实践创新。加大调研力度,总结成功经验,完善建设规划,积极推进理论创新。以解决病虫害持续治理的前沿科技与共性技术和防控技术集成应用为重点,积极推进科技创新。切实重视和加强重大病虫监测预警、应急防控、植物检疫执法监管等现代植保公共服务队伍建设,加强培训和考核,全面提高植保执法监管、社会管理和指导服务水平。

(作者时任浙江省农业厅党组成员、副厅长。本文系作者在2013年3月15日全省植保检疫工作视频会议上的讲话摘要)

坚持和发展现代植保理念

刘嫔珺

一、2013年植保检疫工作有效推进，为现代农业建设作出了积极贡献

2013年，在农作物病虫和植物疫情多发、重发的严峻形势下，全省植保检疫系统以推进现代植保建设为主题，紧紧围绕现代农业建设中心任务，主动服务粮食增产、农业增效、农民增收和保供给、保安全、保民生，按照“8810”行动计划的总体部署，坚持“科学植保、公共植保、绿色植保”理念，创新机制，完善体系，提升能力，强化管理，农作物重大病虫害和植物疫情防控取得显著成效，现代植保建设得到有效推进。专业化统防统治、绿色防控、植保信息化建设等多项工作走在全国前列，受到农业部的充分肯定。

（一）重大病虫防控成效明显

由于受异常气候、耕作制度变革等因素影响，2013年浙江省农作物重大病虫害早发、多发、突发、重发，严重威胁粮食安全生产。面对复杂严峻的病虫发生防控形势，在各级政府和农业部门的高度重视下，全省植保检疫系统立足“抗灾就是夺丰收、减灾就是促增产”的思想，迅速行动，积极应对，切实加强病虫害监测预警，科学制订防控方案，落实防控责任，加强技术指导服务，大力推进统防统治，全力抓好以水稻“两迁”害虫为重点的农作物重大病虫科学防控。全省水稻病虫害发生面积1亿亩次，防治面积1.2亿亩次，挽回粮食损失14.5亿千克，水稻病虫危害损失率控制在2.81%，为实现浙江省粮食丰收作出了重要贡献。

（二）检疫执法监管扎实有效

2013年，全省植保检疫系统进一步健全农业重大植物疫情防控责任制，扎实推进重大植物疫情阻截带建设，突出重点区域、重点环节、重点对象，狠抓关键时期，强化检疫监管，严格检疫执法，组织开展联合执法检查和集中防控行动，有效阻截了疫情传入和遏制疫情扩散，有力保障了浙江省农业生产安全和农业生态安全。据统计，全省重大农业植物疫情防控面达到100%，种子种苗产地检疫监管率达到95%以上，调运检疫签证规范率、境外引种检疫监管率达到100%。其中，加拿大一枝黄花发生总面积比上年下降18%，梨树疫病病株率控制在1%以下，黄瓜绿斑驳花叶病毒病危害损失率控制在3%以内。

（三）统防统治工作稳步推进

专业化统防统治是转变农业发展方式、建设现代农业的重要举措，是保障农产品有效供给和质量安全的关键抓手。浙江省 2013 年将此项工作作为提高防控水平的重要途径，通过加强政策调研、加大支持力度、拓展服务领域、提升服务能力、强化绩效管理等措施，紧紧围绕服务农业"两区"建设，着力加以推进。全省实施农作物病虫专业化统防统治 419.25 万亩，比上年增长 18.15%，其中，水稻病虫专业化统防统治面积达到 357.99 万亩，占全省水稻种植面积的 28.38%。水稻粮食生产功能区病虫专业化统防统治率达到 80%以上。经济作物试点面积进一步扩大，全省实施面积为 61.26 万亩，比上年增长 17.65%。水稻病虫全程统防统治覆盖率处于全国领先水平，得到农业部种植业管理司的肯定。同时，针对近年来浙江省专业化统防统治发展实际，根据厅领导意见，组织开展了农作物重大病虫专业化统防统治专题调研活动，全面总结浙江省开展专业化统防统治的做法和经验，客观分析存在的问题，研究提出了加快推进统防统治的对策措施和政策建议。

（四）绿色防控示范长足发展

实施病虫害绿色防控是贯彻"科学植保、公共植保、绿色植保"的重要举措，是转变防控方式，建设现代植保的重要途径。2013 年，全省植保检疫系统突出示范创建，狠抓技术创新，加大推广应用，绿色防控理念得到广泛认同，绿色防控技术研究取得明显进展，绿色防控示范应用规模不断扩大，主要粮食作物和经济作物覆盖率进一步提高，在保障农产品质量、"三品一标"产品开发以及农业品牌提升等方面起到了重要支撑作用。全省新建省级绿色防控示范区 38 个，示范面积近 26 万亩。据统计，示范区单季稻平均防治 2.47 次，亩均农药使用量 45.6 克，比农户自防区减少用药 2.53 次，用药量减少 78.85%，经济、社会和生态效益显著。绿色防控示范区建设得到农业部的充分肯定，金华、松阳、柯城、鄞州等 4 个示范区被认定为全国农作物病虫害绿色防控示范区。全国农技推广服务中心还在萧山召开了全国水稻绿色防控专题培训班，向全国推广浙江省水稻病虫害生态控制技术。

（五）现代植保建设亮点纷呈

现代植保是建设现代农业的重要内容，是促进产业转型升级的重要手段。2013 年，各地紧紧围绕农业现代化"8810"行动计划，在实践中积极探索，勇于创新，以创新驱动推动现代植保事业发展，不断完善植保法制建设，加大政策扶持力度，加强体系队伍建设，实施监测预警信息化工程，开展农作物重大病虫绿色防控示范，扩大专业化统防统治，规范植保社会化服务组织，提高基础设施装备水平，创新植物检疫执法监管。现代植保建设得到了农业部的重视和肯定，专门下发了《关于加快推进现代植物保护体系建设的意见》在全国加以推广。厅主要领导也多次批示，给予关注、肯定和重视，并以厅名义在椒江区召开了全省现代植保建设暨绿色防控现场会，总结了近年来浙江省现代植保建设所取得的成效，研究部署了今后一个时期现代植保建设的任务。现代植保建设顺应了现代农业发展的要求，在全省植保检疫系统达成了共识，已经成为浙江省推进农业现代化的实际举措和重要抓手。

二、正确把握现代农业发展新要求，进一步明确植保检疫工作着力点

当前，浙江省农业发展正处于向现代农业转型跨越的关键时期，面临着全面深化改革的历史新使命。中央、省委、省政府作出了全面推进农业现代化建设的战略部署，把粮食生产放在经济工作的首要位置，把农业放在"四化同步"的基础地位，把"三农"放在全党工作的重中之重，农业改革发展迎来了新的历史机遇。植保检疫工作作为"三农"公共事业的重要内容，作为人与自然和谐系统的组成部分，对于保障粮食生产安全、农业生态安全、农产品质量安全和促进农民增收具有极端重要性。为此，我们必须以高度的使命感、责任感和紧迫感，深入研究新形势、新挑战，准确把握新任务、新要求，着眼现代农业发展大局，主动调整工作思维，科学梳理发展思路，不断优化植保检疫工作的策略、方式和措施，坚持驱动创新，努力推动现代植保事业迈上新台阶。

(一)要为保障粮食安全作出新贡献

保障粮食安全和主要农产品有效供给是浙江省一项长期而艰巨的战略任务。近年来，随着全球气候变化、耕作制度变革，浙江省农作物病虫害灾变规律发生新变化，一些跨国境、跨区域的迁飞性和流行性重大病虫暴发频率增加，一些区域性和偶发性病虫发生范围扩大、危害程度加重，严重制约浙江省粮食持续丰收。2014年中央经济工作会议、中央农村工作会议把保障国家粮食安全作为经济工作的首要任务。政府工作报告中再次强调，要以保障国家粮食安全和促进农民增收为核心，推进农业现代化。这对于做好今年和今后一个时期植保检疫工作具有重要的指导意义。各地要牢固树立"公共植保"理念，切实增强责任意识，把确保粮食安全和主要农产品有效供给作为植保检疫工作的第一要务，全面提高科学防控水平，挖掘减损增收潜力，提升植保检疫防灾减灾服务能力和保障作用。

(二)要为保障农业生态安全作出新贡献

绿水青山是科学发展、创新发展的基础，保护生态环境已经成为全社会的共同行动和核心价值观。省委、省政府高度重视生态环境治理，前不久专门作出了"五水共治"的战略部署。"农业以土而立、以肥而兴、以水而旺"。土、肥、水是农业生产发展不可或缺的重要资源，也是制约农业生产可持续发展的关键因素。合理利用自然资源，实现农业可持续发展，是当前农业发展的必然趋势。各级植保检疫部

门不仅仅要做好农作物的守卫者，更要成为保护农业生态环境、实现农业可持续发展的践行者。要进一步树立生态优先理念，把保障农业生态安全作为今后植保检疫工作的出发点、着力点和落脚点，在保障农业生产安全的同时，更加注重维护生物多样性，更加注重保护农业生态环境。要在转变农业生产方式、推动农业可持续发展、建设美丽浙江等方面，特别是在有效减少农药残留污染，治理农业水环境中发挥更大作用。

（三）要为保障农产品质量安全作出新贡献

农产品质量安全直接关系到广大人民群众身体健康和生命安全，是当前全社会关注的热点问题。保证农产品质量安全是当前各级农业部门义不容辞的重要使命和责任。各级植保检疫部门要从全局和战略的高度出发，以高度负责的态度，把确保农产品质量安全作为推动病虫防控方式转型升级的原动力，从生产源头牢牢构筑农产品质量安全的第一道防线，做到守土有责、守土有力、守土有成。要深入贯彻落实农药经营许可制度，切实加强科学安全用药指导监管，进一步加快高效环保植保药械的试验研究和推广应用，加大“两高”农药替代力度，强化绿色防控技术体系集成示范，大力推进统防统治与绿色防控有机融合，着力提高科学防控水平，全面提升农产品质量安全水平，努力确保不发生重大农产品质量安全事件，有效破解“政府要粮、农民要钱、居民要命”的矛盾和难题。

（四）要为服务“两区”建设作出新贡献

加快建设粮食生产功能区和现代农业园区是省委、省政府作出的重大决策部署，是浙江省发展现代农业、推进农业转型升级、实现农民增收的主抓手、主平台和主战场。作为全省农业工作的一个重要组成部分，植保检疫工作要围绕全省农业工作的中心，服务全省农业工作的大局，承担重任，尽职尽责。要把粮食生产功能区、现代农业园区作为植保检疫工作的主战场，监测防控和植保检疫项目安排要向“两区”倾斜，积极主动地参与到“两区”建设中去。在工作内容上要把专业化统防统治和绿色防控作为2014年的重点工作加以强力推进，努力提高农业“两区”专业化统防统治的覆盖率和绿色防控技术的应用率，促进农业生产经营方式转变，加快推进现代农业发展。

（五）要为探索现代植保建设作出新贡献

改革创新是推进现代植保建设的不竭动力，也是植保检疫事业永葆生机的源泉。各级植保检疫部门要根据现代农业发展的新任务、新要求，积极推进理念创新、体制创新、管理创新、科技创新和发展方式创新，不断地运用新思维、新载体、新手段，加快推进现代植保事业跨越式发展。要准确把握植保产业发展趋势，瞄准国际植保检疫科技前沿，加强病虫发生规律、暴发成灾机理基础理论以及植保检疫高新技术的研究，提高先进科学技术对现代植保的支撑能力。要坚持和发展现代植保的理念，以实际行动践行党的群众路线，将现代化手段与脚踏实地的务实作风紧密结合，求真务实，开拓创新，进一步坚定信心，用富有成效的工作，努力使浙江省现代植保建设继续走在全国前列。

三、坚持改革创新，扎实做好2014年植保检疫重点工作

2014年是全面深化改革的开局之年，也是全面推进农业现代化“8810”行动计划承上启下的关键一年。全省植保检疫工作的总体思路是：认真贯彻落实全省农业工作会议精神，紧紧围绕“8810”行动计划的总体要求，以现代植保建设为统领，依托“两区”建设平台，以监测预警为重要基础，以统防统治、绿色防控、植物检疫执法和植保检疫信息化为主要抓手，牢固树立“科学植保、公共植保、绿色植保”理念，进一步完善“政府主导、属地管理、联防联控”的防控机制，着力加强现代植保组织体系、监测预警体系和防控体系建设，切实增强重大病虫和植物疫情监测预警、联防联控和应急处置能力，不断提升植保检疫防灾减灾水平，促进农业增效、农民增收，保证农业安全生产。

工作总体目标是：加快推进现代植保建设，确保区域性农作物重大病虫害不造成重大损失，局部性农作物重大病虫害不暴发成灾，重大植物疫情不恶性蔓延。提升植保检疫信息化水平，完善监测预警手段，中长期病虫预报准确率达到90%以上。转变病虫防控方式，实施农作物病虫害专业化统防统治450万亩，建设一批绿色防控示范区，推广农药减量控害技术1000万亩，水稻病虫危害损失率控制在5%以内。强化检疫监管力度，种苗产地检疫监管率达到95%以上，调运检疫签证规范率、境外引种检疫监管率达到100%，重大农业植物疫情防控面达到100%。

（一）突出粮食安全，提升重大病虫防控水平

毫不松懈地做好重大病虫害监测预警和防控工作是我们植保检疫部门的首要职责。一是要强化监测预警规范，努力提高预报准确率。各地要切实做好水稻等主要农作物的重大病虫发生动态监测，完善信息报告和发布制度，进一步规范监测预报技术，着力提高重大病虫监测预警能力。特别是在病虫害主要发生时期要加强乡镇、村两级病虫害监测调查，加大监测调查力度和频度，做到乡乡有测报点、村村有责任人，严密监测重大病虫害的发生动态。要加强病虫情会商，科学分析发生趋势，准确把握病虫发生动态，及时发布预警预报，做到早监测、早预报、早预警。要充分利用广播、电视、报刊、网络、手机短信等形式，扩大预警信息的发布面和入户率。全力做好水稻“两迁”害虫、稻瘟病、南方水稻黑条矮缩病、小麦赤霉病、油菜菌核病等重大病虫害的监测预警，确保中长期预报准确率达到90%以上，短期预报准确率达到95%以上。二是要着力做好重大病虫防控，确保农业生产安全。各

地要根据当地作物布局、栽培制度及病虫害发生情况，及时提出相应的防控方案和对策措施，加强对关键农时、重点区域的防灾减灾技术指导，切实提高病虫防控的针对性和有效性。要全面落实政府主导的重大病虫害防控责任制，着重抓好“两迁”害虫、螟虫、稻瘟病、南方水稻黑条矮缩病等病虫害防控，进一步强化对水稻重大病虫害防控的指导督查，积极做好南方水稻黑条矮缩病、条纹叶枯病传毒媒介带毒率检测，切实加强对蔬菜、果树、茶叶等经济作物病虫害防控的分类指导，确保区域性农作物重大病虫害不造成重大损失，局部性农作物重大病虫害不暴发成灾，为确保浙江省粮食生产安全和主要农作物有效供给作出新贡献。

（二）突出执法监督，提升植物疫情防控水平

植物检疫防控和监管是法律法规赋予植保检疫部门的重要职责，各级植保检疫部门要切实加以重视。一是要全面落实防控责任。要进一步建立健全重大农业植物疫情防控指挥机构和工作机制，逐级签订植物疫情防控责任书，全面落实植物疫情防控责任制，强化行政推动。以规范防控工作责任制考核为抓手，切实做到疫情防控“组织保障、责任保障、经费保障和工作措施”四到位，确保完成重大农业植物疫情防控工作任务。二是要强化疫情监测防控。要重点加强对黄瓜绿斑驳花叶病毒、梨树疫病、扶桑绵粉蚧、柑橘黄龙病、红火蚁、葡萄根瘤蚜等监测防控，密切关注新发植物疫情发生动态。切实抓好以柑橘黄龙病、加拿大一枝黄花和梨树疫病为主的重大植物疫情监测、普查，突出重点区域、关键时期，组织开展集中防控，适时举办全省农业重大植物疫情防控现场观摩暨应急预案演练，着力提升植物疫情阻截防控能力，确保不发生区域性重大植物疫情流行。三是要严格检疫执法监管。要进一步规范执法行为，严格植物检疫执法，加强部门合作，组织开展农林植物检疫联合执法行动，着力加强种子种苗生产、销售和境外引种等重点环节的检疫监管，查处和曝光一批检疫违规案例，树立植物检疫执法新形象，产地、调运、境外引种监管率分别达到95%、100%、100%。组织开展重点作物种子种苗和农业“两区”产地检疫联检活动，规范检疫程序、提高检疫质量。加强植物检疫单证管理，全面推行网络审批、网络查询和网络监管，规范出证程序，提高服务效率和管理水平。四是要提升疫情阻截带建设。要进一步深化农业重大植物疫情阻截带建设，升级改造一批重大疫情阻截带监测点的设施装备，完善疫情监测手段，提高快速检测能力，着力提高重大及新发植物疫情监测防控能力，强化疫情监测预警和阻截防控。

（三）突出全面推进，提升统防统治工作水平

统防统治是转变农业发展方式、建设现代农业的重要举措，是保障农产品有效供给和质量安全的关键抓手。一是要强化行政推动，扎实推进统防统治。由于受水稻种植效益低等多重因素影响，专业化统防统治工作进一步推进难度有所加大，各地务必要克服畏难情绪，强化组织领导促落实，注重整合资源促发展，实施全方位政策引导，加大行政推动力度，全面落实农作物病虫害专业化统防统治450万亩。2014年要重点推进统防统治整建制发展，组织开展统防统治示范村、示范镇(乡)、示范县建设，注重对散户的吸收带动，切实解决一家一户病虫防治难和难防治的突出问题。要围绕“两区”建设平台，按照“政府支持、市场化运作”的原则，在全面推进水稻病虫害专业化统防统治的基础上，加快推进统防统治技术在水果、茶叶、蔬菜等经济作物上的应用，不断提高病虫害专业化统防统治技术的覆盖面和到位率。2014年省里的补助政策保持不变，各地要尽早落实配套资金，加大扶持力度，继续推动浙江省农作物病虫害专业化统防统治走在全国前列。二是要加强示范培育，壮大服务队伍。要按照组织规范化、服务规模化、技术标准化的要求，加快培育多元化、规范化的植保服务组织，鼓励其做大做强，不断扩大服务区域，拓宽服务领域，提高经营水平，提升综合服务能力和自我发展能力。要积极引导工商资本进入统防统治领域，鼓励支持科研单位、教育机构、农民专业合作社、涉农企业和基层农技服务组织开展统防统治服务，大力培育多种形式的植保服务组织。三是要强化规范管理，提升服务水平。要注重强化管理和理念引导，探索运行和管理模式，规范专业化防治行为，引导植保服务组织持续健康发展，切实提升植保社会化服务水平。要切实加大技术指导服务，及时提供病虫发生、农药(械)等信息服务，加强对服务组织植保员和机手的病虫害专业化防治的知识技能培训，特别是在病虫防控关键时期，要深入田头，开展面对面指导，提升服务组织的服务能力和服务水平。

(四)突出技术创新，提升绿色防控示范水平

病虫害绿色防控是今后植保检疫工作的发展方向和重要任务。各级植保检疫部门要结合当地实际，加以强力推进。一是要扩大示范创建。要坚持绿色防控方向，进一步扩大示范创建范围，重点扶持引导专业合作社、家庭农场等新型主体开展病虫害绿色防控。在总结近年来示范建设经验的基础上，2014年再新建一批省级绿色防控示范区，示范带动面积达到35万亩。要注重规范化建设，组织示范区实施“五个一”行动，即设立统一的示范展示牌，明确不少于一名技术指导员，制订一套技术实施方案，示范一批绿色防控技术产品，提出一批扶持政策建议，使示范区真正能看得见、摸得着、有形象、有落实。要发挥示范引领作用，以绿色防控示范区为平台，通过现场观摩、田间培训等多种形式，大力宣传绿色防控的主要成效、先进技术、典型经验，充分发挥示范区先行先试的引领作用。二是要狠抓技术创新。要加强核心技术攻关，围绕重大病虫害绿色防控的实际需要，以减少化学农药用量、提高防治效果、保障农产品质量安全为目标，与农科教和产学研协作攻关，积极开展绿色防控核心技术和产品的引进研发，不断丰富适用于不同作物、不同病虫、不同区域的绿色防控实用技术和产品。要注重关键技术集成，因地制宜、因作物制

宜，集成优化适合不同区域、不同作物的病虫害绿色防控配套技术，建立一批绿色防控技术规范或技术标准，形成一批防治效果好、操作简便、成本适当、农民欢迎的绿色防控技术模式，不断增强绿色防控的先进性、实用性和可操作性。三是要狠抓推广应用。要坚持"政府扶持、优化技术、保障安全、多元推广"的原则，把绿色防控与农业"两区"、"菜篮子"工程、产业提升以及"三品一标"等项目扶持紧密结合，与产业体系、行业科技等科技创新和推广应用紧密结合，与主要农作物重大病虫的区域治理和专业化统防统治紧密结合，全面提高绿色防控的普及率。要加强与生产基地、企业和专业合作组织的合作，引导社会力量推动绿色防控技术的应用，探索建立技术与物资结合、市场与品牌对接、企业和基地联合的绿色防控推广联合体，推动绿色防控产业化。要加强队伍建设和带头人培育，大力开展绿色防控技术培训，通过专题技术培训班、农民田间学校、植保社区服务站和网络诊所等方式，培养一批掌握绿色防控技术、善用绿色防控技术的带头人。四是要加大政策扶持。要依据《浙江省农作物病虫害防治条例》有关规定，积极争取出台地方配套政策，多渠道增加资金投入。要优化整合项目资源，将绿色防控措施纳入农产品质量安全监管、生态循环农业、面源污染治理、阳光培训工程等政策扶持范畴，千方百计为绿色防控工作提供政策支撑。要积极探索争取绿色防控技术补贴政策，对采用绿色防控技术的专业合作组织和农民给予资金补贴或物资扶持，提高农业主体采取绿色防控措施的积极性。

（五）突出实际应用，提升信息化建设的水平

建设以信息化为重点的监测预警体系，是一项具有战略性、基础性和决定性的重要任务，是当前和今后一个时期内浙江省植保检疫系统的重点工作。史济锡厅长在近期调研植保检疫工作时强调，农作物重大病虫害监测预警数字化系统的建设，是加快推进现代植保建设的有益探索和尝试。一是要加快构建数字化监测网络体系。要根据农业主导产业布局和农作物病虫害、植物疫情监测预警和防控工作需要，按照"统筹规划、合理布局、资源共享、综合建站"的原则，以信息化、数字化建设为重点，继续实施《浙江省"十二五"农作物病虫害监测预警体系（数字化）建设规划》。要认真组织实施 23 个国家级中央植保工程项目和 14 个省级监测网点和数据采集点，改善农作物病虫害监测预警的装备条件，提高农作物病虫害监测预警水平和防控能力。同时，要切实加强对全省已建成的农作物病虫害预测预报区域站（点）的管理，加快构建病虫害监测网络体系，提高监测预警的有效性和针对性。二是提升监测预警数字化平台应用功能。要根据农业信息化行动部署，充分应用物联网、全球定位系统、地理信息系统以及雷达遥感监测等现代信息手段，组织实施省级农作物病虫害远程视频会诊会商中心项目建设，加快构建农作物病虫害监测预警、防控和检疫数字化平台，不断提升重大病虫害监测预警、防控指挥和检疫监管信息化水平。要进一步完善提升信息化系统应用功能，推进县级数据库平台对接，实行病虫监测防控信息实时管理，提高监测预警信息的时效性。继续组织开展害虫3D图像标本数据库建设，积极探索农作物病虫监测数据自动化采集，努力提升病虫害监测预警信息化水平。

（六）突出减量高效，提升药械科学安全使用水平

农药是重要的农业生产资料。科学合理地使用农药，可有效防控病虫危害，挽回或减少产量损失，对于提高单位面积产量，促进农业生产具有重要作用。但是，当前存在的一些农药使用不合理现象，不仅不利于农药作用的发挥，而且还对农产品质量构成了重大安全隐患，甚至威胁人们身体健康和生命安全。一是要强化农药安全使用监管。各地要牢固树立安全生产责任意识，多管齐下抓监管，多措并举保安全，全面加强农药安全使用管理。要全面落实农药经营许可制度，做到农药经营许可全覆盖，规范农药经营行为，强化农药安全使用监管。2014年是浙江省第一轮农药经营许可证换证的高峰期，要严格按照《浙江省农药经营许可证核发办法》，把好农药经营许可证核发关，严格审核资格条件，做到"谁核发谁负责"，加强对经营人员的培训考核，提高经营人员整体素质。同时，要因地制宜地开展各类安全用药宣传教育活动，多形式、多渠道、全方位地普及病虫害科学防控知识和安全用药常识，提高农药经营者和农业生产者的安全用药责任意识。同时，要加强重大病虫抗药性监测，及时调整防控方案，提高防控实效性。组织开展主要作物农药应用调查，摸清农药实际应用底数。二是要认真组织实施农药减量控害项目。农药减量使用是浙江省农业水环境治理的重要举措和关键抓手，各地务必要高度重视，并重点加以推进。2014年全省组织实施农药减量控害项目1000万亩，化学农药使用量比2012年下降3%。各地要以减少化学农药用量、提高防治效果、保障农产品质量安全为目标，大力推进专业化统防统治，着力加快绿色防控产品的推广应用，加强生态调控、物理防治、生物控制、科学用药等绿色防控技术集成应用，注重典型示范和面上辐射相结合，切实降低化学农药使用量，确保农产品质量安全。要组织实施主要农作物全程科学用药示范，试验筛选、推广应用一批高效环保农药，进一步加大"两高"农药替代力度。三是要加快先进机械推广应用。加强与农机等相关部门合作，积极依托农机化促进项目等途径，开展低空无人作业机、摇杆式喷雾机等先进适用的高效植保机械试验示范，加快完善配套集成应用技术，并积极引导和协助植保服务组织落实好国家农机补贴政策，因地制宜装备大中型高效植保机械，切实提高服务组织的装备水平。同时，积极引导生产企业与科研单位合作，加大植保机械的研制开发、施药技术的研究，提高植保机械装备的科技含量和自主创新能力，促进植保装备的现代化，扩大先进适用植保机械装备的推广应用，切实提高作业效率和效能。

(七)突出队伍建设,提升植保检疫服务水平

当前,植保检疫系统人才紧缺、青黄不接的问题十分突出,全省县级病虫测报站专业病虫测报员平均不足2名,而且年龄老化、知识老化和结构不合理的问题突出,难以适应现代植保事业发展的需要。一是要完善制度规范建设。实践证明,植保检疫队伍建设要取得长期成效,必须从长远着手,加强制度机制建设。史济锡厅长在2013年全省现代植保建设暨绿色防控现场会上就明确要求加快培养一支装备精良、技术精湛、务实高效的监测预警队伍,加快培养一支扎根基层、擅长业务、勤奋敬业的推广管理队伍,加快培养一支持证上岗、行为规范、廉洁奉公的检疫执法队伍。2014年,省农业厅将全面实行首席病虫预报员制度,充实基层测报力量,规范测报队伍建设。各级农业部门要按照相关要求,制定出台配套政策,完善人才激励机制,为广大植保检疫工作人员提供施展才干的舞台,创造更好的工作和生活条件,努力形成“人才辈出”的良好局面。二是要加强培训提升能力。2014年省植物保护检疫局将组织举办市、县植保(检疫)站长素质提升培训、植物疫情阻截带监测员技能培训、病虫测报员调查工作规范培训和植保检疫实用技术创新成果交流论坛。各级农业部门也要重视植保检疫系统广大干部和科技人员的知识更新,使干部做到主动学习,自觉学习,勇于学习,善于学习。通过学习和各种培训,要着力提升三大能力。一是提升把握大局的能力,主动适应现代植保服务现代农业的发展要求,把植保检疫工作纳入现代农业大局中系统谋划,努力增强对新形势、新知识、新方法的把握能力。二是提升政策研究的能力,善于调查研究,深入研究发展现代植保中的瓶颈问题,捕捉前沿信息,分析深层问题,提出前瞻对策。同时要提升应急防控的能力,组织开展疫情预防与处置知识的培训,完善应急处置预案,注重应急防控演练,切实增强突发重大植物疫情应对能力。三是要转变作风、改进服务。植保检疫系统的工作直接面对“三农”,随着农业经营方式的转变和现代农业的推进,做好植保检疫工作,必须牢固树立为基层服务、为农民服务、为生产服务的观念,坚持群众路线,倾听农民呼声,切实为基层群众助盼、解忧、破难。要大力推行“领导在一线指挥、干部在一线工作、问题在一线解决、决策在一线落实”的工作方法,“沉下心、俯下身”,深入到最基层、深入到群众中、深入到第一线,发扬肯吃苦、重实干、乐奉献的精神和传统,坚持脚踏实地、真抓实干,谋划实招、务求实效,以强烈的事业心和责任感,全身心投入植保检疫事业中。

(作者为浙江省农业厅党组成员、副厅长。本文系作者在2014年3月21日全省植保检疫工作会议上的讲话摘要)

着力推进整建制统防统治试点工作

刘嫔珺

一、整建制统防统治试点工作取得初步成效

统防统治是转变农业发展方式、建设现代农业的重要举措，是保障农产品有效供给和质量安全的关键抓手。浙江省自 2007 年对统防统治实施财政专项补贴政策以来，这项工作得到了有力推进，在全国一直处于领先水平。近年来，由于多方面原因，政策红利逐步减弱、制约因素不断增加、统防统治发展趋缓、地区间发展不平衡等问题开始显现。针对统防统治工作中出现的新情况、新问题，2014 年省植物保护检疫局将整建制统防统治试点工作列为重点工作，整合项目资金，加大扶持力度，积极探索防控模式，创新防控技术，并取得了初步成效。

（一）做了有益的探索

当前浙江省水稻统防统治覆盖率在 30%左右，其他作物统防统治覆盖率不足 3%，病虫防控仍主要依靠农户自主防治。科学防控技术到位难，安全用药水平普遍较低，是制约粮食安全生产的瓶颈问题。2014 年，小麦赤霉病、晚稻稻瘟病突发局部流行，气候异常是首要因素，但散户防治技术到位率低也加重了病害的流行蔓延。各地按照省农业厅的统一部署和省植物保护检疫局的具体要求，强化政策推动，注重示范带动，精心组织实施，全省创建统防统治整建制试点 28 个，试点面积 39.1 万亩，辐射带动面积 155.6 万亩。各试点区域平均散户面积占统防面积的 50%以上，散户带动率在 90%以上，统防统治覆盖率在 95%以上。全省组织实施统防统治面积 479 万亩，其中水稻统防统治 393 万亩，经济作物统防统治 86 万亩，超额完成了年度计划任务。全省水稻统防统治覆盖率达 31.47%，比上年提高 3.8 个百分点。由此可见，整建制统防统治试点有效破解了散户防治难、难防治的问题，扩大了统防统治覆盖面和散户带动率，提高了病虫防控专业化、组织化水平，为新形势下推进统防统治持续发展做了有益探索。

（二）积累了成功的经验

一年来，各地结合当地实际，认真研究制订实施方案，并在试点建设实践中积极探索，多措并举，先行先试，为进一步推进整建制统防统治积累了宝贵的经验。

统一思想认识是前提。2014年初，省植物保护检疫局召开市站站长会议，对整建制统防统治试点工作进行专题研讨，广泛听取各地意见建议。各地积极依靠当地乡（镇）政府和村委会开展组织发动工作，向农户讲解整建制统防统治的政策和作用，提高了农户认知度和参与热情。如遂昌县农业局联合新路湾镇政府组织召开村民代表会议和困难村工作推进会，逐个自然村、逐个村民小组落实整建制统防统治试点工作。

加强组织领导是关键。当前浙江省农业生产仍以一家一户分散种植为主，整建制统防统治实施难度大，因此，必须依靠多部门通力协作和强有力的行政推动。如泰顺县筱村镇成立了以分管农业副镇长为组长，由责任农技员、驻村指导员、植保合作社负责人、村两委主要干部为成员的领导小组与实施小组，充分发挥村两委的组织发动作用，顺利推进试点建设。

培育服务主体是基础。服务组织是整建制统防统治的最终实施主体，是扎实推进试点建设的基础。各地切实加大对服务组织的扶持力度，强化技术培训、业务指导和规范管理，促进服务组织良性发展。如松阳县组建春日鸿茶叶专业合作社联合社配置担架式喷雾机等高效器械310台，配备了186名机手，植保服务人员和器械数量大幅增加。建德市统一采购四冲程喷雾机等28台，及时发放给试点区统防作业队。

集成技术创新是核心。整建制统防统治试点不仅是防控组织模式上的创新，更是防控方式、防控技术、防控装备上的创新。各试点区广泛开展高效植保机械以及以虫治虫、植物诱杀、精准施药等先进防控产品和技术的试验研究与集成创新，提高整建制统防统治的科学防控水平。如天台县集成应用田埂种植香根草等绿色防控技术，绿色防控与统防统治融合率达43.4%。萧山区建成省内首个天敌工厂，人工释放赤眼蜂控制稻纵卷叶螟。

强化政策支持是保障。为保障试点工作扎实推进，在省定统防统治补贴政策基础上，通过整合项目资金，对每个试点区根据规模大小再给予20万～40万元的补助。各试点区积极争取地方扶持政策，加大资金投入，有力地推动了试点建设。2014年，萧山区全区推进水稻整建制统防统治，实施面积近9万亩，区级财政投入试点建设资金400余万元。天台县出台的相关奖励扶持办法中，对试点区应用杀虫灯、性诱剂等绿色防控设施每亩补助120元。

（三）取得了示范的效应

整建制统防统治试点全面推行农药减量控害技术，注重统防统治与绿色防控融合推进。在每个试点区域建设一个千亩以上绿色防控核心示范区，综合运用生态工程、生物防治和科学用药等集成技术，促进专业化统防统治与绿色防控融合发展，提高病虫防控的科学性和实效性。据初步调查，全省新增绿色防控示范核心面积4.1万亩、示范面积14.6万亩、辐射带动面积100余万亩;融合示范区绿色防控技术应用率达到60%以上,其中核心示范区达100%。水稻整建制试点区早稻全季用药1~2次,连作晚稻用药2~3次,单季晚稻用药2~4次,比农民自防区域亩均化学农药使用量下降30%以上,减少防治次数1~3次,节省防治成本50%左右,累计亩均节本增收达100~150元。同时,各地充分发挥整建制统防统治试点的示范效应,采取现场观摩、技术培训等形式,加大统防统治和绿色防控的宣传培训力度,示范带动周边区域应用绿色防控技术,提高科学防控水平,发挥了良好的示范引领作用。在2014年病虫早发、突发、重发的严峻形势下,不仅有效遏制了重大病虫发生危害,保障了粮食生产安全,还使得化学农药使用量明显减少,实现化学农药使用总量比2012年下降3%的减量任务,保障了农产品"产出来"的安全,减轻了农业面源污染。

(四)达成了思想的共识

整建制统防统治试点对于有针对性地解决当前浙江省统防统治主要瓶颈问题具有重要意义。各地按照省农业厅的统一部署,纷纷成立由分管局领导牵头的整建制统防统治工作领导小组和由分管行政领导牵头的试点实施小组,制订实施方案,落实主体责任,切实强化对试点工作的组织保障和政策推动。并借助当地媒体,大力宣传整建制统防统治试点的重要意义,营造试点建设工作氛围,使广大农户认识和参与到整建制统防统治试点工作中来,在思想上达成共识,在行动上形成合力,扎实推进试点建设的各项工作落实。各级植保部门在病虫防治的关键时期,切实加强对服务组织的技术指导,不仅解决了农户自防技术水平低的问题,还促进了节本增效,农户参与整建制统防统治的积极性进一步提高。整建制试点创新了统防统治工作方式,得到农业部种植业管理司和全国农技推广中心的肯定,浙江省多次在全国会议上做典型发言。

二、整建制统防统治试点工作具有深远意义

多年来的实践表明,统防统治是保障农业生产安全、农产品质量安全、农业生态环境安全的有效措施。开展整建制统防统治试点是今后一个时期浙江省深入推进统防统治工作的主攻方向和主要任务。在农业生态安全和农产品质量安全日益成为社会关注的焦点,提高农产品质量安全水平、改善农业生态环境成为农业工作新要求、新任务的当下,开展整建制统防统治试点,对于推进现代农业发展具有深远意义。

(一)整建制统防统治试点是建设绿色农业强省的要求

2013年以来,浙江省委、省政府作出"五水共治"、"两美"浙江以及建设绿色农

业强省重大决策部署，为浙江省现代植保建设赋予了新的使命和内涵。我们要切实贯彻省委、省政府决策部署，紧紧围绕“治水倒逼促转型、生态兴农美田园”和“产管并举促提质、安全放心美生活”，以国家现代生态循环农业试点省建设为契机，扎实推进农产品质量安全、农业水环境治理等中心工作。开展整建制统防统治试点就是以建设“两美”浙江为目标，按照绿色农业强省的部署要求，促进绿色防控融合应用和高效环保农药推广，创新防控方式，集成防控技术，努力适应农作物病虫害防治面临形势更加复杂、防控任务日益艰巨、综合要求不断提高的新常态，提升统防统治在农业生产、农产品质量安全、农业生态安全和农业水环境治理中的保障作用。

（二）整建制统防统治试点是应对病虫发生形势的要求

近年来，全球气候异常现象越来越突出，极端灾害性天气发生概率增加，小麦赤霉病、油菜菌核病和水稻“两迁”害虫加重发生，水稻稻曲病、稻瘟病等气候性病害灾变风险增加。同时，随着新型农作制度的推广，免耕面积扩大，田间害虫冬前基数增加；高产栽培措施增大了田间郁蔽度，形成适温高湿的田间小气候，有利于害虫发生和病害流行；跨区机收加速病虫和病害传播蔓延。这些新情况和新问题，致使重大病虫害发生形势更加复杂，防控任务更加艰巨。通过整建制统防统治试点，贯彻落实“政府主导、属地管理、联防联控”的防控机制，强化病虫害防治组织领导，可有效应对当前日益复杂的病虫发生防控形势，控制病虫害暴发成灾，最大限度降低病虫危害，全力保障粮食安全生产。

（三）整建制统防统治试点是转变病虫防控方式的要求

随着农业产业结构调整和农村土地流转政策的推行，农村劳动力持续转移，农业生产劳动力结构性短缺问题日益突出，而复杂的病虫害发生形势对防控技术的要求提高，植保社会化服务的需求逐年增加，改变传统分散的病虫害防控日益紧迫，创新植保服务方式势在必行。通过开展整建制统防统治试点，不断提高统防统治覆盖面，有利于提升病虫害防控的组织化、专业化、社会化水平，促进传统防治模式向专业防治转变。通过开展整建制统防统治试点，整畈、整村、整乡推进统防统治，有利于提高散户带动率，实现由分散防治向规模防治转变。通过开展整建制统防统治试点，不断扩大绿色防控技术融合应用、加快高效环保农药和新型植保机械的推广应用，有利于促进病虫防控方式向资源节约型、环境友好型转变。

（四）整建制统防统治试点是推进现代植保建设的要求

当前浙江省正处于加快推进现代植保建设的关键时期，提高统防统治覆盖率，构建新型专业化服务组织，提升病虫害科学防治水平，切实解决散户病虫害防治难问题，是促进专业化统防统治持续发展的主要方向，是推动以“科学植保、公共植保、绿色植保”为理念的现代植保建设的客观要求。通过整建制统防统治试点，注重发挥行政推动，促进社会参与和生产主体形成共同推进合力，突出了“公共植保”。通过整建制统防统治试点，注重发挥专业化组织技术集成度高、装备先进、防控效果好等优势，突出了“科学植保”。通过整建制统防统治试点，注重推进绿色防控技术及产品、高效环保农药的示范、推广应用，实现农药减量控害，突出了“绿色植保”。因此，开展整建制统防统治试点是浙江省植保部门按照现代农业发展的新要求、新任务，积极推进病虫害防治理念创新、体制创新、管理创新、科技创新和发展方式创新，不断适应病虫害发生形势日益复杂、农业生产经营方式转变的积极尝试。

三、整建制统防统治试点工作必须扎实推进

从总体看，2014 年浙江省整建制统防统治试点工作开局良好、亮点纷呈、成效初显。但由于尚处在试点阶段，还存在思想认识不够到位、地区发展不够平衡、试点工作亟待进一步深化等问题。对此，要在认真总结典型经验的基础上，大胆探索、先行先试，进一步完善工作机制，狠抓措施落实，加大推进力度，推动工作再上新台阶，取得新成效。现就进一步推进整建制统防统治试点工作提出以下四点要求：

（一）进一步扩大试点面积

当前浙江省专业化统防统治发展正面临新的瓶颈期，大户统防统治已基本覆盖，但散户的覆盖率还不高，必须加大整建制统防统治的推进力度。2015 年计划全省建设整建制统防统治试点 40 个，对于 2014 年建设成效突出的试点继续保留，同时按照当地政府重视、积极性高、服务主体有较强服务能力、统防统治工作有较好基础、植保技术力量较强的原则，确定一批新试点。各地要认真总结经验，强化绩效评估，同时要结合当地实际，选好试点单位，科学谋划整建制统防统治试点工作推进方案，细化工作措施，确保试点工作取得新的突破和更好成效。

（二）进一步丰富试点内涵

要更加突出技术内容创新，围绕重大病虫害防控的实际需要，充分发挥试点创新基点作用，进一步注重绿色防控技术的创新和融合应用，加快高效环保农药普及应用，加大高效先进植保机械的引进筛选、试验示范和推广应用力度，努力提高试点区域绿色防控融合率、高效环保农药普及率和关键技术集成度，切实减少化学农药用量，提高病虫防治效率、效果和效益。要更加突出发展模式创新，强化服务组织培育扶持，加快培育组织规范化、服务规模化、技术标准化的专业化服务组织，鼓励和支持服务组织扩大服务规模、增强服务能力、提升服务水平。鼓励和引导工商资本和社会力量投向统防统治服务领域，大力培育多种形式的植保服务组织，优化

服务组织结构，推进统防统治规模化、规范化发展。要更加突出工作方式创新，试点建设要有“大植保”思维，要着眼服务农业大局，围绕农业中心工作，要以农业“两区”建设作为主战场、主平台，要与生态循环农业发展、农业水环境治理和农产品质量安全监管相结合，坚持生态优先、可持续发展的原则，大力倡导“科学植保、公共植保、绿色植保”理念。

（三）进一步突出示范带动

整建制统防统治尚处起步阶段，要充分发挥试点窗口作用，积极依托整建制统防统治试点，宣传整建制统防统治的作用，展示整建制统防统治的成效。邀请行政领导和人大代表、政协委员等到整建制统防统治试点区进行调研指导，向领导汇报整建制统防统治的效果，争取政府领导和有关部门的重视。利用各种媒体，大力宣传整建制统防统治的重大意义、主要成效、先进技术、典型经验，争取社会各界的关心、关注和支持，努力营造全社会合力推进的良好氛围。要充分发挥试点引领作用，通过现场观摩、田间培训等多种方式，让农民了解整建制统防统治在病虫防控、农药减量、节本增效等方面的效果，增强他们参加整建制统防统治的信心和热情。

（四）进一步加强组织领导

开展整建制统防统治试点是践行“科学植保、公共植保、绿色植保”理念的具体行动，是应对病虫发生防控严峻形势、转变病虫防控方式、保障农业“三大”安全的重要举措。各地要充分认识推进整建制统防统治的紧迫性和重要性，进一步加以重视，把整建制统防统治试点工作作为重要任务，切实加强组织领导。要按照属地管理原则，积极构建政府分管领导亲自抓、主管部门具体抓、有关部门配合抓的工作推进机制，落实目标责任，加强部门协作，形成推进合力。各级植保部门要切实做好试点的组织、指导、督查和服务工作，各试点乡（镇）政府和村委会要做好农户的组织发动和协调工作，服务组织负责整建制统防统治的实施。要优化整合项目资源，将整建制统防统治试点纳入农产品质量安全监管、生态循环农业、面源污染治理、阳光培训工程等政策扶持范畴。根据省财政厅关于推进财政支农体制机制改革的意见，各地要密切关注政策调整动向，及时与当地相关部门做好衔接沟通，千方百计为整建制统防统治试点工作提供政策支撑。

（作者为浙江省农业厅党组成员、副厅长。本文系作者在2014年12月17日整建制统防统治试点工作座谈会上的讲话摘要）

继续全面推进现代植保建设

刘嫔珺

一、肯定成绩，树立做好植保检疫工作的信心

2014年，全省植保检疫系统坚持"科学植保、公共植保、绿色植保"理念，紧紧围绕植保防灾减灾中心任务，服务稳粮增收、提质增效、农业水环境治理等农业中心工作，大力推进现代植保建设，各项工作取得了显著成效，多项工作走在了全国的前列。

（一）病虫防控成效明显

2014年受极端灾害性气候影响，全省主要农作物病虫害发生情况异常复杂。水稻病虫早发、重发，特别是以稻瘟病、稻曲病为主的晚稻穗期重大病害区域性突发流行，防控形势极为严峻。全省植保检疫系统突出重点区域、重点作物、重点病虫，狠抓关键时期，强化监测预警，组织分区治理，分类指导，加强防控督导，坚持科学防控，以晚稻穗期病虫为重点的农作物重大病虫防控工作取得明显成效，水稻病虫危害损失率控制在2.55%，圆满完成省厅下达的目标任务，实现了大灾之年无大害，有力保障了农业稳粮增收。

（二）检疫监管得到加强

为有效应对国内外农产品贸易活动日益频繁，植物疫情传入与扩散风险进一步加大的新形势，2014年以提升重大植物疫情阻截监测水平、强化检疫执法监管为主要抓手，狠抓关键时期、重点环节、重点区域，举办重大植物疫情防控现场会暨应急预案演练，组织开展农林植物检疫联合执法行动、春秋季集中防控行动和植物检疫宣传月等活动，切实抓好重大农业植物疫情监测防控。全省重大农业植物疫情防控面达到100%，柑橘黄龙病、加拿大一枝黄花、黄瓜绿斑驳花叶病毒病、梨树疫病等主要疫病得到有效遏制，发生面积大幅下降，新发病区疫情得到有效控制，防控成效显著。

（三）农药减量取得突破

按照省委、省政府"五水共治"的战略部署和建设绿色农业强省的要求，2014年我们紧紧围绕"治水倒逼促转型、生态兴农美田园"，大力组织实施农药减量项

目，推广全程科学用药示范，加大高效环保农药推广应用，强化科学安全用药宣传培训，积极开展农药废弃包装物回收处置试点，全省推广水稻病虫害综合防治和农药减量控害增效技术1000多万亩，在2014年这个病虫重发年份，全省化学农药使用量比2012年下降3.74%，全面完成农药减量目标任务。

(四)统防统治扎实推进

针对统防统治工作中出现的政策红利逐步减弱、制约因素不断增加、散户带动率偏低等新情况、新问题，2014年我们以整建制统防统治试点为突破口，开展整建制统防统治试点，创建整建制统防统治示范镇(乡)，积极创新病虫防控的组织方式和服务模式，加大对示范性植保服务组织的培育，有效提高了统防统治覆盖面和散户带动率。面上统防统治工作也得到了有力推进，全省实施农作物病虫害专业化统防统治478.8万亩，其中水稻统防统治覆盖率达到31.47%，跃居全国领先水平。

(五)绿色防控继续深化

在总结前三年开展绿色防控示范区建设经验的基础上，2014年我们在技术内容上更加注重关键技术的集成创新，在推广模式上大力促进绿色防控与统防统治融合发展。在继续深化部级病虫绿色防控示范区建设的同时，启动并组织实施了一批省级绿色防控与统防统治融合示范区，杀虫灯、性诱剂、色板、蜜源植物和诱虫植物等绿色防控技术与产品得到了普遍应用推广，形成了一批具有浙江特色的绿色防控技术应用规程。特别是结合整建制统防统治试点开展绿色防控融合工作，得到了农业部充分肯定，并专门到浙江省进行了这方面的调研总结。

(六)预警体系长足发展

2014年全省共组织实施37个国家植保工程、省级监测预警、检疫示范监测点项目建设。根据农作物重大病虫害发生区域特点和重大植物疫情发生动态，调整病虫区域站重点监测对象和植物疫情阻截设点布局，落实重大病虫疫情发生报告制度，完善专家会商机制，突出抓好迁飞性、流行性以及突发性病虫疫情的系统监测，提高监测预警的时效性、针对性和准确率，中长期病虫预报准确率达到95%。特别是在2014年8月初，准确作出晚稻穗期病害存在流行成灾风险预警，为科学防控提供了决策依据。

(七)自身建设不断强化

根据中央、省委和省农业厅关于改进工作作风、密切联系群众的相关规定，在全省植保检疫系统组织开展了“服务8810，保障农业安全”专题活动，切实加强系统队伍作风建设，注重提高植保检疫干部业务水平、服务能力和工作效能。专门举办全省植保部门主要负责人参加的现代植保建设专题研讨班，围绕农业宏观形势、植保检疫业务和党风廉政建设进行了系统培训。全系统还组织举办了水稻病虫现代测报技术、植物疫情检测技能、植保检疫实用技术创新成果论坛等多项培训和技术交流活动。在病虫防控关键时期，全省植保检疫干部深入生产一线，开展病虫科学防控分类指导，提供服务，作风建设得到了进一步加强，得到了基层群众和各级政府领导的好评。

二、准确把握形势，增强做好植保检疫工作的责任感

随着现代农业建设的发展，特别是生态循环农业试点省建设的全面推进，植保检疫工作将面临诸多新情况、新问题，承担的任务将更加繁重，责任也将更加重大。

(一)农作物病虫害和植物疫情发生形势更加严峻

随着灾变性气候发生概率增加和农产品贸易日益频繁，复杂严峻的农作物重大病虫害和植物疫情防控形势将成为一种新常态。根据农业部农技中心预测，2015 年主要粮食作物重大病虫呈多发、重发态势，早春气温偏高可能导致迁入性害虫危害期提前，发生代次增加，浙江等大部分南方稻区水稻“两迁”害虫呈偏重及大发生态势；春季长江中下游等麦区降水比常年偏多 1～2 成，部分地区偏多 2～5 成，有利于赤霉病发生。省植物保护检疫局监测预警信息也表明，2015 年浙江省油菜和小麦主要病虫呈中等发生态势，预计麦类病虫发生面积约为 250 万亩次，油菜病虫发生面积约为 500 万亩次；水稻主要病虫呈偏重发生态势，发生面积约为 9600 万亩次；柑橘黄龙病、梨树疫病等重大疫情在局部地区呈扩展蔓延态势。防控形势不容乐观，必须保持高度警惕，未雨绸缪，加强监测预警。

(二)保障粮食生产安全赋予植保检疫的任务更加艰巨

从中央到省委、省政府，对保障粮食生产安全高度重视。在保障供给上，保障吃饭问题永远是第一位的因素。农村有句俗话：有收没收看种子，收多收少看植保。这就充分说明了植保在保障粮食生产中的重要地位和作用。长期以来，水稻等粮食作物病虫害防控一直是植保检疫工作的主要任务。一方面，我们要通过植保手段减少病虫危害损失，确保粮食稳产增产；另一方面，我们又在这方面面临许多新的矛盾和问题，诸如粮食增产和农药减量的矛盾，病虫害上升趋势和品种抗性、农药防效下降的矛盾，应用高产栽培技术的同时增加植保难度的矛盾，等等，都使植保检疫工作的困难加大，任务更加艰巨。

(三)农产品质量安全对植保检疫的要求更加严格

各级党委、政府对农产品质量安全高度重视，社会公众也密切关注“舌尖上的安全”，现在市场上消费者购买农产品首先关心的是有没有农药残留。从实际情况看，植保检疫工作中的农药使用确实也成了威胁农产品质量的源头之一，是关乎农产品质量安全的一个重要环节。如何推进绿色防控，如何大力推广应用环保型农

药和提高科学安全用药水平，努力从生产源头构筑农产品质量安全防线，已经成为植保工作的题中之义。农产品质量安全将作为检验植保工作成效的重要考量，随着农产品质量安全监管工作的提升，对植保检疫工作在这方面的要求和标准会越来越严格，来不得半点“任性”。

(四)生态循环农业为植保检疫拓展的空间更加广阔

浙江省正在积极推进生态循环农业试点省工作，为植保检疫工作拓展了广阔的空间，提供了新的机遇。以“科学、公共、绿色”为鲜明特征的现代植保建设既是生态循环农业的重要内容，也是推进生态循环农业建设的重要举措。我们近年来着力推进的专业化统防统治、绿色防控融合和农药减量等重点工作不论是从理念上，还是从目标上，都是和发展生态循环农业相一致的。我们要充分利用生态循环农业试点这一平台，把握机遇，主动融入，在领导重视、政策支持、项目安排、工作推进上营造更好的发展环境，特别是要通过制度、机制创新，解决发展中的瓶颈问题，争取有所作为，有所突破。

(五)制约植保检疫工作发展的因素更加凸显

浙江省现代植保建设在取得长足发展的同时，新的问题和困难也日益突出。一是人的问题。由于体制机制等多方面的原因，植保检疫系统人才结构不合理、断层现象严重、后继乏力、力量不足、技术中坚力量缺乏等问题严重制约了植保检疫事业的发展。二是钱的问题。目前浙江省在良药推广、绿色防控技术及产品、农药减量等方面的财政支持政策还不完备，同时随着生产成本的提高，统防统治等专项补贴资金激励效应减弱，特别是省级支农资金改革后，需要我们主动适应并积极争取加大扶持力度。三是机器的问题。目前在农业生产各个环节，机械化水平的短板就在植保。装备落后的问题，已经成为严重制约植保现代化的重要因素。这些问题都是发展中的问题，但有必要引起我们高度重视，并通过制度安排和机制创新加以突破和解决。

三、重在落实，切实抓好今年各项重点工作

2015 年，是浙江省生态循环农业试点省全面推进之年，又是现代农业发展“十二五”规划、农业现代化“8810”行动计划收官之年，也是浙江省现代植保建设向纵深推进的关键时期。理清思路、明确重点、抓好落实，全面完成今年植保检疫工作任务意义重大。2015 年工作的总体思路和重点是：

(一)坚持一个目标

要始终不渝地把现代植保建设作为浙江省当前和今后一个时期的总目标。浙江省自 2010 年在全国率先提出并大力推进现代植保建设，在全省各级植保检疫部

门的辛勤努力下，通过近五年的积极探索和实践，认识更加统一，目标更加明确，路径更加清晰，成效日益显现，得到了农业部的充分肯定，余欣荣副部长明确要求在全国加以推广。实践证明，现代植保建设是符合浙江省实际的。我们要按照一张蓝图绘到底，一任接着一任干的要求，加以扎实推进。要根据全省农业工作会议的总体部署和要求，紧紧围绕建设绿色农业强省、加快农业现代化发展这一中心任务，坚持用全新的视角、系统统筹的理念、打组合拳的方法，以现代植保建设为统领，强化组织体系、优化技术支撑、提高装备水平、改进服务方式，坚持不懈地大力推进植保理念生态化、植保体系网络化、植保装备现代化、植保技术多样化、植保服务专业化。

（二）突出两项任务

史济锡厅长新年上班第一天到省植物保护检疫局调研指导工作时明确提出，植保检疫工作要突出两个科学，一是科学防控，二是科学减量，十分明确地提出了植保检疫工作的两项总任务。“防和减”这是一对矛盾，但又是辩证的统一。科学防控是植保检疫保障农业生产安全的基本任务，科学减量是植保检疫服务生态循环农业建设的转型升级。科学防控和科学减量是植保检疫工作当前和今后一个时期的首要任务，也是我们全部工作的重中之重，这是由我们所承担的职能所决定的，在任何情况下都不能有丝毫的动摇。我们要以高度的责任感和富有成效的工作，不断提升植保检疫防灾减灾水平和质量，确保区域性农作物重大病虫害不造成重大损失，局部性农作物重大病虫害不暴发成灾，重大植物疫情不恶性蔓延。实现中长期病虫预报准确率达到90%以上、水稻病虫危害损失率控制在5%以内、实施农作物病虫害专业化统防统治550万亩、重大农业植物疫情防控面达到100%、化学农药使用量比2012年下降6%以上的工作目标任务，全力保障农业稳粮增收和农业生产安全。

（三）注重三项创新

以推进植保检疫体系创新、技术创新和服务创新为突破口，努力适应植保工作面临形势更加复杂、防控任务日益艰巨、综合要求不断提高的新常态，推动植保检疫工作实现新的发展。

1．推进体系创新

在组织体系创新上，要针对浙江省农业产业结构、经营方式和耕作制度一系列新的调整，加快建立上下贯通、覆盖多元的现代植保组织体系。在应急防控体系创新上，要建立健全县级以上重大病虫害和疫情防控指挥体系为主导、植保检疫体系应急防治队伍为主体、社会专业防治组织为重要补充的新型应急防控体系，加强农作物生物灾害应急预案管理，提高应急预案的执行刚性，提高重大病虫和植物疫情应急处置和联防联控能力。在预警体系创新上，要以监测预警、区域试验、新技术新装备示范多功能综合应用平台为建设目标，开展规范化监测预警区域站创建活动，重点在“建”的基础上解决好“用”的问题，创新区域站功能定位、经费保障、人员配备、任务设置、管理制度等多方面内容的运行机制，分类指导，稳步推进，全面提升区域站的软、硬件水平，真正使区域站成为病虫和疫情监测的前哨、防控试验示范的基地。要加快建立病虫首席预报员制度，探索首席预报员团队工作机制，完善病虫预报专家会商制度和规范监测预警信息发布、传递机制。在植保服务体系的创新上，要积极培育多元化服务主体，拓展服务主体服务范围，拉长服务链，提高服务水平和经营管理水平，壮大自身发展实力，探索对植保专业服务组织的扶持和服务机制，引导服务组织健康发展，切实提升植保社会化服务水平。

2. 推进技术创新

在测报技术的创新上，要重点突出提升信息化水平，要紧盯信息化前沿技术和装备，创新数据采集手段，注重统一规划，分步实施，既要考虑实际应用，又要具备战略眼光，要敢想敢试，积极引导和联合有关研发单位和企业解决测报实际工作中的瓶颈问题，建立大数据、构建大平台，实现信息共享。在绿色防控技术创新上，要重点解决现有技术装备的集成应用，既要与统防统治等防治方式的融合发展，也要注重与栽培、种子、农机、农艺等多学科的协同配合。在植保机械的创新上，既要注重对现有先进装备的引进推广，更要注重对生产企业的引导和沟通，研发适应浙江省实际的植保器械装备。在基础应用技术的创新上，要紧扣主要农作物品种抗病性、害虫抗药性中出现的新情况、新问题，针对新发病虫和疫情，研究解决方案。在病虫害和植物疫情防控技术的创新上，要特别强调标准化问题，要在集成技术的基础上，制定防控技术规程和技术标准，推进防控工作的标准化。

3. 推进服务创新

在服务对象的创新上，要更加注重以专业合作社、家庭农场、种植大户等新型经营主体为重点服务对象，以新型经营主体带动散户，提升防控技术到位率。在服务方式的创新上，要更加强调示范引领作用，鼓励植保检疫系统干部和科技人员深入田间地头，蹲点做样。今年要重点做好整建制统防统治、绿色防控融合、农药减量、农药废弃包装物处置、植物疫情早前监防等示范区和试点工作，在不断向纵深推进上下功夫，通过试点和示范大胆探索、积累经验，形成规范，达到通过示范推动面上工作的目的。在服务内容的创新上，要从原来的单一病虫防治技术指导服务，向保障农业生产提质增效的综合服务上转变，要在政策支持、法律法规、防控方式、技术装备、信息传递等方面提供复合型、多层次、全方位的优质服务。

（四）深化四个推进

以深化整建制统防统治、绿色防控融合发展、农药减量、植物疫情阻截带建设为着力点，全面提升重大病虫疫情科学防控水平和应急处置能力，实现浙江省植保检疫工作新发展。

1. 继续深化推进整建制统防统治

一是扩大整建制统防统治试点，以规模化推动统防统治规范化发展；二是创建整建制统防统治示范县、示范镇（乡），提高统防统治覆盖面和散户带动率，尤其要特别强调做好以县域为单位的示范创建，积极探索促进统防统治发展的制度安排和机制创新；三是规范统防统治管理，按照组织规范化、服务规模化、技术标准化的要求，加强示范性植保服务组织培育；四是推进植保服务组织多元化发展，鼓励工商企业和社会力量参与统防统治服务领域，创新优化统防统治服务主体。

2. 继续深化推进绿色防控融合

一是大力推进统防统治和绿色防控融合发展，促进绿色防控技术集成应用，提高绿色防控技术普及率；二是建设一批统防统治与绿色防控融合示范区，通过示范区的示范带动，积极推广应用病虫害生态调控、生物防治、物理防治、科学用药等绿色防控技术和产品，扩大主要农作物绿色防控示范效应；三是加强绿色防控技术引进和集成创新，组装适合不同区域、不同作物的病虫害绿色防控配套技术，制定区域性农作物病虫害绿色防控技术规程，促进绿色防控技术标准化。

3. 继续深化推进农药减量

一是围绕生态循环农业试点省建设，组织实施农药减量实施方案，扎实推进农药减量示范区建设，加大高效环保农药推广应用力度，确保完成农药减量目标任务。二是加大先进适用植保机械的试验示范，筛选一批适合浙江省引进推广的先进器械，通过机器换人，提高病虫防控的作业效率和农药利用率。加强与栽培、种子、土肥等部门的合作，积极开展先进植保机械与先进农艺配套的防控集成技术攻关，提高植保机械装备适用性。三是加强农药经营许可管理，规范农药经营行为。四是加强科学安全用药宣传培训，提高农药经营者和农业生产者的科学安全用药水平。五是出台《浙江省农药废弃包装物回收和集中处置试行办法》，深化农药废弃包装物回收与处置试点。

4. 继续深化推进植物疫情阻截带建设

一是落实重大植物疫情防控责任，层层签订防控责任书，优化责任制考核评价体系，组织开展重大植物疫情集中防控；二是编制浙江省重大植物疫情阻截带建设规划，明确阻截带建设在新时期的目标、任务、路径和创新内容，提升阻截带建设在植物疫情防控中的功能和水平；三是完善重大植物疫情监测体系，建立疫情早前监防示范区，推进示范监测点建设，提升监测设施装备，优化监测防控技术方案，组织植物疫情监测员技能培训，提高疫情监测的标准化和规范化水平；四是加强植物检疫监管，组织开展联合执法，完善以自查表、巡查表为主要内容的检疫监管工作机制；五是以源头检疫为重点，以产地检疫为抓手，以种子种苗繁育和经营单位为突破口，组织开展跨区域产地联检活动，提升检疫效能。

最后，再强调一下植保检疫队伍建设问题。人的问题是首要的问题，只有建设一支能打仗的队伍，才能打赢病虫和植物疫情防控战。各地要采取行之有效的举措，切实加强植保检疫队伍建设。一是进一步加强作风建设。全省植保检疫系统广大干部和科技人员要以高度的政治自觉，切实增强政治定力，坚定理想信念，严格执行党的政治纪律、组织纪律、廉政纪律，全面落实中央、省委省政府和省农业厅的各项重大决策部署。发扬植保检疫干部勇于担当、乐于奉献的精神，进一步加强作风建设，加大正风肃纪力度，深入基层，深入生产第一线，开展指导和服务。二是进一步加强能力素质建设。要按照史济锡厅长在全省农业工作会议上提出的提升学习能力，尽快适应新常态；提升谋划能力，努力把事业做精彩；提升执行能力，确保善作善成；提升自律能力，始终坚持廉政勤政的总要求，加强能力素质建设，在不断进取中体现我们植保检疫干部的职责、作为和价值。三是进一步加强技术人才建设。近年来，由于多方面的原因，浙江省植保检疫系统专业技术优势弱化的问题有所显现，特别是测报人员青黄不接的问题十分突出。植保检疫是一项专业技术支撑要求很高的工作，集试验、研究、应用、示范、指导、服务、管理为一体的植保系统专业技术队伍，是其他部门无法替代的。专业技术人才队伍建设要高度重视，各地要注意引进人才，加强对现有技术人员的培训和再教育，特别是注重年轻技术人员的培养，为他们提供学习、锻炼、成长的平台，培养植保自己的技术权威，充分发挥专业技术人才在现代植保建设中的作用。

（作者为浙江省农业厅党组成员、副厅长。本文系作者在2015年3月16日全省植保检疫工作视频会议上的讲话摘要）

现代植保建设是走在前列的必然要求

浙江省农业厅专题调研组

一、植保检疫工作在发展现代农业中的地位更加突出

植保检疫工作是农业发展的重要技术支撑。回顾新中国成立以后浙江省植保检疫事业发展，总体上经历了20世纪70年代前的技术推广、改革开放以来到20世纪末的技物结合和进入21世纪后的公共管理服务三个发展阶段，这既是植保检疫工作内涵不断拓展的过程，也是基础地位不断强化的过程。当前，从植保检疫工作自身性质看，监测预警的唯一性、疫情防控的强制性、管理执法的公共性等基本属性，决定了植保检疫工作在农业发展中的重要地位。而且，随着现代农业建设的加快推进，其地位和作用将进一步显现。

(一)加强植保检疫工作是保障农业安全的前提基础

植保检疫工作不仅关系到农业防灾减灾，而且事关粮食安全、生态安全、消费安全和贸易安全。首先，植保检疫工作是保障粮食安全的重要基础。加强水稻等粮食作物的病虫害防治一直是植保工作的主要任务。浙江省人多地少，是典型的粮食输入省。从当前实际情况看，稳定发展粮食生产、提高粮食自给率，依靠大幅度增加播种面积难度很大，必须立足科技进步，减少病虫为害损失，提高粮食单产水平。近年来，受气候变化等多种因素影响，水稻"两迁"害虫、南方水稻黑条矮缩病等重大病虫害严重威胁着浙江省粮食生产。因此，必须进一步强化植保工作在提高粮食单产方面的基础性作用，为保障粮食安全多作贡献。其次，植保检疫工作是维护生态安全的重要支撑。保护和改善农业生态环境，合理、永续地利用自然资源特别是生物资源，是实现可持续发展的内在要求。改善农业生态环境，一方面需要科学合理使用农业投入品，减少农业本身对生态环境的不良影响，另一方面，需要有效维护好生物多样性，保障农业生态安全。植保检疫工作不仅承担着病虫草鼠害的防治任务，还担负着外来有害生物的防控任务，必须在促进人与自然和谐发展、推进生态文明建设上更有作为。第三，植保检疫工作是保障消费安全的内在要求。植保检疫技术是控制和保障农产品质量安全的关键环节，不仅事关农产品消费安全，还直接影响国际贸易。随着人们生活水平的不断提高，以及农业市场化、

国际化的加快推进，城乡居民对农产品质量安全日益关注，国际市场农产品贸易“绿色”壁垒明显增多，对植保检疫工作提出了新的更高要求，赋予了更为繁重的任务。因此，在农产品消费升级、国际贸易日益频繁的背景下，植保检疫工作必须努力为保障消费安全和贸易安全保驾护航。

(二)加强植保检疫工作是提升生产水平的有效抓手

促进农业产业发展、提升生产经营水平，是植保检疫工作的根本出发点和落脚点。首先，植保检疫工作是提高农业综合生产能力的基础性保障。运用科学有效的植保检疫技术，有利于在保障农产品质量安全、维护农业生态安全的基础上，减少农作物病虫草鼠等有害生物的危害，提高单位土地农产品产出效率，提升农业综合生产能力，增加农业效益和农民收入。其次，植保检疫工作是保障产业健康发展的重要屏障。农产品流通和国际贸易的日益频繁，使重大植物疫情发生的风险明显加大，也对植保检疫工作提出了新挑战。必须切实加强植保检疫工作，严格把好植物检疫关口，严密防范外来检疫性病虫的传入，努力降低重大植保疫病发生风险，保护浙江省农业持续健康发展。其三，植保检疫工作是优化农业结构布局的推动力量。不同农作物品种对植保技术、防治药剂和方法时间有着不同的要求，实行规模化、专业化集中防治是植保技术发展方向所在。现代植保技术的发展，必然要求不断调整优化农业产业结构和布局，形成统一品种布局、统一栽种时间、统一病虫防治的格局，以利于提高防治效果，减少对周边其他作物的不良影响。近年来，浙江省农作物病虫害统防统治的实践证明，植保技术的不断发展，已成为引导和推动农作物布局结构化的重要因素之一。

(三)加强植保检疫工作是推动农技进步的重要环节

植保检疫技术的现代化是衡量农业现代化的重要标志之一，具有学科跨度大、涉及行业多、产业链条长的特点，不仅与农药开发、植保机械等制造业密切相关，而且与作物育种、栽培方式等紧密相连，对推进农业科技进步具有明显的传导和放大效应。浙江省农作物种类众多，又属农业生物灾害高发区。全国1648种农作物主要病虫草鼠害中，多数在浙江省有发生危害，仅水稻病害、虫害就达90多种。近年来，随着极端灾害性天气发生频率加大，以及外来病虫害、疫情传入的风险加大，植保检疫工作防范的对象将进一步拓展。推进植保技术的进步，有利于进一步引领农药开发，加快形成适应浙江省农作物布局结构和病虫害发生实际的农药产业体系；有利于推动农作物育种等生物技术的提升，加快培育一批抗病虫害能力强、稳产高产的农作物新品种；有利于推动农作物栽培方式的创新，扩大避灾减灾技术、设施的推广应用，推动浙江省农业的科技进步。

(四)加强植保检疫工作是“两区”建设的内在要求

推进粮食生产功能区、现代农业园区建设，是省委、省政府为推进浙江省农业转型升级作出的重大决策部署，是集聚资源要素的主平台，也是“十二五”时期各级农业部门建设现代农业的主战场。“两区”建设不仅要求基础设施优良，而且要求技术模式先进、产品优质安全、经营机制创新、农业服务配套，要求普遍推行规模化、标准化、生态化生产。所有这些都与植保检疫工作密切相关。因此，各级植保检疫部门要主动围绕中心、服务大局，积极主动推动植保检疫的基础设施、预警体系、公共服务、科技示范、机制创新向“两区”集成配套，真正使“两区”建设在各方面体现先进性、示范性，努力在服务“两区”建设的实践中进一步提高植保检疫部门的地位。

二、推进植保检疫事业新发展关键在于建设现代植保

“十二五”时期，是浙江省转变农业发展方式、加快建设现代农业的关键时期，也是推进工业化、城市化和农业现代化同步发展的攻坚时期。针对浙江省农业实际，全省农业工作会议明确提出了建设高效生态农业强省、特色精品农业大省的目标，并确定了“12345”的工作布局，即紧扣“一条”主线，就是强基础保供给、重转型促增收；突出“两区”建设，就是粮食生产功能区、现代农业园区建设；加快“三化”生产，就是规模化、标准化、生态化生产；完善“四大”体系，就是现代产业体系、科技支撑体系、农业服务体系、安全监管体系；夯实“五个”基础，就是经营主体基础、农田地力基础、设施装备基础、经营制度基础、政策法治基础，努力实现现代农业产业体系明显提升、农业综合生产能力明显提高、农业市场竞争能力明显增强、农业可持续发展能力明显增强、农民收入继续明显增长。各级植保检疫部门要紧紧围绕这一中心任务，加快推进现代植保建设，努力为浙江省率先基本实现农业现代化打好基础。

经过近年来的实践探索，浙江省建设现代植保已经具备了良好基础，而且还面临政策环境不断向好、法制环境日益完善等历史机遇。建设现代植保，推动浙江省植保检疫工作继续走在全国前列，关键在于加快运用现代发展理念、组织体系、设施装备、科学技术、专业服务提升传统植保检疫工作。在工作中，要牢牢把握以下几个方面：

（一）树立生态化的植保理念，推动工作定位从防病治虫、保证产量为主向防灾减灾、保障农业安全协调发展转变

理念是行动的先导，是指导实践、引领发展的关键。只有不断创新发展理念，才能催生新思路、探索新举措、促进新发展，不断开创浙江省植保检疫工作新局面。随着经济社会的快速发展，当前植保检疫工作的形势和任务发生了深刻变化，传统的单纯注重防病治虫、保证产量的工作定位已难以适应新形势，必须坚持与时俱

进，增强战略思维，加快推动植保检疫工作向防灾减灾、保障农业安全转变。要树立和强化公共植保的理念。充分认识农作物病虫害和植物疫病危害对农业乃至经济社会发展影响的严重性，自觉把植保检疫工作作为保障公共安全的重要内容，作为农业和农村公共事业的重要组成部分，放在更加突出的位置，主动加强公共服务，提供公共产品，推动植保检疫工作从单纯技术推广向管理和服务并重转变，从单纯部门工作向纳入党委政府决策部署、有关部门合力推进转变。要树立和强化绿色植保的理念。按照建设生态文明的要求，自觉把植保检疫工作作为构建资源节约型、环境友好型农业生产经营体系，实现人与自然和谐发展的重要组成部分。围绕建设高效生态、优质安全、经营集约、发展持续的现代农业，立足保障产品安全性、生物多样性、发展持续性，大力推进植保检疫技术的生态化、绿色化，推动药械开发、植保技术、防治方式的转型升级，拓展绿色职能，提供绿色产品，满足绿色消费，不断强化植保检疫工作的基础保障和支撑作用。

（二）建立网络化的植保体系，推动工作队伍从政府部门为主向政府部门和社会力量有机结合转变

健全的植保组织体系是推进现代植保建设的基础条件。当前，浙江省农业产业结构、经营方式和耕作制度面临一系列新的调整，对植保检疫工作要求越来越高，必须加快建立上下贯通、覆盖多元、运行高效网格化的现代植保组织构架，完善植保检疫工作的测报体系、防控体系、监督体系和保障体系。要强化公共植保队伍建设。抓住农业基础地位不断强化的有利时机，按照中央和省里提出的要求，结合推进农技推广、动植物疫病防控、农产品质量监管“三位一体”基层农业公共服务体系建设，积极争取党委政府重视和有关部门支持，进一步配足配强基层植保检疫力量，加快形成省、市、县、乡、村五级有机联动、责任明确、指挥高效的植保检疫队伍体系。要积极引导社会力量参与。按照“科学、统一、高效”的基本原则，在保障公共植保机构队伍、精力到位的基础上，进一步创新机制，采取“花钱买服务”的方式，积极引导和支持社会力量参与植保检疫工作。以农业科技人员、农业龙头企业、农民专业合作社、科技示范户、种植大户、家庭农场等为依托，以“两区”建设和规模化农产品基地为重点，采取政府配套监测预警基础设施、加强人员技能培训、实行病虫监测补贴等方式，进一步健全多元化植保检疫服务组织，构建横向到边、纵向到底的工作体系，推动植保检疫各项工作深入发展。

（三）运用现代化的植保装备，推动工作手段从传统工具向先进设施装备转变

现代物质装备在植保检疫领域的全面应用，是建设现代植保的重要保障。要加强植保检疫基础设施建设。根据资源条件和产业发展实际，科学编制实施植保检疫基础设施建设规划，采取国家、省、市、县四级项目联动，合理布局建设农作物重大病虫和疫情监测预警区域站、监测点，改善基础条件，改进监测预警手段，积极推进重大病虫、疫情监测预警数字化平台建设，加快运用数字化、网络化、智能化、可视化的高新技术设施装备，提升农作物重大病虫害监测预警系统。扎实推进重大植物疫情阻截带建设，进一步构筑植物防疫的生态屏障。要加快推进植保器械装备提升。充分发挥浙江省植保器械制造技术力量强、基础好的优势，抓住国家实施农机购置补贴的历史机遇，坚持自主创新与引进消化吸收再创新相结合，积极引导生产企业与科研单位合作，加大植保机械的研制开发、施药技术的研究，提高植保机械装备的科技含量和自主创新能力，扩大先进适用植保机械装备的推广应用，推动浙江省植保机械装备制造业的健康发展，为建设现代植保提供支撑。

（四）推广多样化的植保技术，推动技术应用从化学防治为主向化学、物理、生物防治同步推进转变

科技创新和技术进步是现代植保建设的重要支撑。要准确把握植保产业发展趋势，充分发挥农业教学、科研、推广部门和农药生产企业的作用，积极推进农药开发和防治技术的现代化，提高先进科学技术对现代植保的支撑能力。要积极引导开发多样化农药产品。根据浙江省农业产业门类和农作物病虫害发生多的实际，引导生产企业加强技术研发和攻关，加强农作物病虫抗药性研究，合理调整农药产品结构，加快高效、低毒、低残留新农药的开发，满足农业生产需要。严格农药生产和经营许可，加强农药市场产品质量监管，坚决杜绝生产经营国家明令禁止的高毒、高残留农药，从源头上保障农产品质量和生态安全。要大力推广精准化防治技术。坚持农作物病虫害监测和防治并重，进一步抓好植保技术标准的制定，在研究开发操作简单、效果可靠的病虫监测技术的基础上，综合运用计算机、网络通信、地理信息、自动化处理等技术，实现病虫害监测预报数据传输网络化、信息发布图形化、数据处理自动化、监测预警智能化。按照药剂对口、防治适时、精准有效的要求，加强农作物病虫害的防治指导和先进适用技术推广，提高防治效果，减少农药用量，降低防治成本。要鼓励应用多元化防治手段。完善绿色防控技术规程和标准，注重绿色防控技术和产品的开发、推广和应用，鼓励采取生态治理、生物控制、物理诱杀等综合防治措施，减少使用化学农药，防止对生态环境带来的危害。认真贯彻《浙江省农作物病虫害防治条例》，积极争取有关部门支持，加快建立推广应用生物农药、物理防治等补贴机制，逐步形成农作物病虫害多元化防治新格局。

（五）推行专业化的植保服务，推动防治方式从单家独户防治向专业化统防统治转变

植保专业化服务，是建设现代植保的内在要求。浙江省农作物病虫害防治化学农药用量偏高，既有复种指数较高、病虫害多发的因素，也与植保技术到位率偏低、防治效果欠高有关。实践证明，推进专业化统防统治是一条现实而有效的路子。要大力培育植保专业化服务组织。按照“政府支持、市场化运作”的原则，鼓励农业龙头企业、专业大户、科技示范户和其他社会力量牵头兴办植保专业合作社、作业服务公司，支持农机专业合作社拓展病虫害统防统治服务，进一步健全植保社会化服务组织，为农民提供高效、便捷的专业化服务。要积极拓展植保专业化服务领域。充分利用好病虫害统防统治作业补贴政策，进一步扩大补贴范围。鼓励农民、农业生产经营主体加入植保服务组织，在全面推进水稻病虫害专业化统防统治的基础上，加快推进统防统治技术在水果、茶叶、蔬菜等经济作物上的应用，不断提高覆盖面和到位率。要着力完善植保专业化服务机制。按照"服务人员持证上岗、服务方式合同承包、服务内容档案记录、服务质量全程监控"的要求，积极探索代防代治单项服务、统防统治的全程服务、一业为主多项服务等方式，完善服务标准，创新服务形式，提高服务质量，形成社会化服务组织与农民共赢的服务机制。

三、发展现代植保迫切需要建设一支敬业奉献的工作队伍

发展现代植保，推动浙江省植保检疫工作继续走在全国前列，是一项长期而艰巨的任务，迫切需要加快建设一支创新务实、开拓进取的植保检疫工作队伍。要按照创建"五型机关"，打造"政治强、业务精、作风硬、绩效优、情系农、甘奉献"干部队伍的要求，进一步加强植保检疫队伍自身建设，改进工作作风，提升服务能力，努力为植保检疫事业发展提供组织和作风保障。

(一)进一步倡导开拓创新精神

开拓创新是推动事业发展的动力源泉。建设现代植保需要我们积极探索、大胆实践，敢于面对挑战，勇于开拓创新。要自觉把植保检疫工作放在发展现代农业的全局中来衡量、来推进，增强全局观念，消除不合时宜的陈旧观念和思想认识，跳出传统落后的领导方式和工作方法，开拓战略视野，增强逻辑思维，防止就技术论技术的狭隘思想，不断增强围绕中心、服务大局的能力。要坚决执行党委政府和上级部门部署，强化责任落实，狠抓措施到位，以强烈的事业心和责任感，本着对人民群众负责的态度，扎实做好各项工作，不断提高植保检疫系统干部队伍的执行力。要善于用改革创新的办法解决前进中的问题，分析新形势，研究新思路，采取新举措，寻求新发展，创造性地探索解决建设现代植保的理论盲区和实践难题，推陈出新，敢于超越，营造勇于探索、敢于创新的良好氛围。

(二)进一步发扬艰苦奋斗作风

植保检疫系统广大干部职工长期以来工作在农业生产一线，工作条件差，肩负任务重，有着吃苦奉献的精神和传统。要坚持以农民群众利益为工作的根本出发点，深入基层群众，善于听取群众意见建议和服务所需，帮助解决生产发展中的实际问题，始终以农民群众满意作为衡量工作的基本标准，构建为民办实事的长效机

制。要坚持脚踏实地、真抓实干，谋划实招、务求实效，始终保持奋发有为、昂扬向上的精神状态，自觉在创业干事的实践中锻炼才干、改进作风。要坚持以事业发展和集体利益为重，不计较个人名利和得失，不畏艰难，敢挑重担，锐意进取，无私奉献，努力争创一流工作业绩。

（三）进一步提升勤于钻研能力

建设现代植保是新形势下浙江省面临的新课题，必然会有许多新情况、新问题需要我们去研究解决，要求我们不断适应时代的要求，提高勤于钻研的能力。要按照建设学习型党组织、学习型机关的要求，深入学习政治理论、"三农"方针政策、植保检疫法律法规和业务知识，优化知识结构，着力提高理论素质和业务技能。要结合开展农技人员知识更新培训，多层面、多渠道组织开展业务培训和交流，增强植保检疫干部队伍和技术人员对新形势、新知识、新方法的把握能力，适应现代植保的发展要求。要坚持理论联系实际，深入基层一线，加强调查研究，开展试验示范，善于总结经验，探索实践规律，不断提高解决实际问题的能力和水平。

（四）进一步增强团结协作意识

建设现代植保是一项系统工程，需要方方面面的共同协作。就植保检疫内部看，既有监测预报、病虫防治、药械管理，又有植物检疫、疫情防控；从农业系统来看，还与栽培、种子、土肥、农机以及经营规模、主体培育等密不可分；从农业外部看，更需要科技、财政、质检、工商、气象、出入境检验检疫、供销等相关部门和科研院校的支持配合。要注重整合资源力量，加强内部协作，健全工作机制。坚持全省上下"一盘棋"，善于抓住重点，形成工作声势，扩大工作成果。同时，主动加强部门沟通，赢得各方支持和配合，调动各方积极性，形成推动植保检疫事业持续健康发展的强大合力。

（定稿于 2011 年 3 月）

专业化统防统治发展对策研究

浙江省植物保护检疫局专题调研组

农作物重大病虫害专业化统防统治（以下简称统防统治）是转变农业发展方式、建设现代农业的重要举措，是保障农产品有效供给和质量安全的关键抓手。浙江省自2007年对统防统治实施财政专项补贴政策以来，这项工作得到了有力推进，在全国一直处于领先水平，并取得了明显成效。但是，自2013年以来，由于多方面原因，统防统治发展趋缓、地区间发展不平衡等问题开始显现。为总结统防统治的成效经验，分析研究存在的问题，研究提出下一步推进统防统治工作的对策建议，同时也是为了适应浙江省加快推进现代农业发展的新形势、新任务、新要求，坚持生态优先理念，使统防统治工作在转变农业生产方式、发展农业社会化服务、建设生态循环农业、推动农业可持续发展等方面，特别是在有效减少农药残留污染，治理农业水环境中发挥更大作用，浙江省植物保护检疫局专门组织力量，对近年来农作物重大病虫害专业化统防统治工作进行了专题调研，现将有关情况报告如下：

一、近年来专业化统防统治工作基本概况

统防统治是指具备相应植物保护专业技术和设备的服务组织，在一定的区域、一定的时间，采用统一的手段，按照统一的规范，对特定农作物的病虫害实施统一防治的植物保护方式，是一种社会化、规模化、集约化农作物病虫害防治服务的行为。2006年，浙江省开始探索开展水稻病虫统防统治，2011年开始在柑橘、茶叶等经济作物开展病虫统防统治试点。近年来，通过采取行政推动、政策扶持、技术创新和规范管理等一系列措施，全省统防统治工作得到了快速发展，主要呈现出三个特点：一是覆盖面积不断扩大。2006年水稻统防统治31.1万亩，2013年达到358万亩，比2006年增加10多倍，占全省水稻播种面积的28.38%，粮食生产功能区80%以上面积实行统防统治。同时，借鉴水稻病虫统防统治的成功经验，将统防统治由水稻向柑橘、茶叶等经济作物延伸，2011年经济作物统防统治试点面积39万亩，2012年为50万亩，2013扩大到61万亩，从而促进了浙江省统防统治整体推进。截至目前，全省建设国家级农作物病虫害统防统治示范县3个和示范区40个，累计实施统防统治1702万亩，其中水稻统防统治1552万亩，经济作物统防统治面积150万亩，在全国处于领先地位。二是财政补贴作用明显。浙江省自2007

年对水稻病虫统防统治实施财政专项补贴，2011年水果、茶叶病虫统防统治试点列入财政专项补贴范围。2007年，每亩补助20元，补助资金由省与县（市、区）按比例承担，其中欠发达地区按省财政70%、县（市、区）财政30%承担，其他地区按省财政和县（市、区）财政各50%承担。自2008年起，每亩补助40元，其中欠发达地区按省财政60%、县（市、区）财政40%承担，其他地区按省财政40%、县（市、区）财政60%承担，这一扶持政策一直延续至今。2007年至2013年七年间，省级财政累计补助资金2.6亿元，地方配套补助资金累计5.4亿元。财政专项补助政策对统防统治工作起到了明显的推动作用，自2007年至2011年统防统治实施面积的年平均增长幅度保持在30%以上，特别是2008年财政补助由每亩20元调整为每亩40元，全省统防统治得到了快速推进。2008年统防统治实施面积比2007年增长了140%，2009年比2008年再次增长了85%。随后几年增长速度都保持在10%～20%。三是服务组织初具规模。随着浙江省统防统治工作不断推进，各级植保服务组织不断涌现，专业化防治作为新型服务业态得到了快速发展。截至目前，全省已建立植保服务组织2132家，其中，年服务面积在1万亩以上的服务组织23家；从业人员39212人；配备专业化植保器械36523台（套），日作业能力约130万亩。培育了一批具有一定规模和较强服务能力的植保服务组织，先后创建部级百强植保服务组织4家，省级示范性植保服务组织100家。

二、开展专业化统防统治工作的主要作用

近年来，浙江省大力推进统防统治的实践和成效表明，这是保障农业生产安全、农产品质量安全、农业生态环境安全的有效措施，在推进现代农业发展过程中主要有五方面的重要作用。

（一）为保障粮食生产安全作出了重要贡献

保障粮食安全和主要农产品的有效供给是浙江省一项长期而艰巨的战略任务。受异常气候、耕作制度变革等因素影响，农作物病虫害呈多发、重发和频发态势，日益成为制约农业丰收的重要因素。与传统防治方式相比，统防统治具有技术集成度较高、装备比较先进、防控效果好等优势，有效控制了病虫害暴发成灾，最大限度减少了病虫危害损失。全省各地多年实践证明，实施统防统治每亩水稻可增产30～50千克。按平均每亩增产40千克测算，自实施统防统治以来，累计实现水稻增产6.5亿千克，有效提升了浙江省粮食生产能力，有力地保障了粮食生产安全。

（二）为提升农产品质量安全水平提供了重要保障

统防统治实行农药统购、统供、统配和统施，推广应用高效低毒低残留的环境

友好型农药，从源头上控制和杜绝了假冒伪劣农药、禁限用高毒农药的使用，确保了农产品质量安全。同时，通过实施统防统治，严格按照病虫害防治适期和合理剂量科学用药，严格执行农药使用安全间隔期，显著降低了化学农药使用量。与农民分散自防区相比，水稻统防统治每季减少防治次数 2 次左右，化学农药使用量下降 30%以上。据测算，自实施统防统治以来，全省累计减少使用化学农药 7846 吨，减少农药包装等废弃物 6050 万只（约 1088 吨）。

（三）为改善农业生态环境奠定了重要基础

在统防统治区积极推广生物物理防治、生态调控和生物农药等绿色防控技术，开展绿色防控示范区试点建设，分区域、分作物优化集成绿色防控配套技术。截至目前，全省结合统防统治已创建省级农作物病虫害绿色防控示范区 62 个，带动建设市、县级绿色防控示范区 499 个，示范区面积达 40 余万亩。据调查，示范区早稻和连作晚稻每季减少用药 2～3 次，单季晚稻减少用药 3～4 次，化学农药用量减少 50%以上，蜘蛛等有益生物增加 4 倍左右。通过统防统治与绿色防控集成应用，进一步提高了统防统治技术集成度和科学防控水平，有效控制了农业面源污染，显著改善了农田生态环境，也是农业水环境治理的有效手段。

（四）为促进农业节本增效发挥了重要作用

据调查统计测算，统防统治作业效率可提高 5 倍以上，水稻亩均节本增收 180 元左右。自实施水稻统防统治以来，全省累计节本增收 27.94 亿元。而经济作物统防统治的节本增效更为显著，水果、茶叶、蔬菜统防统治区亩均节本增效 300 元至 500 元。通过实施统防统治，实现了从传统的分散防治向规模化和集约化统防统治转变，不仅解决了当前浙江省农业生产劳动力结构性短缺的难题，而且显著提高了防控效果和效率，提升了农业生产综合效益。

（五）为发展农业社会化服务探索了重要途径

通过实施统防统治，提高了病虫害防控组织化程度，加快了高效环保农药、绿色防控技术和新型植保机械的推广应用，促进防控方式向资源节约型、环境友好型转变，提升农业现代化水平。同时，统防统治作为一种新型服务业态，实现了农业公共服务体系向基层的有效延伸，带动了农业生产过程中其他环节的专业化服务。许多植保组织已开始提供种子统供、肥料统配、肥水统管、统一集中育秧等专业化服务。通过实施统防统治，也催生孕育着浙江省粮食生产全程专业化服务事业，这将有利于农业新品种、新技术应用和耕作制度创新，促进农村土地流转和农业生产规模化、集约化发展，进而推动浙江省农业生产方式转变和农业产业转型升级。

三、专业化统防统治工作存在的主要问题

虽然近年来浙江省统防统治工作取得了显著成效，在促进粮食增产、农业增效和农民增收过程中发挥了重要作用，但从当前形势看，政策红利正在逐步减弱，影响制约因素在不断增加，统防统治工作存在一些亟须解决的问题。

(一)统防统治重要性认识不足

近年来浙江省采取了多种举措大力宣传统防统治的重要性和紧迫性，得到各级政府一定的重视与支持，也提高了广大农民、基层干部的认知度。但一些地方对统防统治认识不到位的问题依然比较突出，对统防统治的认识还停留在纯粹的技术性层面，没有从转变病虫防控方式、推进公共植保事业发展的角度和保障粮食生产安全、农产品质量安全和农业生态安全的高度来加以重视和推进，没有真正提升到政府层面切实加以重视，对当地的统防统治工作缺乏总体指导和具体措施，导致财政支持力度不够、配套政策落实不到位，影响了统防统治工作持续健康发展。

(二)政策支持保障力度不足

主要表现为补贴标准偏低、地方配套难、补贴方式操作不便以及对经济作物支持力度不够等方面。近年来，由于农村劳动力、农资产品物价持续上涨等多重因素影响，统防统治防治成本逐年增加。据统计，2013 年全省平均每亩每季作业成本为 203.74 元，是 2008 年的 3.46 倍。随着防治成本的大幅提高，6 年前制定并延续至今的每亩 40 元补贴标准已明显偏低，激励效应正在不断弱化，统防统治规模化推进势头也有所减缓。目前仍有相当一部分县(市)地方财政配套补贴资金未真正落实到位，部分县(市、区)对统防统治补助资金进行总额控制，资金投入力度明显不够，使统防统治补贴政策在执行上打了折扣。经济作物统防统治由于尚在试点阶段，虽然效果十分明显，但目前只在茶叶、柑橘等少数作物和有限面积上实施了统防统治补贴试点，许多具有地方特色的优势经济作物还缺乏统防统治的扶持政策，经济作物病虫统防统治无论是规模，还是种类上都还没有真正破题，制约了主要农作物统防统治工作的全面推进。与此同时，目前统防统治补贴采取直接拨付给农户，再由植保服务组织向每家每户农户收取。这种补贴方式不仅操作十分不便，而且加大了植保服务组织的运营成本。

(三)服务组织发展后劲不足

虽然近年来浙江省植保服务组织发展迅速，但从总体上来看，服务组织规模小、效益差、抗风险能力低等问题还没有得到根本解决，发展后劲不足，难以完全满足规模化经营的需求。另一方面，目前浙江省补助政策仅对接受统防统治的农户实行补贴，尚未出台扶持发展植保服务组织的相关政策，影响了植保服务组织的进

一步发展壮大，制约了统防统治工作的持续推进。截至目前，全省已注册的植保服务组织中服务面积在万亩以上的只有23家，仅占1.08%，而服务面积在千亩以下的达1143家，占53.61%。植保服务组织年利润平均每家1.4万～2.7万元，且有10%～15%出现亏损。并且大部分服务组织的从业人员年龄偏大、文化水平低、应用技术能力弱、青黄不接等现象突出，亟须加强业务技术培训，提升从业素质。统防统治组织的风险防范机制不健全的问题也十分突出，应对自然灾害、防效风险、农药药害以及从业人员意外伤害等风险的能力弱，亟须进一步完善包括保险在内的各项保障性政策。

（四）技术模式创新应用不足

目前浙江省统防统治工作比较注重培育服务组织和提高防控作业组织化程度，有效地解决了"谁来防"的问题，而对统防统治中"怎么防"的问题尚未得到较好的解决。统防统治中农药减量使用还主要依赖于高效农药替代和防治次数减少，对精准施药、低容量喷雾等先进技术缺乏研究与应用，与生态调控、生物控制、物理防治等绿色防控技术有机融合做得也不够。特别是以统防统治为组织方式，以绿色防控为实施内容的集成化防控模式有待进一步创新和推进。

（五）设施装备提升发展不足

目前浙江省植保服务组织配备的植保机械主要是机动弥雾机、担架式喷雾机，而且以机动弥雾机为主。机动弥雾机的日均作业能力约为30～50亩，担架式喷雾机的日均作业能力约为100～120亩，作业效率仍然偏低。由于病虫发生具有突发性，防控作业时间相对集中，为确保防控效果，专业化防治组织往往要按照植保部门的病虫情报，高强度突击作业，植保器械故障率高。目前尚缺乏适应浙江省农田环境，特别是水田、高秆作物和其他复杂环境的大型高效植保机械，制约了服务组织作业效率的提高，进而影响了统防统治规模化推进和防控效果。

四、下一步推进专业化统防统治的对策建议

在加快推进浙江省现代农业的进程中，如何解决农村劳动力持续转移后"谁来种地"的问题，如何保障农产品质量安全这个为人们所最关心、最现实、最期待的问题，如何解决保障粮食为主的主要农产品增产实现有效供给的问题，如何在加快现代农业发展进程中坚持生态优先、可持续发展的原则，加快构建新型农业经营体系，进一步提高农业生产组织化、专业化、社会化水平已经成为不可回避的现实需求。科学审视这些矛盾和问题，结合浙江省近年来推进农作物重大病虫害专业化统防统治的成功实践，我们认为，统防统治作为一种新型业态和发展机制，在适应现代农业发展中的新形势、新任务、新要求、新问题方面做了有益的探索，并且可以

作出更大的贡献。特别是在贯彻落实省委、省政府“五水共治”重大战略决策部署，有效减少农药残留污染等方面，统防统治更是可以大有作为。因此，建议要进一步加强组织领导，加大政策扶持，强化技术创新，培育服务主体，加快推进统防统治工作的持续健康发展。

（一）统一认识，加强组织领导

统防统治是推进“公共植保”的具体要求，也是建设现代农业的关键抓手，更是省委、省政府提出“五水共治”中减少农药用量的一项重要措施。各级政府一定要从确保粮食生产安全、加强农业公共服务和扎实推进“五水共治”的高度，充分认识推进专业化统防统治的紧迫性和重要性，进一步提高重视程度。建立完善市、县农作物重大病虫害防控指挥部，切实加强对统防统治工作的组织领导，积极构建政府分管领导亲自抓、主管部门具体抓、有关部门配合抓的良好工作机制。并按照属地管理的原则，将统防统治管理责任落实到镇（乡）村。将统防统治补助资金纳入各级财政预算，并不断完善相关政策措施，加大对统防统治的扶持力度。同时，加强宣传引导，努力营造全社会合力推进统防统治的良好氛围。

（二）加大统防统治推进力度

虽然近年来浙江省统防统治得到了较快发展，但还远远不能满足现代农业发展的需求。截至2012年底，浙江省土地流转面积已达823万亩，统防统治服务面积仅占流转面积的1/2左右。水稻统防统治覆盖率离浙江省农业“十二五”规划要求的2015年底达到50%的差距还很大。下一步要采取切实有效的措施，加大推进力度，努力争取到2015年，全省水稻统防统治覆盖率达到50%，经济作物统防统治覆盖率达到5%；到2017年，全省水稻统防统治覆盖率达到60%，经济作物统防统治覆盖率达到15%；到2020年，全省水稻统防统治覆盖率达到70%，经济作物统防统治覆盖率达到30%。

（三）调整财政资金补贴政策

统防统治服务的产业是农业，服务的对象是农民，服务的地区是农村，服务的内容是防灾减灾，具有较强的公益性。针对近年来统防统治防治成本持续增加的实际，建议将补助标准由目前每亩40元提高到每亩80元，并建立补助标准动态浮动机制，根据社会经济发展和物价水平，适时对补贴标准进行调整。鼓励统防统治在经济作物上推广应用，并将茶叶、蔬菜、水果等具有地方特色的优势经济作物统防统治纳入补助范畴。在继续实行统防统治作业环节补贴的基础上，扩大植保机械购置补贴范围，支持先进植保器械的研发、示范、推广、应用，研究制定高效环保农药和绿色防控技术及产品的补贴政策，并落实相关宣传培训经费。同时，要改进财政补贴方式，由直补农户改为根据服务合同补贴植保组织，提高工作效能。

(四)扶持服务组织壮大发展

植保服务组织是统防统治的服务主体,也是新时期植保公共服务的有效延伸,是解决植保技术推广"最后一公里"的有效途径。建议出台相关扶持政策,对具有一定规模的植保服务组织给予适当的资金补助和项目支持,按照组织规范化、服务规模化、技术标准化的要求,鼓励其做大做强,不断扩大服务区域,拓宽服务领域,提高经营水平,提升综合服务能力和自我发展能力。鼓励社会力量参与,积极引导工商资本进入统防统治领域,大力培育多种形式的植保服务组织。积极探索由单一服务水稻向蔬菜、茶叶、水果等经济作物多领域延伸,由单一病虫防治向统一育秧、机插、机收等农业生产全程化延伸,不断提升服务能力和盈利水平,促进植保服务组织健康发展。借鉴推广海宁、秀洲、乐清等地的典型经验,加大行政推动力度,强化政策配套,积极引导和扶持植保服务组织率先在粮食作物主产区、经济作物优势区和重大病虫发生源头区等重点区域和关键地带,以村或乡镇为单位整建制整体实施统防统治,引领农业生产方式转变,实现规模连片统一栽培模式、统一栽培品种、统一病虫防治、统一肥水管理,不留插花田,降低作业难度,提高防控效率,提升植保服务组织盈利水平。积极依托"阳光工程"等农民素质培训,大力开展统防统治从业人员的技能培训和职业技能鉴定,切实提高其服务水平。建议出台有关政策,将统防统治纳入政策性农业保险范畴,对统防统治责任险和机手人身意外伤害险给予适当补助,提高统防统治组织防范和抵御风险的能力。

(五)强化防治技术集成创新

根据统防统治发展需要,积极组织农、科、教协同配合,产、学、研联合攻关,切实加强病虫防控技术、高效低毒低残留环保型农药、绿色防控技术及产品的研发、示范和推广应用,着力解决疑难病虫害的防治技术研究与集成,切实提高防治效果、效益和效率。根据不同作物病虫种类和发生特点,突出重点环节、关键时期,切实加强对植保服务组织的技能培训和技术服务,及时提供病虫发生信息和防治技术,做好高效环保农药和新型植保器械推荐,积极引导应用绿色防控技术,提高植保技术到位率,不断提升统防统治科学防控水平。

(六)加快先进机械推广应用

加强与农机等相关部门合作,积极依托农机化促进项目等途径,开展低空无人作业机、摇杆式喷雾机等先进适用高效植保机械试验示范,加快完善配套集成应用技术,并积极引导和协助植保服务组织落实好国家农机补贴政策,因地制宜装备大中型高效植保机械,切实提高服务组织的装备水平。同时,积极引导生产企业与科研单位合作,加大植保机械的研制开发、施药技术的研究,提高植保机械装备的科技含量和自主创新能力,促进植保装备的现代化,扩大先进适用植保机械装备的推广应用,切实提高作业效率和效能。

(七)出台推进发展政策意见

鉴于统防统治工作相关政策制定和推进落实涉及农业、财政、保险、农机等多个部门,建议以省政府办公厅名义出台关于推进统防统治的意见,提出发展目标和具体推进措施以及相关扶持政策。根据农业部《农作物病虫害专业化统防统治管理办法》,结合浙江省实际,研究制定《浙江省农作物病虫害专业化统防统治管理办法》,进一步完善相关管理制度和技术标准,实行科学管理,以管理促规范。指导推动各地结合当地实际,研究制订统防统治发展规划,出台政策意见,明确工作目标,落实保障措施,推动统防统治持续健康发展。

(定稿于 2014 年 3 月)

关于农作物病虫害绿色防控的思考

王道泽

农作物病虫绿色防控是确保农产品产量、质量安全和农业生态环境安全的重要手段，是实现“绿色植保”，推进现代植保体系建设的重要举措。近年来，杭州市围绕现代植保建设要求，大力开展绿色防控示范区建设，绿色防控技术在多种作物上应用，技术推广辐射面积不断扩大，取得了较好的成效。

一、杭州市农作物病虫害绿色防控工作成效

经过多年的示范推广，示范区建设和带动力度不断加强，防控技术集成与创新不断加强，绿色防控技术应用面积不断扩大，推广应用成效显著。

植保部门把开展绿色防控示范区建设作为重要工作内容，不断集成优化绿色防控配套技术，展示防控成效，带动面上的辐射推广。2011 年开始，市、县两级植保部门每年建设病虫害绿色防控示范区 10～15 个，2012 年根据浙江省植物保护检疫局的统一部署，建立了省级绿色防控示范区 2 个，2013 年扩大到 5 个省级示范区，核心示范面积 4602 亩。通过技术试验、研究，集成优化关键技术，在应用“三诱一网”技术的同时，创新性地应用生物多样性调控与自然天敌保护技术，总结形成了集理化诱控、生物防治、生态调控和科学用药等为主的集成技术，明确了以水稻、蔬菜为主的不同作物绿色防控技术模式。全市实现叶菜生产功能区绿色防控技术全覆盖，粮食生产功能区绿色防控技术有效应用，茶叶、水果等经济作物绿色防控技术稳步推进。2013 年，农作物病虫绿色防控技术推广面积 59.5 万亩，其中粮油作物 20.9 万亩，蔬菜及经济作物 38.6 万亩。

绿色防控技术的应用，减少了化学农药的使用，节约成本，提高了农产品质量，起到增加农民收入的作用，体现了较好的经济效益。以良渚省级绿色防控示范区为例，经核算，蔬菜地减少农药施用次数 4.8 次/(亩・年)，减少农药成本 16.4 元/(亩・年)，可增加经济效益 230 元/(亩・年)。在有效防治病虫害的同时，降低农药残留超标风险，有效提升农产品质量安全水平，大大减少因施用化学农药带来的环境污染问题，还可保护生物多样性，促进农田生态平衡，降低病虫害暴发概率，改善农田生态环境，维护农田生态平衡，实现农业可持续发展，体现了较好的生态、社会效益。

二、开展绿色防控技术示范的几点体会

通过三年来的绿色防控技术示范与推广，有以下几点体会：

(一)理念更新是基础

通过示范、宣传，引导基地和企业提高对绿色防控重要性的认识，转变病虫害防控理念，把绿色防控上升为基地的自觉行为，发挥实施主体的积极性，提升了绿色防控应用效益和社会关注度。

(二)技术创新是关键

在传统生物防治、综合防治的基础上，近年来理化诱控、生物农药、天敌保护与利用等技术不断创新，绿色防控技术不断配套和熟化，为绿色防控工作提供了先进的技术支撑。

(三)项目带动是根本

积极争取扶持政策，助力技术应用。2013 年，市级“菜篮子”基地建设项目中新增绿色防控的建设内容，明确基地的绿色防控设施建设要求，从而有力地推进了绿色防控工作向纵深发展。

(四)示范区建设是抓手

由于绿色防控技术应用要求高、投入较大，而且必须大面积推广应用才能产生规模效应，因此，通过示范区建设，展示绿色防控成效，使示范基地尝到绿色防控技术带来的甜头，提高了对绿色防控产品的认知度，提高了农产品产量和质量安全水平。

三、绿色防控工作面临的主要问题

绿色防控是一项运用生态理念和综合技术进行病虫害防控的现代植保技术，与传统的综合防治策略相比，在防控理念、技术体系、应用模式和政策扶持等方面还需要得到加强。

(一)传统的生产观念制约了绿色防控技术的应用

一是认识不够到位，技术认知度不够。绿色防控效果不像化学农药防治那样立竿见影，产品投入大、价格高，在速效性、使用便利性方面与化学农药防治存在差异，而农民绿色防控意识相对薄弱，生产中应用绿色防控技术主观能动性不强。二是防病治虫的传统理念亟待转变。传统的农作物病虫害防治主要依赖化学防治措施，因此，有待在观念上向保证产品质量、保护生态环境和注重经济、生态、社会三

大效益转变。

(二)绿色防控技术体系有待不断完善

一是技术体系不够完善，实用性强的绿色防控关键技术集成度不高，系统性不强，关键技术产品不够配套。目前还存在“有技术缺产品、有产品缺技术、有技术产品而推广不够”等问题。例如，以作物为主线的绿色防控技术，常常因没有适用的绿色植保产品或成本投入过高而不能真正实施，总体表现为有机整合不够，技术规范不够，科学评价不够。

二是非化学防治措施相对薄弱，应用规模小，防控效果难以体现。目前生态、物理和生物等非化学防治措施应用大多局限在几种主要作物的重大病虫害，以及有机稻米、无公害和绿色蔬菜生产基地和农产品出口基地上，相对于化学防治的面积和规模而言占比仍偏小，化学防治仍是主要的防控手段。

(三)绿色防控技术推广应用模式有待进一步创新

很多绿色防控技术(如色板诱杀技术、杀虫灯诱杀技术等)只有在大面积、大范围使用时才能真正发挥其作用，小范围、小面积应用防控往往不能充分发挥其应有成效。现阶段农业生产规模化经营比例不高，一家一户为主的生产模式对于应用技术要求高、自身投入较大的绿色防控技术，往往非项目实施区农户不愿购买，从而限制了防控技术的大面积应用，影响了绿色防控技术的推广普及率。推广应用上偏重于形式，不能发挥出真正的效益。

(四)对绿色防控技术应用的政策支持有待加强

开展绿色防控工作的政策支持和保障不够有力。虽然各级有关部门积极争取对绿色防控的政策和资金支持，但总体而言与技术推广应用中的实际需要差距甚远。绿色防控技术需一次性投入资金较多，目前政策上的扶持力度不够，因而在进行病虫害监测系统建立、绿色植保技术推广、试验示范等方面时因资金短缺而无法深入地开展绿色植保工作。资金投入不足是影响绿色防控技术大面积推广应用的瓶颈。

四、提升绿色防控技术应用水平的对策建议

现代植保理念要求转变植保防灾、减灾方式，采取环境友好型措施控制农作物病虫害发生，为绿色防控工作的发展提供新的动力。植保工作新形势、新任务为绿色防控工作带来了发展机遇，生态建设和“五水共治”给绿色防控工作提出了新要求。绿色防控技术集成和产品的开发应用，绿色防控技术模式的成熟，绿色防控技术的示范应用，为绿色防控注入了新的活力。我们将按照浙江省植物保护检疫局的要求，加大绿色防控技术示范应用力度，从“政策推动、项目带动、示范引领、技术

支撑”四个方面开展工作。

(一)把握发展方向,努力推进病虫防控的理念更新

《浙江省农作物病虫害防治条例》明确提出要加大绿色防控应用力度,各级植保部门要抓住机遇,把握现代植保发展方向,统一认识,把开展绿色防控工作作为当前植保工作主攻方向之一,落实工作责任,以绿色植保的基本理念为指导,确保宣传到位、措施到位、资金到位、技术到位。立足于国内外现代植保发展方向,努力做到“政府主导,项目主导,企业推动”,将部门行为逐步上升为政府和社会行为,加快其规模化应用、科技化提升、产业化推广,使绿色防控真正成为农作物有害生物防控的常规技术。

(二)注重技术研究,不断提高绿色防控的技术水平

1.注重关键技术集成示范

争取“三农六方”协作项目、科技项目的支持,开展绿色防控技术的集成创新,优化配套绿色防控关键技术,为技术应用提供支撑。强化绿色防控技术和产品大面积应用的实用性、适应性、安全性和高效性,注重防控机理与关键技术、灾变规律和监测预警技术等相关技术的配套研究,逐步减少化学防控的比重,努力形成环保、安全和高效的防控技术体系。

2.加强区域技术模式的研究应用

根据各地生产实际,扩大规模化示范,因地制宜、因作物制宜,集成相应技术模式,使技术体系模式化、区域化、轻简化和标准化。如杭州市余杭区针对蔬菜基地土壤盐碱化加重的实际问题,示范与推广应用“菱—菜”水旱轮作技术,突出了生态调控技术的运用,取得了较好的效果。以生态区域为单元,以作物为主线,集成配套技术,形成一批防治效果好、操作简便、成本适当、农民欢迎的综合技术模式,研究提出适应不同区域、不同作物的绿色防控技术方案、标准或规程。

(三)突出示范区建设,切实体现绿色防控的示范实效

结合“两区”建设、“菜篮子”工程建设项目,把“三品”生产基地建成绿色防控示范区,让示范区尝到开展绿色防控的“甜头”,调动基地、企业应用绿色防控技术的积极性和主动性,进一步发挥省、市、县等各级示范区的带动作用,把示范区绿色防控技术作为技术集成、创新和技术培训的基地,发挥辐射带动效应。加大宣传普及力度,通过设立技术展示牌和实地培训、现场会、新闻媒介宣传等多种形式,让社会了解绿色防控的作用,让领导知道绿色防控的效果,让农民增强绿色防控的信心。

(四)强化措施落实,合力推进绿色防控的推广应用

1.加强组织领导,多方争取支持,强化保障措施

充分发挥行政推动作用,上下联动,多渠道争取扶持资金。积极争取财政支

持，特别是项目研究支持力度的加强和补贴政策支持的加大。整合相关项目、资金、技术力量，扶持、引导、推动绿色防控工作的稳步开展。有条件的地方应充分利用相关病虫防治经费，探索绿色防控技术补贴和物化补贴模式，如在成片作物区域内免费安装杀虫灯，让区域内的农户都可享受绿色防控技术带来的好处，进一步鼓励应用绿色防控产品的积极性。

2. 建立健全绿色防控推广机制

植保部门要发挥技术优势，创新技术服务模式，强化对重点地区、重点作物和重大病虫害防控关键技术的指导，确保绿色防控示范取得实效。要通过多层次、多方式的技术培训，提高绿色防控技术到位率。

3. 积极探索绿色防控补贴机制

通过农作物病虫绿色防控与专业化统防统治融合推进示范等形式，整合项目资源，多渠道增加投入。积极探索适合本地实际的绿色防控财政补贴政策，包括补贴内容、补贴方法、补贴标准和操作方式等，摸索出切实可行、可操作性强的补贴机制，重点开展蔬菜、经济作物绿色防控补贴工作，逐步建立“政府补贴、部门服务，企业投入、农民参与”的绿色防控技术应用长效机制。

（作者为杭州市植保土肥总站站长。定稿于2014年3月）

植物检疫监管存在的问题及对策建议

袁亦文

检疫监管是植物检疫的基础工作，同时又是服务农民、服务社会的一项工作。随着交通运输、物流业和旅游业的快速发展，疫情传入风险越来越高，疫情传播速度越来越快，使检疫监管的难度不断加大。近年来，温州市在植检工作中统筹协调相关资源，强化检疫监管，取得了一些成效，但在新形势、新情况下也遇到不少问题，需要积极探索研究解决。

一、检疫监管工作与成效

（一）完善登记备案，建立网络管理体系

温州市积极开展监管对象的登记备案工作，对全市种子种苗生产和重点植物产品调运单位进行了调查，并对规模生产、调运单位逐一进行生产备案，对生产调运要素等资料进行GPS定位和登记造册。利用全国植物检疫平台签发产地检疫合格证和检疫证书，形成网络管理，及时准确了解把握生产和流通信息。从2013年开始我们还利用QQ、农民信箱等网络平台，简化申报程序，方便群众。

（二）严格检疫检查，建立长期监测体系

按照国家检疫规程，全市开展产地和市场检疫监管，积极开展有害生物调查，严格把好种子种苗产地检疫关和花卉水果调运关。2013年，全市产地检疫1.8万亩，签发产地检疫合格证183份，检疫合格种子26.8万千克、苗木9200万株，开展花卉、水果调运检疫585批次、1.7万吨，收取检疫费31.2万元。同时根据国家重大植物疫情阻截带建设要求，全市共设立监测点139个，在重点和风险大的地区开展了有害生物的监测，并健全监测网络，规范监测方法，及时掌握疫情动态，确保防控措施的及时制定实施，为有效阻截重大植物疫情提供科学依据。

（三）开展执法行动，完善长效监管体系

根据“市场检查和集中执法”相结合的原则，温州市植检站在各地自查的基础上每年抽调植检骨干，开展一到两次的集中专项执法检查，查处了一批检疫违法行为，进一步规范了检疫监管。经过几年的检查监管，现基本摸清了全市的检疫情况。同时也把每次检疫专项执法检查作为宣传植检内容和锻炼植检队伍来抓，力

争做到行动一次，植检认知度提升一点，执法水平提高一步。在执法检查活动之外，专职检疫员还不定期对种子种苗生产、经营单位和个人进行走访巡查，制作巡查笔录，发现问题及时处理，初步形成长效监管体系。

二、检疫监管中存在的问题

（一）检疫监管范围广、管理不全面

受经济全球化、贸易自由化、物流渠道多样化等因素的影响，随着交通运输业、物流业和旅游业的快速发展，农产品流通量不断增加，人员流动频繁，导致植物疫情传播途径隐蔽复杂，传入概率增大，检疫监管难度大、任务重，难以全面实施。

（二）检疫监管地区差异大，力度不平衡

植物检疫是执行同一部法规、参照同一份名单的监管行为，理应按全国一盘棋的思路，切实履行属地管理责任；但现在全国各地的植检工作很不平衡，疫情监测水平参差不齐，产地检疫把关和执法监管力度不同，影响了检疫机构的权威性，增加了检疫监管难度。

（三）监管对象法律意识淡薄，检疫不规范

存在生产商不申请开展产地检疫、不履行调运检疫、一证多用、少检疫多调运等行为，加之目前公路运输十分便利，致使植物检疫漏检率很高；相对于种子种苗生产经营单位，农民植检意识更为落后，发生事故后，也不知道向检疫部门反映维权。

（四）专业检疫监管人员缺乏，条件不适应

目前，植检队伍不稳定、人员数量不足的问题突出，特别在基层，许多县级植检站只有一至两人，乡镇农技人员基本兼职，他们没有精力也没有时间去进行实地调查，上报的数据准确性难以保证。此外，检疫人员的专业水平、监测设备和交通工具等条件相对落后，与日益繁重的检疫监管任务不相适应。

三、加强检疫监管的对策建议

（一）明确职能责任，加强主体建设

检疫监管工作，是一项技术性、行政性、法规性和社会性很强的工作，要真正做好这项工作，必须明确各级政府及相关部门的职能和责任。对违反植物检疫法规，造成重大、危险性有害生物传播、蔓延的，既要依法追究相关责任人的责任，还要追究有关领导责任，使各级领导重视检疫工作，将检疫工作落到实处。以植物检疫规

范化建设为载体，进一步完善规范植物检疫机构设置，统一、规范植物检疫机构名称，明确机构职能，做到有编制、有牌子、有经费。配备必要的检疫检验设备，明确专人负责辖区内有害生物防治检疫工作。积极争取各级领导的重视和支持，把乡镇级植物检疫体系建设工作作为构建“三位一体”农业公共服务体系的重要内容来抓，力争在大的农业乡镇配备兼职植检员，构建起乡镇级植检体系。严格检疫员任用程序，提高准入门槛。对检疫员定期开展继续教育，每年组织1～2次检疫性有害生物识别培训班，不断更新知识，提高检疫人员自身业务素质。建立植物检疫员考核制度，定期审验植物检疫员证。

（二）强化宣传培训，加大执法力度

做好植物检疫工作离不开社会力量的支持和公众的参与，要大力宣传和普及植物检疫知识，进行多渠道、广角度宣传。让社会各界理解和支持植物检疫工作，让广大群众了解植物检疫法规，掌握疫情传播、危害及防控的基本知识，营造良好的植物检疫防控氛围。在植检执法人员少而现阶段增加人员又较困难的情况下，可将各县（市、区）植物检疫员集中起来开展跨区域联合执法，增加执法力量，体现植检执法的严肃性，相互监督，避免人情关系。联合执法实际上也是异地执法，能够避免本地执法时，由于人情关系让一些育种单位有弄虚作假的机会。如育种单位有多大面积繁种田、多少个品种，联合执法时当场查证，相互监督。对执法人员要加强相关法律法规培训，严格执法程序，真正做到文明执法。进一步加强市场及流通过程中检疫检查力度，各地检疫部门要搞好沟通协调，严禁无证调运。加强与工商、公安等部门的合作，协调联动，提高执法力度。

（三）强化技术规范，完善支撑体系

成立由植物检疫机构和科研院校组成的专家组，开展多种检疫性有害生物的快速鉴定、监测和防控技术研究，并对检疫人员提供必要的业务培训及技术支撑。根据有害生物适生性研究及农作物的布局，结合农产品运输情况，提出不同时期、不同阶段需要重点阻截的有害生物，制作图册，提供有效的监测手段。根据种子的调运情况，建立专家风险评估制度，对调入地开展农业有害生物的风险评估，从源头上对潜在的风险进行综合评估，将监管风险降至最低。结合掌握的情况，对可能发生的危害因素采用多种技术，包括风险识别、危害识别、地域识别、变异识别、野外识别以及远程识别等，提高预防与预测的准确性，减少外来有害生物对生态环境的影响。从实际情况出发，开发建设一个科学性完整、层次性分明、兼具前瞻性和开放性的植物检疫标准化系统，其中包括植物检疫的基础性标准、技术性标准、除害处理标准等。逐步实现网络化标准服务，使标准真正实现查得到、找得准、用得上、全面普及，实现检疫监管标准化工作的效率和透明度，为全社会提供及时、准

确、高效、权威、便捷的标准信息服务。

（四）强化检疫平台，健全监管档案

扎实推进信用体系建设，开展企业信用评价，探索完善生产经营单位的分类、分级监管模式。开展诚信企业创建活动，对诚信企业实行动态管理，对不符合条件的要及时采取整改措施，整改不到位的取消其诚信企业的称号；对依法规范、信誉优良的企业，通过宣传等措施加以扶持，发挥其示范带动作用。对达到规范建设标准、台账记录完整、诚信经营和质量意识强、积极参加相关培训、主动配合执法监管工作的生产经营单位和人员进行表彰。对消极对待执法监管、经常出现检疫问题的失信生产经营单位，列入黑名单进行重点监控。对主体实行信用分类评价，全面落实分类管理制度，对诚信度高的主体提供优惠和便利条件，促进生产经营；对失信违规企业，加大惩处力度，促使主体诚信守法。对辖区内经销水稻、玉米、西瓜等种子的单位或个人实行植物检疫登记备案核证管理，也就是说种子经营企业代理在每批次种子入库后，且在植物检疫证书有效期限内，凭植物检疫证书（原件）、入库单、代销点经营人员名单、代销点种子调拨单（原件）到植物检疫部门登记备案，检疫人员核查植物检疫证书登记的品种、数量与代销点调拨单的品种、数量总数是否一致，一致的才能备案；若出现"以少报多、物证不符"现象，则要求其补办检疫手续后给予备案，从而达到种子经销"一户一档"，促进种子市场植物检疫的规范化、法制化管理。结合疫情普查，建立植物检疫申报制度。种子生产经营单位要按照《植物检疫条例》规定，在每年年初如实向当地植物检疫机构申报检疫。检疫机构应建立产地检疫档案，根据申报认真填写产地检疫档案表。生产企业填写产地检疫报告单后，经检疫部门现场勘查无检疫危险存在方可申报生产。经营单位在调入种子前，必须开具检疫要求书，根据检疫要求书到对方检疫部门开具检疫证书，方可调运。对需调出的种子，凭产地植物检疫证书进行调运。

（五）加强联防联控，深化防控阻截

加强与相关部门沟通协作，做好调运植物检疫管理工作。做到严格把控调运检疫关，防止检疫性有害生物由疫区向非疫区的传播和扩散。调运植物检疫管理工作单靠植物检疫机构很难做好，需要加强与相关部门沟通协调，如公安、出入境检验检疫、工商、铁路、民航、交通道路、邮政管理等部门。相关部门间应建立信息通报制度，互通情况，增强了解与配合，解决好"交叉执法"的矛盾，共同做好检疫监管工作。检疫监管的根本目的是防范疫情的蔓延和危害，要围绕重点区域、重点作物和重大疫情，分类管理，科学监测防控。根据农业部重大植物疫情阻截带建设方案的要求，突出抓好境外检疫性有害生物的阻截和境内有害生物的防控，严防重大植物疫情对粮、棉、油、菜、果等主要作物的为害。对重点疫情发生区，通过行政推动，加大专业化统防统治力度；涉及跨区发生的疫情，强化联防联控，严防疫情扩散

蔓延和暴发成灾；对局部新发和突发疫情，强化应急防治和根除扑灭措施；对非疫区和保护区，加强疫情监测力度，必要时设置检查站点，防止危险疫情传人。

（作者为温州市植检站副站长。定稿于2014年3月）

以整建制统防统治促增产增收保安全

林世聪

筱村镇是泰顺县粮食生产和农业特色大镇。全镇总人口3.7万人，总户数1.16万户，拥有耕地面积1.39万亩，基本上属于一家一户分散种植的农业生产模式。近年来，随着农村青壮劳动力外出经商或打工，务农劳动力出现结构性短缺，使得病虫害防治这一粮食生产过程中用工最多、强度最大、技术要求最高的环节遇到了很大的困难。针对这些情况，我们大力推进以散户为主的整建制统防统治工作，并取得了一定成效。

一、主要做法

(一)扩大宣传示范

泰顺县永丰植保专业合作社是泰顺县首家植保专业合作社，于2007年3月设立并开展服务。由于筱村镇耕地面积分散，户均种植规模小，最初在农户中推进统防统治也遇到一些阻力。在县、镇政府和植保部门的指导下，我社做了大量宣传示范工作。印发《致参加统防统治农友的一封信》，在村庄、田园悬挂宣传横幅；组织农技人员、村“两委”干部、合作社社员及示范农户，深入农户、田间宣传；通过观摩会、培训会以及电视台、农业信息网、农民信箱等进行宣传，努力营造统防统治工作的良好氛围。2007年，我社实施统防统治服务面积1511亩。通过服务示范，统防统治服务受到了越来越多群众的认可，2013年统防统治服务面积11365亩。6年间统防统治服务面积增长近8倍，全镇水稻统防统治基本达到全覆盖。

(二)依靠行政推动

筱村镇统防统治工作的推进，得益于政府对此项工作的重视。为推进统防统治工作的有序开展，筱村镇成立了以分管农业副镇长为组长，由责任农技员、驻村指导员、植保合作社负责人、村“两委”主要干部为成员的领导小组与实施小组，齐抓共管，层层落实责任。依托村“两委”农村基层组织的核心作用，以行政村为单位，由村“两委”组织发动，促成我社与农户签订统防统治服务协议，形成逐村推进的格局。

(三)精心组织实施

我社从2007年开展统防统治工作以来,服务规模不断扩大,2010年9月注册"永丰"服务品牌,目前拥有合作社社员148人,服务队成员210人。合作社按照"农民自愿、政府支持、市场运作、管理规范"的原则,以市、县植保站的技术为依托,实施统一防治人员、统一防治时间、统一防治药械、统一防治配方、统一施药技术、统一防治检查的"六统一"服务。作业环节上,做到合理安排人员、器械。对于地势较平田块,每防治组6位机手配6台机械,并配套2人配药、4人挑水;对于山高路陡的田块,每防治组1位机手配1台机械,并由1人跟随配药挑水。每台机械日作业量可达25～30亩,提高了作业效率。同时,建立统防统治田间档案。每个服务队把服务的农户数、面积、用药情况、防治时间、机型、兑水量、天气、作物生长期和防治效果等记录在案,形成植保服务的可追溯机制。

(四)促进技术到位

我社坚持"预防为主、综合防治"的植保方针,坚持"无病虫不治、不达标不治"的原则,依托市、县植保站以及镇农技综合服务中心的技术支持和工作指导,借助长垟村病虫测报点的有利条件,及时掌握水稻病虫害发生动态,并按照县植保站的农药配方和防治技术进行规范操作,保证防治技术到位。在防治作业完成后,及时组织各小组对服务片区进行施药质量、防效抽查,对不达标的田块进行补治,以确保达到满意的防治效果。做好安全科学使用农药,全面推行水稻重大病虫综合防治和农药减量控害技术,禁止使用高毒、高残留农药,推广高效、低毒、环境友好型新农药,如康宽、垄歌、吡蚜酮、好力克、爱苗等。

(五)融合绿色防控

我社在统防统治的基础上融合绿色防控技术,在镇农技服务中心的帮助下,在长垟村建立了700亩的稻田绿色防控示范片,选用抗病品种,开展大棚集中育秧;推广灯光和性诱剂诱杀技术,每30～50亩安装1盏太阳能杀虫灯,每亩投放性诱剂瓶1个。选用高效、低毒、低残留、环境友好型农药,做到前期、中期不用药,中后期抓关键节点用药,严格控制农药使用,讲究防治质量。设立绿色防控区、农民自防区和不防治对照区,在每次防治前后,开展定点不定期调查,及时掌握病虫发生动态。同时,开展绩效评估,调查绿色防控防虫效果和保护生态、减少农药用量、挽回产量损失、投入产出比等,全面评估绿色防控成效。

二、主要成效

(一)促进植保社会化服务

通过整建制推进统防统治,形成了"农民种田我服务,农民打工我管田"的服务模式，不仅解决了全镇三分之一以上外出农民田间管理的后顾之忧，促进农村劳动力转移，保障粮食正常生产，而且也有利于促进农业社会化、专业化服务业态发展，提高病虫害防控组织化程度。

(二)促进粮食增产增收

整建制推进统防统治以来，改变了以往病虫害防治靠农户单打独斗，出现防治不及时或重复防治等现象，有效促进了粮食增产增收。据2010—2013年调查测算，实施统防统治区与非实施区相比，每亩减少农药防治次数1.23次，减少农药用量229.5克，减少农药费用22.9元，节省人工费用23.4元，每亩增产稻谷59.1千克，每亩增收247.91元。四年间统防统治区累计增收1063万元，增产增收效果十分显著。

(三)促进农产品质量安全

据2010—2013年调查统计，统防区亩均用药量500克，比自防区亩均用药量(700克)减少200克，相比2007年以前全镇农田亩均用药量(1500克)减少一半以上。统防统治在选药、用药上更加科学合理，农田用药总量减少，高残留农药使用得到控制，有效减少了农产品农药残留，促进了农产品生产质量安全。

(四)改善农业生态环境

统防统治区农药包装物及时收回，有效减轻了农业面源污染；同时，统防统治区减少用药次数和用药量，有效控制高剧毒和菊酯类农药使用，保护了天敌，从而使农田生物结构起了变化，自然控害作用上升，农业生态环境得到改善。

三、工作体会

(一)政府推动是做好整建制统防统治工作的关键

在统防统治推进上，各级政府参与宣传发动、加强技术指导、实施全程监管，让广大农民群众亲身感受到政府亲农爱农的情谊和行动；落实统防统治补助政策，让参与统防统治的农户得到实惠，也调动了自防农户的参与积极性；重视对服务组织的培育指导，提高了服务组织防治实效和工作积极性，促进了服务组织健康良性发展。

(二)服务组织是做好整建制统防统治工作的基础

服务组织是统防统治工作开展的主体，是核心。主体强大才能保证统防统治顺利实施。加强统防统治服务组织的队伍能力建设，打造能打胜仗、技术过硬的专业化防治队伍，才能切实促进粮食增产、农业增效和农民增收，才能使整建制统防统治顺利推开。

(三)科学防治是做好统防统治工作的保障

统防统治工作的推进,得益于各级农业植保部门病虫害发生趋势的科学判断、病虫监测成果的支持,以及先进植保药械的推广应用。有了植保专家制定的防治策略、防治方法和操作规程,有了技术、器械的支撑,植保组织才能有底气去实施专业化统防统治,才能做到科学防治。

几年来,我们在整建制统防统治工作推进上做了积极的探索,并取得了一定成效。下一步,我们将积极拓展服务功能,探讨、实践跨乡镇作物病虫害统防统治工作,逐步扩大防治服务面积;实现服务业务多元化,开展杨梅、茶叶等病虫害统防统治,增加防治作物种类;开展集中育秧、插种、收割、烘干、储藏等服务,逐步拓展服务内容。同时,完善组织自身发展,建立健全科学有效的内部运行机制,促进合作社规范运作;落实服务人员意外保险,解决后顾之忧,确保队伍稳定;加强队伍与装备建设,提高综合业务素质,增加防治能力,提高防治效率。

(作者为泰顺县永丰植保专业合作社社长。定稿于 2014 年 3 月)

把带动散户作为统防统治整建制推进重点

周永亮

自2014年以来，从中央到地方各级政府更加高度重视农业和粮食生产，更高要求、更严标准、更大力度提出了“确保粮食安全”、“保障农产品质量安全”、“推进生态文明建设”、“创新农业经营机制”等重大决策部署，对新形势下的植保工作尤其是植保统防统治工作提出了更高要求，也提供了更好契机。为更好地贯彻落实“科学植保、公共植保、绿色植保”理念，进一步创新植保统防统治服务机制，有效破解“为散户服务”难、“为散户服务”少、“为散户服务”忧的问题，在省农业厅和省植物保护检疫局的关心、重视与支持下，2014年绍兴市以散户为突破口，探索推进植保统防统治整建制服务试点工作。

一、近几年绍兴市植保统防统治工作实践

2007年以来，绍兴市各级各部门认真贯彻落实农业部、省农业厅一系列文件和会议精神，针对基层植保力量薄弱、病虫预报信息传递不畅和防治技术到位率低等问题，加快构建“公共植保”体系，扎实推进植保统防统治工作，取得了可喜的成效。植保统防统治专业化合作组织不断壮大，从2007年的62家植保(粮食、农机)合作社发展到2013年的282家，从业人员从449人发展到2300余人，诸暨市新南植保合作社、上虞市虞东粮食专业合作社等10余家合作社相继被评为全国农作物病虫害专业化统防统治示范组织、浙江省示范性植保服务组织；服务面积不断扩大，从2007年的6.6万亩扩大到2013年的35.48万亩，累计实施面积达156.69万亩；防治作物不断延伸，从2007年的纯水稻作物延伸到2013年的水稻、茶叶、蔬菜等作物；补贴资金不断加大，从2007年财政补贴每亩20元提高到2013年每亩40元，全市各级财政补贴资金从2007年的132万元扩大到2013年的954.57万元，累计补助资金超过5400万元。据典型调查，通过农作物病虫专业化统防统治，比非统防统治的农户平均每亩减少防治次数1.6次，减少农药成本31.54元，节省用工成本36.71元，每亩增产20千克，平均每亩节本增效128.25元，经济效益、社会效益和生态效益“三显著”。

在工作中，主要突出“五个注重”，即注重组织领导，积极争取政府领导、农业部门领导高度重视，并将统防统治工作列入政府粮食生产目标责任制考核、农业工作

目标责任制考核内容；注重政策扶持，对新成立的植保专业合作社给予0.5万～2万元补助，对统防统治器械给予补贴，提高统防统治标准每亩10元，对统防统治示范方给予奖励；注重指导服务，加强病虫监测，通过“手机短信通”、农民信箱等快捷途径发送防治信息，加强田间防治效果巡回指导；注重示范建设，每年建立水稻百亩以上示范方400个、示范面积6万亩以上，组织农户现场观摩；注重制度建设，制定植保机械管理、机手操作规程、收费指导价、农药采购、财务管理、防治效果等一系列规章制度，有序有力地推进了植保统防统治工作。

在植保统防统治逐年扩面的同时，仍然存在着一些突出问题，如近年植保统防统治推进势头有所减缓，每年增长速度仅为10%～20%；植保统防统治面积以种粮大户面积占绝大多数，有的甚至超过90%，而全市散户种植晚稻面积占晚稻总面积的80.9%，为散户开展植保专业化防治服务的认识不够深、比例不够大、机制不够活、持续性不够强。农户水稻病虫防治信息不对称、技术不到位、多防治多用药、防效不佳、产量不高等问题依然存在，为散户开展植保统防统治仍然没有取得根本性突破。为此，2014年绍兴市着手开展植保统防统治整建制服务试点，力求在为散户水稻开展统防统治服务上取得突破。

二、2014年绍兴市探索植保统防统治整建制服务试点打算

（一）总体思路

认真贯彻落实中央、省有关农业和粮食生产的一系列决策部署，按照《浙江省农作物病虫害专业化统防统治管理办法》，牢固树立“科学植保、公共植保、绿色植保”理念，旗帜鲜明地把植保统防统治工作与实施“五水共治”和确保粮食安全、农产品质量安全、农业生态安全紧密结合起来，在加强粮食规模经营、推进面上植保统防统治的基础上，进一步创新植保统防统治服务机制，以对散户水稻（重点是晚稻）开展植保专业化统防统治服务为突破口，在全市范围内开展植保统防统治整建制服务试点，有效破解千家万户病虫防治这一最大难题和最后一公里问题，有效破解种田难、种田烦等突出难题，扎实推进植保专业化、规范化、社会化服务，有力促进农药减量、成本减轻、污染减少，全力保障水稻增产、农业增效、农民增收。

（二）试点目标

在绍兴市范围内开展植保统防统治整建制服务试点，2014年每个区、县（市）先行确定1个试点示范镇、1～2个整村制、1～2个示范畈开展为散户服务的植保统防统治整建制服务。2014年，全市植保统防统治服务面积50万亩。组织召开全市植保统防统治整建制服务试点工作会议，及时交流、完善并逐步扩大示范。2015年全市扩大试点示范，进一步完善提升植保统防统治整建制服务机制，包括

延伸到统一品种、统一栽插、统一防治、统一管理、统一收获等全程作业服务环节，力争为散户提供统防统治服务面积占统防统治总面积的30%，2016年提高到40%，2017年提高到50%。

(三)服务模式

1.整村制服务模式

由村集体牵头组建植保服务组织，为全村农户(含大户、散户)水稻开展一季全程施药防治服务。植保服务组织收取每亩水稻防治服务费。

2.整畈制服务模式

服务组织为500亩以上的整个田畈的农户(含大户、散户)水稻开展一季全程施药防治服务。植保服务组织收取每亩水稻防治服务费。

3.整社制服务模式

服务组织(合作社)为社员、种粮大户、散户水稻开展一季全程施药防治服务。植保服务组织收取每亩水稻防治服务费。

4.防治服务换种植权模式

服务组织为村民早稻生产提供包括植保统防统治服务在内的社会化服务，换取连作晚稻种植权。

(四)运作机制

按照植保统防统治整建制服务试点“可看、可听、可持续”方针，坚持政府支持、市场运作、农民自愿的原则，引导、突破、规范为散户水稻提供的植保统防统治服务模式，大力支持村集体服务组织开展植保统防统治公共服务(对村级公共服务组织给予单独奖励)，激励发展专业合作社、种粮大户(家庭农场)、专业社会化服务组织开展植保统防统治社会化服务(对为散户提供服务部分面积提高补贴标准)，整合人员、技术、项目等资源集中推进，做到村级组织有动力、服务组织有利润、被服务农户有实惠，使试点工作可操作、有生命力、能推广。

(五)保障措施

1.加强组织领导

切实加强植保统防统治整建制试点工作组织领导，建立由市农业局局长任组长的工作领导小组，下设由市农业技术推广站站长任组长的实施小组，市、区、镇、村统一协作，粮油、土肥、植保、种子、农机部门相互融合。将植保统防统治工作列入市政府对区、县(市)政府的粮食生产目标责任制、“五水共治”目标责任制考核内容和市农业局对区、县(市)农业局的农业工作目标责任制考核的重要内容。

2.加大政策扶持

在全面执行省定每亩植保统防统治补贴40元的基础上，绍兴市财政对市本级整村制推进植保统防统治服务的，再给予村级服务组织15万元的奖励；对为散户开展统防统治服务部分面积，再给予每亩30元的补贴；对以整畈制植保统防统治的水稻高产示范方，分别给予3万～10万元以奖代补；对服务组织给予植保器械等补助；对各区、县（市）植保统防统治试点列入粮食生产工作综合考核并给予奖励。

3.加强防治保障

加强对水稻植保统防统治的风险保障，绍兴市财政提高了水稻政策性保险的保费补贴，由省定补贴93%提高到98%；对整村制试点的服务人员给予人身意外保险等必要保障，实行服务人员服装、器械、药剂等统一。建立市级水稻灾害损失评估专家组。

4.加强技术指导

将植保统防统治整建制服务试点作为2014年粮食生产特别是植保工作的核心工作任务来抓，切实在人力、物力、财力上提供保障，切实在整建制试点村、畈、社加强技术指导服务，切实在病虫监测、防治器械、防治药剂、防治时效等加强技术指导，既探索服务机制，又追求服务成效。

5.加大宣传示范

建立植保统防统治整建制服务示范区（方），及时总结好的典型和做法，充分利用培训会、现场会、观摩会、交流会等多种形式和报纸、电视、网络等多种媒体，切实加强示范、宣传和引导，更好更快地推进植保统防统治工作。

（作者时任绍兴市农技推广总站站长。定稿于2014年3月）

积极探索农药污染治理模式

徐南昌

农药是农业生产的重要生产资料，安全科学使用农药，能有效控制农作物病、虫、草、鼠危害，夺取农业丰收。如果违反安全科学使用农药的有关规定，不仅达不到控制农作物病、虫、草、鼠危害的目的，而且会影响施药人员和农产品食用者的身体健康，造成农作物药害，破坏农田生态环境，并造成对水体的污染。农药污染治理关键问题是农药的减量、高毒高残留农药的禁限用、农药废弃包装物无害化处理等。如何破解这些难题是当前和今后植保部门不可推卸的责任。

一、农药污染现状

（一）农药污染的形式

农药污染的形式主要表现在五个方面：一是对水体的污染。降水形成的径流和渗流将农药及其添加剂带入水体，在一定程度上造成水质恶化。二是对耕作层的影响，如大量使用草甘膦进行化学除草，使杂草不仅茎叶枯死，而且地下根系同时腐烂，根系的固土功能遭到破坏，涨水时大量表土被冲刷走。三是对农田生态的污染。在农药高用量区，青蛙、鱼类大量减少，稻田中黄鳝、泥鳅绝迹，稻田害虫天敌蜘蛛、草蛉、食蚜蝇等大量被杀死，天然生物链被破坏，引起害虫猖獗。四是对农产品的污染。农药使用后，在一定时间内都有部分残留在农作物上，导致农药残留，影响了农产品质量安全。五是农药废弃包装物乱丢乱扔对环境造成的影响。

（二）农药污染治理的困难

当前，农药污染治理的困难主要表现在以下几个方面：

1. 农药减量难

一是当前农作物复种指数高，农药化肥用量减少比较困难。二是全球气候异常，病虫发生复杂，突发性、暴发性病虫发生频繁，要控制其发生蔓延，使用农药仍然是最有效的手段。三是大多数散户植保技术素质呈下降趋势，科学用药水平总体不高。四是政府对绿色防控投入少，影响绿色防控技术的推广应用。

2. 统防统治推进难

一是劳动力成本上升快，统防统治服务成本支出增大。二是财政补贴标准低，部分县地方配套经费不能落实，影响农民和合作社积极性。三是病虫发生日趋复杂，统防统治服务工作风险增加。四是统防统治额外增加了农业植保部门的工作和责任，又无工作经费保障，削弱了推进的后劲。

3. 农药废弃包装物处理难

一是回收难。目前我市农药废弃包装物的回收估计在15%左右，而大多数农药废弃包装物被遗弃在田间地头，由于新农村建设日常工作主要是处理生活垃圾，没有有效的回收农药废弃包装物的激励机制。二是处理难。回收来的农药废弃包装物，有一部分洗干净后可以被农药生产企业收回或废品站收购，但大部分铝箔袋包装物没有任何价值，没有有效的无害化处理机制。

二、衢州市农药使用存在的问题

自2007年以来，我市农药使用总量减少明显，从2007年的近9000吨下降到2013年的6500吨，减量高达27.8%。但是，我市在农药使用方面仍然存在以下几个不容忽视的问题：

（一）农药使用强度仍然较高

2012年，全市农药使用量为6783吨，亩均使用量为1.8千克(未折纯)，接近全省平均水平。

（二）有机磷农药使用比例较大

2013年11月开展的共建生态家园专业调查发现，我市使用量较大的农药品种主要是有机磷类、菊酯类、氨基甲酸酯类等，有机磷农药使用量占66%。而有机磷农药的大量使用，是造成水污染和水质总磷超标的因素之一。

（三）高毒农药销售滥散

据2013年对我市8家农药经营单位的调查发现，8家农药经营单位共销售高毒农药78吨，销售额214.4万元，分别占其农药销售总量的3.00%、2.81%。我市农药经营主体多，高毒农药销售混乱，不利于高毒农药的限制和控制使用，是农业生态安全的潜在隐患。

（四）高效低毒农药使用有待扩面

据2013年调查结果，全市高效低毒农药的使用量占65.25%(按质量比)，离80%的目标还有相当差距。其中调查的14家家庭农场高效低毒农药使用占比较高，达到97.96%，但散户的高效低毒农药使用率不容乐观。高效低毒农药使用仍有待进一步扩面。

（五）农药使用效率较低

一是大多数农户仍在使用老式手动喷雾器，“跑、冒、滴、漏”现象严重，损耗高、效率低，影响防治效果；二是小包装农药使用仍占相当比例，黏附在铝箔袋内壁的农药很难利用，造成浪费；三是目前农药的使用由老弱病残等素质较低的人群承担，乱用药、滥用药、盲目用药现象较普遍。

（六）农药废弃包装物回收机制落后

调查发现，大多数农户对农药废弃包装物存在乱扔乱丢现象，而家庭农场（合作社）由于统防统治的考核对农药废弃包装物都建立了回收机制，回收后大包装塑料瓶（已清洗）可以再利用或被收购，但铝箔袋处理没有有效办法。

三、农药污染治理的措施和模式

（一）农药污染治理目标

按照“五水共治，共建生态家园”行动的总体部署和要求，我市到2016年底农药污染的治理要达到以下三个目标：一是农药使用量与2012年相比减少12%；二是农作物病虫统防统治面积达到60万亩；三是农药废弃包装物回收率达到30%以上。

（二）农药污染治理的技术措施

1.实施高毒农药定点经营

虽然国家对高毒、高残留农药的禁限用规定和淘汰低含量草甘膦系列除草剂生产、使用等政策相继出台，但是目前还不可能禁止高毒农药的销售和使用。因此，实施高毒农药定点经营，是限制和控制高毒农药使用的有效办法。具体方法是：设定高毒农药定点经营单位；在销售时必须要求购买者出示相关证明和个人身份证；实行实名购买，建立销售台账。

2.加大植保新技术、新产品推广应用力度

一是要加快引进植保新技术、新产品的步伐，积极引进一批高效、低毒、低残留农药和先进药械，加大绿色防控技术、农药减量技术和农药科学安全使用技术的推广应用；二是加强对高效、低毒、低残留农药和先进植保机械使用技术的宣传和培训；三是结合衢州实际，做好高效、低毒、低残留农药重点品种的推荐；四是规范统防统治用药，提高高效、低毒、低残留农药使用面。

3.积极推进农作物病虫专业化防治

一是做好参谋，使政府领导认识到统防统治是农药减量的重要手段和农药污染治理的重要抓手，争取领导层面的重视和支持。二是加强引导，使广大农民认识到统防统治的好处，使他们加入到合作社，扩大统防统治的影响，进而推进统防统治工作的开展。三是注重服务。植保部门要建立植保专业合作社负责人和植保员的长效技术培训机制，强化技术指导联系人制度，并为合作社与农资企业合作牵线搭桥，当好农药采购的参谋。四是强化技术指导。植保部门工作人员要下基层、接

地气，现场指导病虫监测，及时把病虫情报传递到每个合作社手中，确保用准药、适量用药。

4. 建立农药废弃包装物回收处理机制

一是加大统防统治农药废弃包装物回收考核力度；二是政府设立专项经费回收农药废弃包装物并进行无害化处理；三是对使用高效低毒大包装农药的合作社(家庭农场)给予补贴。

(三)农药污染治理模式

2014 年是农业面源污染治理的关键年，从农业面源污染调查和专业调查情况分析，要在农药污染整治中取得实效，实现农药治理目标，各地可结合实际，采取以下三种类型的治理模式：

1. 农药管理型

适用范围：一家一户的农民。主要是加强农药质量管理、技术管理，通过植保新技术培训，普及植保知识，保障农药质量安全，提高农民购药用药水平，达到少用、不用高毒农药，减少化学农药使用次数和使用量，确保农产品质量和生态环境安全的目的。

具体措施有：一是实施高毒农药定点经营。设定高毒农药定点经营单位；在销售时必须要求购买者出示相关证明和个人身份证；实行实名购买，建立销售台账。二是加大农药执法力度，严厉查处非法添加隐性成分假农药、劣质农药和标签不规范农药。三是做好主要农作物病虫的监测预警，提高病虫情报准确率。四是加快引进高效、低毒、低残留的环境友好型农药，并开展试验示范，确定重点推荐的基本农药。五是利用电视、报纸、网络、农民信箱、黑板报和技术资料等做好植保知识的宣传；采用会议、现场指导、视频等形式重点对种植大户、家庭农场主、植保专业合作社负责人、植保员进行植保技术和农药安全使用技术的培训。

2. 统防统治型

适用范围：植保专业合作社、家庭农场等。主要是通过培育发展植保专业合作组织，推进和规范专业化统防统治，强化技术指导，有效控制农作物病虫危害，达到农药用量减少、农药废弃包装物回收率提高、农产品质量安全的目的。

具体措施有：一是按“七个一”要求(即一个法人主体、一处固定的办公和仓储场所、一名植保员、一支机手队伍、一组植保机械、一套技术规程、一本田间档案)培育和规范植保专业合作组织。二是各级农业主管部门要整合资金和技术力量，加大扶持力度，积极推进农作物病虫专业化防治工作的开展；各级植保部门必须建立联系人制度，及时提供病虫情报和技术，做好技术指导和植保员、机手的培训。三是植保专业合作社按照“服务到农户、田间档案到田块、农资采购到品种、操作规程到机手”的要求，做到农药使用的“统购、统供、统配、统施”，确保实现减量控害增效目标。

3. 绿色防控型

适用范围:农业"两区"、示范性家庭农场和植保专业合作社。主要通过采取生态调控、生物防治、物理防治和科学用药等环境友好型措施达到农药减量目的。

具体措施:一是各级政府要加大对绿色防控产品及绿色防控技术应用的支持力度,出台补贴政策。二是农业"两区"、示范性家庭农场和无公害绿色农产品基地要大力推广应用农作物病虫绿色防控技术。三是加强绿色防控技术的宣传培训和指导,培育绿色防控农产品品牌。

四、几点建议

(一)围绕"五水共治"这一中心工作

建议省植物保护检疫局尽快组织有关专家制定相关作物特别是水稻病虫防治技术模式图,如农药减量技术模式图、绿色防控技术模式图等,印制后发放到村,破解减量技术到位率低的难题。

(二)围绕统防统治的规范

建议省植物保护检疫局抓住当前利好时机,争取省财政相关政策对农药废弃包装物回收处理工作的支持,并在植保专业合作社先行先试,破解农药废弃包装物回收难题。

(三)围绕绿色防控技术的推广

建议省植物保护检疫局争取省财政对绿色防控产品进行补贴,破解绿色防控措施落实难题。

(作者为衢州市植物保护检疫站站长。定稿于 2014 年 3 月)

着力提升重大农业植物疫情防控水平

张大斌

植物检疫是农业生产安全的重要保障。临安市位于浙江省西北部，东临杭州，西接安徽，是太湖和钱塘江两大水系的源头，肩负着守好浙江西北大门、把好植物检疫关的重要使命。为有效阻截外来植物疫情传入与扩散蔓延，自2008年以来，在浙江省农业厅、杭州市农业局的大力支持和精心指导下，临安市切实加大重大植物疫情阻截带建设，着力提升疫情监测预警水平、重大植物疫情处置能力，逐步完善疫情监测网络，筑起了防止疫情扩散蔓延的多道防线，疫情阻截防控工作取得了明显成效。

一、抓宣传教育，努力营造群防群控氛围

植物检疫工作涉及面广，必须依靠社会各界和人民群众协力推进。近年来，我市广泛开展植物检疫科普教育，有计划、有步骤、有针对性地开展宣传培训，疫情防控知识得到较好普及，种子和苗木调运检疫率逐年提升，群防群控格局基本形成。

（一）多渠道开展普及宣传

近五年来，通过广播电视、报纸、网络等各种媒体进行植物检疫科普教育75次，通过科技下乡、宣传进村进小区、驻村蹲点等各种活动发放宣传资料3550份，通过浙江农民信箱每月发送一条疫情防控知识短信，月受众达3.2万人次，制作扶桑绵粉蚧防控专题片一部，在临安电视台《天目聚焦》栏目中播出。

（二）多层次进行培训指导

以“两大户一干部”为重点，有针对性地开展宣传培训和技术指导。对种植大户重点开展产地检疫、疫情防控知识宣传培训，对贩销大户重点开展调运检疫、疫情知识和防范措施宣传培训，对各级领导和基层干部专门赠送植物检疫知识宣传手册。五年来，共组织开展各类针对性培训12次，培训人员340人次，全市甘薯种植户、经销户已充分了解防控甘薯小象甲疫情的重要性，西瓜、蔬菜专业大户已基本掌握黄瓜绿斑驳病毒病的传播途径和预防措施，广大基层干部和市民也对扶桑绵粉蚧和加拿大一枝黄花的危害性形成了高度警惕。

(三)多形式营造防控氛围

在抓好日常宣传培训的同时,为进一步扩大声势,营造氛围,提升群防群控快速反应和协同作战能力,2011年7月,临安市在板桥镇花戏村甘薯种植基地组织开展了检疫性有害生物甘薯小象甲入侵防治应急演练。这次实战演练,给重大农业植物疫情防控指挥部成员、种植大户、贩销大户以及基层农技人员上了一堂生动的实践课,也在各级领导和人民群众当中起到了很好的宣传效果。

二、抓疫情监测,着力提升科学防控能力

(一)科学布局监测网点

在疫情监测点的设置上,遵循"统一规划、综合考虑、科学设置、合理有效"的原则,结合国内外和周边地区疫情发生趋势、临安市植物疫情发生特点和本地优势作物布局实际,以浙皖两省交界处、主要农作物生产地与种苗繁育地、疫情发生中心及其周边区域为重点,科学合理布局疫情监测点。目前,我市设置疫情监测点7个,监测范围覆盖7个优势作物主产镇街,监测对象涉及甘薯小象甲、扶桑绵粉蚧、梨树疫病和黄瓜绿斑驳花叶病毒等,扶桑绵粉蚧、甘薯小象甲等疫情发生中心区监测面积1300余亩。

(二)规范实施监测预警

切实加强重大农业植物疫情监测预警管理,指定专人,落实责任,严格按照省植物保护检疫局制订的疫情监测技术方案,采用系统监测和全面普查相结合的方式,进行疫情监测、调查、记录和报告,一旦有突发疫情和新传入疫情,立即逐级上报,及时采取有效措施加以封锁、控制和扑灭。2009—2013年,临安市及时发现了甘薯小象甲、扶桑绵粉蚧和四纹豆象等3种检疫性有害生物,充分发挥疫情监测"前哨"作用。

(三)加强疫情调查研究

通过对甘薯小象甲、扶桑绵粉蚧的田间调查和技术研究,基本掌握了甘薯小象甲和扶桑绵粉蚧的寄主范围、发生规律、主要传播途径、天敌种类以及自然环境下的扩散能力等,明确了甘薯小象甲在临安不能露地越冬特性,提出了薯种分拣和药剂处理可防止其疫情扩散蔓延的技术措施,筛选出4种扶桑绵粉蚧速效和长效防治药剂,制定了扶桑绵粉蚧"不同作物选用不同药剂、速效与长效结合、熏蒸触杀与内吸传导"等相结合的综合防控策略,为科学有效防控提供技术支持。

三、抓检疫监管，有效遏制疫情传播蔓延

（一）建立应急处置体系

成立重大农业植物疫情防控指挥部，由分管副市长任总指挥，农业、林业、财政、交通、科技、环保、建设等部门为成员单位。建立市、镇、村三级防控责任体系，层层签订植物疫情防控责任书，每个镇街都成立植物疫情防控小组，重点村组建专业防控队。制订重大农业植物疫情应急处置预案，一旦发现疫情，市重大农业植物疫情防控指挥部将迅速采取措施，对疫情实施封锁扑灭，确保农业生产安全。

（二）分类实施防控阻截

根据我市疫情发生种类、疫情发生区域及其发生特点，制订疫情封锁、控制和扑灭防控技术方案，实施分类施策，实现依法防控阻截。一是全面防除加拿大一枝黄花。六年来，累计铲除加拿大一枝黄花1100亩次，发生范围由15个镇街缩减为13个镇街，面积由280亩下降到70亩。二是有效封锁扶桑绵粉蚧。组织专业化防控队伍，统一时间、统一药剂、统一措施对目标区域进行防除和控制，使扶桑绵粉蚧疫情持续控制在初发地周边三个小区和两条绿化带范围内。三是彻底扼杀甘薯小象甲和四纹豆象。对于甘薯小象甲和四纹豆象两种突发疫情，采取快速有效扑灭措施，将疫情扼杀在萌芽状态，经几年的持续监测，未发现其疫情死灰复燃。

（三）加强疫情检疫监管

做好植物和植物产品的产地检疫、调运检疫、市场检疫和执法检查，是拦截疫情的重要举措之一。我市是“中国迷你番薯之乡”，甘薯贩销调运频繁，检疫性有害生物甘薯小象甲传播与蔓延存在较大潜在风险。一方面，我们切实加强植物检疫监管力度，采取分设甘薯进货、分拣和销售等不同环节场所，建立块薯销售登记制度等一系列措施，使薯种薯品安全调运，产品来源明确并可追溯；另一方面，加强对种植户、贩销户的沟通和服务，宣传植物检疫知识，规范简化检疫开证手续，使生产经营户从“要我做”变成“我要做”，有效地防范了甘薯小象甲的人为传播。同时，加强与上级植检机构的纵向联系，及时沟通汇报，抓好疫情传入传出的源头控制；加强与市森防站等林业部门的横向合作，农林植物检疫联合执法形成常态化，全市植物疫情防控工作更为广泛和深入。

通过几年来重大农业植物疫情防控阻截工作的实践和探索，我们有以下三点体会：

1. 深化宣传是基础

当前，我市植物检疫工作存在着人单力薄、经费短缺、监管难以到位等问题，这些问题在短期内还难以解决，必须借助广大人民群众的力量，提升人民群众的植物

检疫意识,形成群防群控局面,才能最有效地做好植物检疫工作。

2.提升技术是保障

无论是检疫性有害生物的封锁扑灭,还是外来入侵生物的防范防控,都离不开科学技术手段。如开展扶桑绵粉蚧和甘薯小象甲发生规律和防治技术的研究,为科学有效防控疫情提供了技术保障。

3.加强合作是关键

加强疫情监测,及早把握动态,并通过多层次多部门合作,合力把疫情控制在源头,保障农业生产和生态环境的安全。

(作者为临安市农业局副局长。定稿于2014年6月)

突出政府主导　坚持科学防控
全力抓好加拿大一枝黄花防控工作

戴晓忠

加拿大一枝黄花是近年来入侵舟山市的外来有害生物。在浙江省农业厅和市委、市政府的正确领导和大力支持下，舟山市坚持“政府主导、属地管理、重点区域、专业防治、群防群控”的原则，以“一岛两面、二十条线、若干个点”为重点防控区域，齐心协力，奋力除治，加拿大一枝黄花防控工作取得了很大成效，重点危害区域基本清除，集中连片区域逐步减少，有效地遏制了快速扩散蔓延势头。

一、取得主要成效

（一）入侵生物发生面积持续下降

自2010年以来，我市持续开展加拿大一枝黄花监测与防控工作，共投入防治经费1685余万元，使用投入药物达到38.3吨，劳力6.5万余工，防治面积11.17万亩次，复耕复种4810亩。到2014年5月为止，全市集中连片发生面积继续下降，除治重难点地块继续减少，“一岛两面、二十条线、若干个点”重点发生区域基本控制在零星轻发状态，较好地完成了省政府下达的任务。

（二）防控意识和防控技能不断增强

通过动员、宣传、培训和试验示范等，我市各级各相关部门对加拿大一枝黄花除治工作认识有了较大提高，机关干部职工、部队官兵、社会义工等社会力量积极投入除治行动。通过责任状的签订、专业队伍的组建、防控技术的推广等，保证了除治行动的扎实开展；全市上下“政府主导、属地管理、各方参与、群防群控”的格局基本形成，加拿大一枝黄花防控工作由临时性、突击性向经常性、规范化方向发展。在技术方面，经过近几年的探索和实践，基本形成了围绕梅汛期和夏季连续开展药除，秋季拾遗补阙进行拔割除的防控技术，并结合专业队的组建和防控技术的应用，取得较好的除治效果。

（三）重点区域扩散势头得到有效遏制

我市加拿大一枝黄花除治，推行的是以化学防治为主、农业防治为辅的策略，注重对其植株的扑、剿、灭、杀。通常重点发生区域经过2～3轮的药物除治，能起到有效扑灭地上植株的作用，加上翻耕复种、填土填渣、工程建设、秸秆还田等其他措施综合运用，可有效干预加拿大一枝黄花生长繁殖，缓解其迅速扩散蔓延势头。目前，舟山本岛集中连片发生面积大幅下降，重点难点地块治理效果明显，秋季遍地黄花的景象得到了实质性的扭转。

（四）新城等区生态面貌明显改观

通过我市各方共同努力，本岛范围内各条交通要道周边发生态势基本控制在零星轻发状态，沿线生态景观得以较大改观。新城区域、普陀山景区、岛北开发区等是全市防治重点和形象窗口，经过广泛深入的除治，中度发生区域花期基本无花，有效地维护了全市生态面貌和舟山群岛新区的良好形象。

（五）防控工作形成了稳定机制

一是形成了政府主导的工作机制。市、县政府坚持每年年初组织召开加拿大一枝黄花除治动员会，总结分析上年度除治工作，部署当年除治工作，并根据属地管理的原则，签订防控责任书，列入平安建设考核内容，使之成为各级政府和相关部门共同的责任，解决了农业部门有心无力问题。二是形成了相对稳定的疫情除治组织体系。建立了市、县（区）防控指挥部，市属相关责任部门指派了分管领导和联络员、乡镇副乡长和农办主任、行政村副主任以及专业除治队队长的防控组织保障体系，为疫情防控提供了组织保证。三是建成了疫情专业除治队伍。据统计，全市组建了专业队伍 75 支，计 398 人，基本满足了加拿大一枝黄花除治要求。四是形成了稳定可靠的经费保障机制。市财政每年安排加拿大一枝黄花防控专项资金 100 万元，县（区）按 1∶1 配套，用于农业用地上的疫情除治；非农用土地上疫情除治由相关责任部门结合实际，因地制宜落实防控经费。

二、主要做法和体会

（一）政府主导是前提

通过近几年的努力，我市基本建成了与加拿大一枝黄花监测防控相适应的组织保障机制，形成了“政府主导、属地管理、群防群控”的组织工作体系。目前已形成了市、县、乡三个大层面以及多个子层面的防治组织体系。市政府成立了重大农业植物疫情防控工作指挥部，由分管副市长任指挥长，成员涵盖了 2 县 2 区和市属 13 个职能部门，具体负责属地范围内的加拿大一枝黄花除治工作。市属各相关部门全部明确了分管领导和联络员，建立了“主要领导亲自抓、分管领导专门抓、责任处室具体抓”的工作格局。县、乡人民政府参照市里模式也组建了工作领导小组。于每年 10 月初，由市政府领导带队，市政府办公室、市督查室、市应急办、市防控指挥部等相关负责人参加的督查组，对重点单位、重点区域除治工作进展情况进行实地督查，督查工作实行“三不放过”，即“没有落实责任，造成除治空白的不放过；提出意见,没有及时整改的不放过;没有及时反馈情况的不放过”。通过督查,进一步提高了各相关责任单位的责任意识,推动防控工作向纵深发展。

为了保证组织体系上下畅通、左右贯通、运行高效,市政府连续6年召开全市加拿大一枝黄花防控工作动员会议,会议延伸到重点乡镇,由分管副市长亲自部署动员,各级各部门主要领导靠前指挥,提供人力、物力、财力保障。

实践证明,“政府主导、属地负责、群防群控”的组织工作原则是完全正确的,唯有这样,才能为加拿大一枝黄花的除治提供扎实可靠的基础保障。

(二)各项保障是基础

一是经费保障。市政府每年安排专项防控经费100万元,要求定海、普陀两区按1∶1的比例安排配套经费,各相关市属单位落实各自所需防控经费;根据除治任务不同,具体分配为定海区政府40万元,普陀区政府30万元,新城管委会30万元。各相关部门围绕除治任务,紧密结合实际,因地制宜落实防控经费,如市住建局将城市道路除治任务列入绿化养护范围,并与临城街道签订除治合同;市公路局将公路沿线列入公路养护范围,并安排专项防控经费;市农林与渔农村委员会安排防控经费11万元,将绿化廊道内除治任务列入廊道绿化管护范围;市国土资源局将收储土地的疫情除治计入今后土地出让成本。二是技术保障。实践证明,药物除治、持续除治仍是灭杀加拿大一枝黄花最便捷、最有效的途径。为此,我们通过开展试验示范、对比分析、现场培训、资料发放等多种形式突出引导药物除治,特别是通过现场会、培训班等,从加拿大一枝黄花的识别到配药方法、配药浓度、喷除方法等各个环节进行仔细讲解。除苗圃、果园、绿化带、水库库区之外,其他区域均采用药物除治。同时,区分不同的土地类型,采取不同的药物喷除,既达到灭杀植株的效果,又能有效地保障土地合理利用,为加拿大一枝黄花疫情除治提供了技术支撑。三是物质保障。在省农业厅领导的关心和省植物保护检疫局的直接帮助下,2012年我们为全市专业除治队员配发电动喷雾器和防护器材400余件(套),做到了人手一套,既减轻了劳动强度,又提高了除治效率,受到了基层的肯定和欢迎。2013年,我们又为喷雾器更换了电瓶等配件,延长了设备使用寿命。在夏季高温炎热时期,市植防办还组织购买了防暑降温药物和劳保用品,加强对植防专业队员的人身保护。各相关部门、单位也自行购买了一些除治设备,如公路局采用大型车载喷雾器对路边加拿大一枝黄花进行集中药物喷除,定海区岑港镇采购了秸秆还田机对加拿大一枝黄花进行除治等,为加拿大一枝黄花的除治提供了物质基础,全市加拿大一枝黄花防控水平在能力上有了明显的提升。

(三)完善责任是关键

市政府与县(区)政府、市级相关单位签订责任状17份,县(区)与乡镇(街道)签订责任状55份,突出强调各级政府部门在防控工作中的主导作用。实践证明,加拿大一枝黄花防控工作仅靠农业部门做不好、也做不了，是各级政府与各部门共同的责任，必须加强责任分解，明确责任主体。

根据省政府与市政府签订的责任状，我市根据土地性质和权属关系，将重点区域内的除治责任全面分解给定海、普陀两区和17个市属相关单位。如20条公路沿线左右200米内抛荒农地、县区及乡镇一级的开发园区等，由县区负责；交通道路沿线路基两侧各1米的范围，以及沿线隧道入口、护坡等地块，由交通运输部门负责；城市绿地，城市道路沿线，城市建设待建、在建项目，由住建部门负责；国有收储土地、征而未用土地、未批先征土地、复绿宕口、土地垦造项目等，由国土部门负责；等等。并以市政府与各县(区)、部门签订责任书方式，予以固化。

县(区)政府分别与相关乡镇、街道(社区)签订了防控责任状，乡镇还与村签订除治责任状；新城管委会与新城开发公司以及辖区单位签订委托除治合同；住建部门与下属绿化养护公司签订除治协议；等等。通过近几年的努力，我市已经形成了"横向到边、纵向到底"的责任体系和"一级抓一级"的责任机制。

(四)专业除治是保障

基层防控队伍是除治加拿大一枝黄花的攻坚力量。经过近年来的充实、调整、完善，舟山市已组建起了一支具有一定规模、配置相关装备、具备必要技能、能够胜任除治任务的专业队伍。全市共建成专业除治队伍75支，计398人，其中定海区19支，150人，普陀区17支，87人，新城管委会3支，35人，市林场、曙光农场各1支，共计30人，市公路局以公路养护队伍为基础组建除治专业队11支，计37人，住建局以绿化养护队伍为基础组建除治专业队23支，计59人，基本建成了一支拉得出、能战斗、打得赢和涵盖了舟山本岛的专业防控力量。

专业队员既是农民出身，懂得疫情防控的基本知识和器械操作，又熟悉当地的地理环境和疫情发生动态，并且他们在本土本乡工作，能妥善处理与本地农村居民的关系。专业队伍的强与弱，直接关系到量大面广的农村疫情防治成效。所以，我市坚持组织好、爱护好、利用好这支队伍，合理划分防治区域，加强相关技能培训，提高灭杀加拿大一枝黄花的技能，也为其他重大植物疫情发生提供了应急防控力量。

三、积极谋划下一步工作

近年来，我市加拿大一枝黄花疫情防控工作取得了较好成效，形成机制，但与省农业厅要求还有距离，与兄弟地市相比还有差距，加之加拿大一枝黄花的生命力旺盛、繁殖传播速度快等特性，要求我们务必持之以恒抓好、抓实疫情防控工作。

(一)认真抓好工作落实

抓好工作落实，增强防控信心，提高防控效果，维护浙江舟山群岛新区生态环境和农业生产安全。

(二)着力维护组织体系建设

市植防办将加强与各县(区)植防办和市属相关单位沟通协调,尤其是2014年是舟山市体制改革后的第一年运行,市属部门职能整合,县(区)、管理委员会辖区调整,分管领导和联络员变更,都需要植防办协调对接,维护工作体系完整,防止防控工作脱节,保持防控工作连续性。

(三)全面推进我市植物检疫工作

以加拿大一枝黄花防控工作为引导,加强海上阻截带建设和检疫性有害生物防控工作。随着舟山新区建设步伐加快,保税区封关运行,物流的倍增,外来有害生物入侵我市的风险势必增大,因此,我们将加强与舟山检验检疫局等有关部门合作,在物流较为集中的区域加强监测和普查,严格执行重大植物疫情防控相关规定,切实履行职责,做好早发现、早上报、早处置,把疫情造成的损失降到最低。

(作者为舟山市农林与渔农村委员会副主任。定稿于2014年6月)

抓疫情防控　促产业发展

王根友

温岭市地处浙东南沿海，由于得天独厚的土壤和气候条件，较早推广了西瓜大棚种植，2003年获“中国大棚西瓜之乡”美称。2011年黄瓜绿斑驳花叶病毒病入侵我市，当年发生面积为1510亩，涉及5个镇(街道)，平均每亩减产840千克以上，直接经济损失达200多万元；2012年扩展到8个镇(街道)，发生面积5140多亩，直接经济损失达759万元。为了有效地控制黄瓜绿斑驳花叶病毒病发生和蔓延，保障西瓜产业健康发展，我们通过采取“加强宣传培训，强化检疫监管，狠抓科学防控”等措施，取得了显著的成效。2013年，全市发病的镇(街道)减少到3个，发病面积下降到1524亩，直接经济损失降低到55万元；2014年，全市发病面积和危害程度仍有继续下降的趋势。

一、明确政府职责，切实增强防控工作的组织性和预见性

(一)明确责任

温岭市委、市政府高度重视黄瓜绿斑驳花叶病毒病防控工作，每两年，市政府都要与各镇(街道)签订重大植物疫情防控责任状，落实防控工作属地责任，明确镇(街道)一把手是防控工作的第一责任人。重点农业镇(街道)与村、育苗户签订工作责任书或告知书，落实人员，明确职责，做到市—镇(街道)—村—户上下联动，一级抓一级，层层抓落实的属地管理原则。与此同时，“黄瓜绿斑驳花叶病毒病发生、监测预警与综合防治技术”攻关研究已在我市科技局立项，这为黄瓜绿斑驳花叶病毒病防控提供了科技支撑和经费保障。

(二)强化考核

每年将重大植物疫情防控列入对各镇(街道)工作目标任务考核内容，加分0.5分，今年增加到1.0分，对黄瓜绿斑驳花叶病毒病的控制是目标任务考核内容中的主要内容之一。

(三)及时部署

每年年初，我市都要召开植保检疫工作会议，把黄瓜绿斑驳花叶病毒病防控作为当年重大农业植物疫情防控的重点工作进行部署。针对当年态势，召开专项黄

瓜绿斑驳花叶病毒病防控现场会暨业务培训，部署下阶段防控工作。从2012年起，每年我市都会根据该病防控技术规范和监测技术规范，并借鉴各地成功经验，向全市下达重大农业植物疫情防控方案文件，其中黄瓜绿斑驳花叶病毒病防控是防控方案的主要内容。在发病防控的关键时期，我们还多次下发相关文件，如2012年4月23日，在黄瓜绿斑驳花叶病毒病初露端倪时，市重大农业植物疫情防控指挥部办公室下发了《关于做好黄瓜绿斑驳花叶病毒病普查与防控工作的通知》；2013年12月16日，在大棚西瓜育苗前，我局下发了《关于做好西瓜育苗环节黄瓜绿斑驳花叶病毒病防控工作的通知》。

二、加强宣传培训，切实提高防控工作的主动性和执行力

（一）加强宣传力度

全市上下充分认识到抓好黄瓜绿斑驳花叶病毒病防控是保护瓜农收入的迫切需要，是保障西瓜产业安全的重要举措。近年来，我们农业部门内部已经统一了思想，把防控作为每年重大农业植物疫情防控工作的重中之重，把防控作为西瓜的主要增产措施来抓，上下一致，齐心协力抓实、抓好。与此同时，我们也加强了防控工作的宣传力度，每年我们都会在科技下乡活动中，开展防控知识宣传力度，并通过在温岭农经网发布"病虫情报"，向全市农技人员、种植大户、农药销售人员发送"病虫情报"短信信息，并在温岭电视台发布"农作物病虫害防治信息"，努力提高农作物病虫害防治信息的普及率和到位率。

（二）加强技能培训

为提高广大农技人员、西瓜育苗场负责人、种植大户、西瓜种子经营者的防控意识和防控水平，每年的4月、9月和12月全市上下层层举办培训班，邀请省、市专家讲授该疫情的症状识别和防控技术，并分发技术资料和告知书；在大棚西瓜生产季节，召开防控现场会。特别是2012年和2013年植物检疫宣传周期间，出动宣传车，设立咨询场所，到大棚西瓜种植田现场培训，面对面指导防控。

三、积极探索模式，切实保障防控工作的有效性和持久性

（一）完善预警制度

为提高黄瓜绿斑驳花叶病毒病疫情的预警能力，我市在箬横镇、松门镇、城南镇、滨海镇等地设立监测点3～5个，落实专人，从育苗到采瓜全程实时监测，每个监测点每周一汇报疫情发生和发展情况。为了更准确地对黄瓜绿斑驳花叶病毒病进行诊断，除了目测识别外，温岭市在2012年购置了一套黄瓜绿斑驳花叶病毒病

专用试剂包，派专人去省植物保护检疫局学习检测技术，对疑似病株在市植物检疫站进行检测确诊，一般次日可出结果，大大缩短了诊断时间；一旦出现中心病株，除了立即组织处置外，还将相关情况通报给有关镇（街道），达到“早监测，早发现，早处置”的防控目标。

（二）加强疫情普查

根据黄瓜绿斑驳花叶病毒病发病规律，每年的5—6月在西瓜幼苗期、伸蔓期、结果期，发动全市专职和兼职植物检疫员开展逐村逐户逐田拉网式普查，每次普查面达100%，一一登记发病村数、户数、发病面积和发病主要品种等情况，并对发病田块的种子来源、育苗过程和田间管理进行追踪调查，为生产无病瓜苗和有效防控取得第一手资料。

（三）开展种苗检疫

为深入开展种子苗木检疫“3321”行动，进一步强化与规范种子苗木检疫监管，特别加强检查西瓜、砧木种子检疫情况。每年的11月至次年1月，我们对全市西瓜种子市场、育苗场进行专项执法检查，查处无证调入，禁止西瓜苗流出市外。2013年我们成功地处置了一起染病砧木种子和苗木事件，查扣染疫种子421.5千克，销毁染疫瓜苗35万株，有效预防了疫情的扩散。

（四）落实科学防控

第一，我们要求全市西瓜种子经营户必须建立检疫台账和进销货台账，销售使用的西瓜和砧木种子必须来自无病地区，经过当地植检部门检疫，并进行干热处理。第二，在播种前，要求用磷酸三钠浸种子消毒；育苗前，场所应用石灰结合高温闷棚进行消毒，育苗所用的设施和工具使用开水煮、磷酸三钠浸等消毒处理。第三，尽量减少瓜园农事操作，整枝时要采用消毒过的剪刀，要求不能直接手摘。第四，一旦发现病株及时拔除，带出瓜田集中销毁。最后，要求染病瓜园次年不继续种植葫芦科植物，轮作倒茬2年以上，千方百计遏制该病的蔓延危害。

四、存在问题与下一步打算

回顾我市对黄瓜绿斑驳花叶病毒病的防控，虽已做了一些工作，也取得了阶段性成效，但也存在诸多问题，主要表现在以下五方面：

（一）不规范行为仍有发生

西瓜、砧木种子检疫行为明显改观，但不规范行为仍有发生，尤其是虽然调运检疫手续规范，但是带毒种子检出率较高，这与种子调出地植检机构依法检疫把关不严有关。

(二)规范调运种苗难度大

在当前物流多样化的情况下，擅自调运种苗现象时有发生，使得检疫监管难度越来越大。

(三)防控技术明显滞后

经初步调查，若应用现有的防控技术措施达不到理想的防控效果，一旦发病，能够有效控制蔓延的措施会更少，特别是嫁接苗极易发病，使疫情防控与栽培技术创新的矛盾相当突出。

(四)瓜果调运检疫难度大

针对我市是黄瓜绿斑驳花叶病毒病发生区的现状，产生了依法检疫与产品销售的矛盾，给检疫机构和检疫人员带来极大压力。

(五)财政保障经费不足

虽然近几年我市将重大农业植物疫情防控经费列入财政预算，安排专项资金，但总量不足，尤其是扑灭新疫情发生点显得捉襟见肘，所以建议上级政府设立相应的应急防控经费补偿机制。

针对上述问题，下阶段，我们将进一步加大工作力度，强化措施到位，争取党委、政府更多的支持，争取财政的支持，力控黄瓜绿斑驳花叶病毒病发生与危害，千方百计将危害损失降到最低限度，确保瓜农增收和西瓜产业健康发展。

（作者为温岭市农林局副局长。定稿于 2014 年 6 月）

进一步规范植物检疫秩序

何　敏

植物检疫执法是植物检疫法规赋予植物检疫机构的重要职责，是保障农业生产安全、农产品安全和农业生态安全的重要手段。近年来，丽水市紧紧围绕建设现代农业目标，认真贯彻《植物检疫条例》，按照农业部、省农业厅的部署，全面开展植物检疫执法检查活动，加大检疫执法力度，严厉打击违法调运、销售、加工和种植未经检疫的植物或植物产品的行为，进一步规范检疫秩序，为我市农业增效、农民增收和农业生产安全作出了积极贡献。

一、主要做法与成效

（一）突出行政推动，增强执法动力

近年来，丽水市农业局高度重视检疫执法工作，把加强检疫执法作为防止检疫对象和危险性有害生物扩散蔓延、确保生态环境和农业生产安全的重要手段。2013年初，市农业局主要领导专题听取植物检疫工作汇报，明确指出检疫工作一定要以强化检疫执法为切入点，进一步落实属地管理责任，全面做好重大植物疫情的防控和扑灭工作。为强化责任意识，加强对检疫执法工作的考核，修改完善了丽水市农业工作考核目标，将每县完成一个以上的检疫执法案件及对案件实行质量考评的内容列入市农业局对各县（市、区）农业局的考核内容，考核分值共5分，这大大促进各县（市、区）对检疫执法工作的重视。市植物检疫站召开站长会议，对全年的执法工作进行研讨，统一思想认识，提出以深入开展植物检疫联合执法检查活动为抓手，全面做好检疫执法工作。市农业局成立了以分管局长为组长的植物检疫联合执法检查活动领导小组，负责统一领导协调全市检疫执法检查工作。各县（市、区）也成立了相应的领导小组和工作机构，制订了具体行动方案，及时启动检疫执法检查行动。

（二）突出方式改进，增强执法合力

丽水市下辖9个县（市、区），2/3的县植物检疫机构和执法大队合署办公。近年来，我市充分发挥大部分植物检疫站与执法大队、政策法规处合署办公的机构职能优势，整合执法力量，重点做好“三查”，即日常巡查、专项检查和联合检查相结

合。在加大日常巡查力度的基础上，改进检疫执法方式，强化与森林检疫部门协作，省、市、县上下联动，突出杂交水稻种子这一重点，开展检疫执法专项检查和跨县域联合检查行动，取得了较好的成效。在2013年的植物检疫联合执法专项行动中，丽水市植检站专门抽调8名植检业务骨干，以杂交水稻、玉米等主要农作物种子为重点，对全市30家重点种子种苗生产经营单位开展市县联合植物检疫执法检查，在检查中共发现有20家单位存在违章调运。市站就检查结果专门下发《关于市县联合植物检疫执法抽查活动情况的通报》。各县植检站根据通报情况，调查核实，查清违法事实，严格依法处理。据统计，2013年全市各县(市、区)植检站出动执法人员464人次，车辆79车次，检查种子市场14个，种子苗木繁育、生产、经销单位163家，共检查种子近13万千克、苗木18万株、植物及植物产品36万吨。查获违法调运种子2027千克、苗木430株，发放责令纠正通知书5份，立案查处检疫案件21起，共计罚款24463元，案均罚没款1162元，最大单案罚没款为7460元，与2012年全市植物检疫总案件数7起、总罚没款1800元相比较，检查力度及处罚力度明显加强。

(三)突出执法重点，提高执法效能

一是突出重点农作物种子的检疫监管。我市遂昌和庆元两县是水稻杂交种子的重要制种基地，年制种面积保持在1.5万亩，制种量150万千克，也是全市水稻种子的源头，因此，加强源头检疫监管是防止检疫性有害生物传播蔓延的重要保障。二是突出重点对象的检疫监管。近年来我们将浙江勿忘农种业股份有限公司遂昌分公司和庆元种子公司两家种子生产销售企业，以及莲都区几家农作物种子批发经营单位纳入了重点监管对象。莲都区是全市农作物种子尤其是蔬菜种子销售市场的中转站，所以加强源头和中转站的监督检查，对规范全市植物检疫市场秩序起到了事半功倍的作用。三是突出重点行为的检疫监管。针对水稻种子生产行为，我们重点查处产地检疫申报中生产种子不申报、少申报，弄虚作假，无证调运、异地办证、先调运后办证等无调运检疫证调运亲本种子的违法违规行为，严把产地检疫关。针对农作物种子销售行为，我们重点查处调入种子是否经过检疫，并携带《植物检疫证书》，严厉打击无证调运种子行为，严把调运检疫关。

(四)突出队伍建设，提升执法能力

队伍体系是开展植物检疫工作的重要保障。一是注重人员力量充实。现有植检在岗人员49名，专职检疫人员43名，乡镇兼职检疫人员94名。二是注重业务技能培训。为提高检疫执法水平，达到严格公正、文明廉洁、高效便民的目的，市植检站开展形式多样的执法培训、研讨工作，采取集中培训、以会代训、案卷评查、问题研讨等多种形式，广泛开展专项培训，使执法工作人员对相关法律法规、检疫操作规程等业务知识进行系统学习，强化法制意识，明确工作重点，提升执法水平，为执法人员在执法活动中树立植检执法队伍的良好形象，有效维护植物检疫法规的权威性打下了坚实的基础。2013年市站还组织全体检疫人员参加市农业局组织的大型执法集中培训，莲都区植检站还专门组织兼职检疫员到外地参观学习。三是注重检疫执法规范。严格依法行政，进一步规范检疫执法程序，落实执法责任制度，做到文明执法、亮证执法、着装执法，强化服务意识，强化案件办理的监督工作，市站对各县办理的一般程序检疫案件质量均进行审查考评并汇编成册，互相交流学习。

(五)突出宣传教育，营造执法氛围

我市充分利用“全国植物检疫宣传周”、“放心农资下乡进村宣传周”、“3.15宣传活动”等载体，多形式开展检疫宣传活动。积极通过电视、网络、手机短信、张贴挂图、悬挂横幅等多种形式宣传《植物检疫条例》、《浙江省植物检疫实施办法》及有害生物防控等知识。各县(市、区)在乡镇集市、农业产业主产区、种子种苗繁育基地、农产品批发贸易市场等重点地区设立现场咨询、宣传点，发放宣传资料，现场接受群众咨询，现场解答农户提出的问题。景宁在县电视台每天三次连续十天滚动播放2013年植物检疫宣传周主题标语；云和县特定制了植检法规宣传雨伞1000把，发放到重点种植区域的乡镇农户。各地还充分利用“阳光工程”等项目，对农民群众和基层农业科技人员进行植物检疫法律法规知识培训及有害生物防控技术培训，2013年全市共举办培训班68个，培训人员4236人次，发放技术资料15673份，制作电视广播节目22期，发放有害生物挂图1900份。

二、下一步工作重点

(一)进一步重视植物检疫执法工作

近年来的实践表明，通过明确工作职责，实行目标考核等行政措施和机制，大大促进了各县对检疫执法工作的重视程度，检疫执法的积极性明显提高。但是，有个别地方仍存在查处案件数量少，处罚力度轻，检疫执法力度不足，为完成考核任务而执法的情况。这主要是地方领导和植检干部对检疫执法工作的重要性认识不足、重视程度不够造成的。因此，要创新宣传载体，进一步加大宣传力度，明确职责，落实责任，强化督查考核，从思想认识上、制度设计上下功夫，共同促进各地在思想上真正重视检疫执法工作，在行动上把检疫执法摆在更加突出的位置，深入、持续推进检疫执法工作。

(二)进一步加大检疫执法处罚力度

在前几年的检疫执法工作中，对违法调运的经营户多以教育、警告、没收违法产品为主，处罚力度较温和，导致植物检疫机构执法威信不足，经营单位“不怕”执

法检查而违法调运的情况屡禁不止。下一步，我们进一步摸索检疫监管工作机制，完善案件全市通报制度和案件考核制度，逐步加大案件查处及案件督办的力度，进一步扩大植物检疫执法影响力，树立严肃、文明、公正的执法形象。

（三）进一步创新检疫执法方式方法

2013年我们对各县（市、区）的种子门店进行市县联合突击检查，检查前对各县（市、区）检查的对象范围、工作重点、检查内容、工作方法、时间安排、规范要求、协调配合等进行了具体部署，取得了良好的检查效果。联合突击检查查出的案件有15起，占全市案件数的68%。由于是市县对口的联合检查，也为各县（市、区）的案件查办减轻了压力。今后，我们将继续创新检疫执法工作方式，加大植物检疫执法工作的力度，整合力量，部门协作，上下联动，以县县之间（特别是浙闽交界县之间）的联动联防机制作为工作重点，努力探讨建立信息通报共享机制、定期交流互访机制及执法案件协查联办机制，推动和逐步形成检疫性有害生物联查联防工作机制。

（作者为丽水市农业局副局长。定稿于2014年6月）

积极创新病虫防控模式

屠国兴

近年来，杭州市按照浙江省植物保护检疫局的统一部署，围绕现代植保建设要求，大力开展绿色防控示范区建设，创新病虫防控模式，推进绿色防控技术集成、示范和应用，为促进农业转型升级，推进种植业水环境治理，保障农业生产安全、农产品质量安全和农业生态环境安全发挥了积极的作用。

一、主要工作成效

（一）示范带动效应显著

以萧山、富阳、建德开展绿色防控融合试点为引领，辐射带动了绿色防控技术在多种作物上的应用推广。2014年，全市推广实施绿色防控技术62.6万亩，应用"三诱一阻"技术24万亩，应用生物防治、生态控制技术20余万亩，实现叶菜生产功能区绿色防控技术全覆盖，粮食生产功能区绿色防控技术有效应用，茶叶、水果等经济作物绿色防控技术稳步推进。

（二）形成了一批技术集成模式

集成优化了理化诱控、生物防治、生态调控和科学用药为一体的绿色防控技术，提出了一批适合杭州区域推广应用的水稻、蔬菜等主要作物绿色防控技术模式，为有效控制病虫害、减少化学农药用量提供技术支撑。

（三）农产品质量安全得到有效保障

通过开展绿色防控示范，引导基地和农民使用高效、"双低"新农药，降低了农药残留超标风险，有效保障了农产品质量安全。2014年全市高效农药替代面积45.0万亩。

（四）农药减量明显

绿色防控实施区域，一般大田作物可减少用药1～2次，蔬菜作物可减少用药3～4次，化学农药用量减少30%以上，全市实现农药减量240.8吨，农药包装物回收量142.4吨，示范区农田生态环境明显改善，天敌种群数量显著上升。

（五）节本增效显著

绿色防控集成技术的应用，减少了化学农药的施用，节约了成本，提高了种植效益。据测算,蔬菜病虫绿色防控区亩均节本增收 288.0 元;统防统治与绿色防控融合示范区,水稻亩均节本增收 249.1 元,茶叶亩均节本增收 721.3 元,经济效益十分显著。

二、主要做法与经验

(一)加强组织领导,争取政策扶持

围绕"五水共治"、生态文明建设、农产品质量安全,积极争取扶持政策,不断扩大绿色防控技术应用范围。一是实施高效、"双低"新农药补贴。每年市财政安排专项资金,对全市蔬菜生产基地及种植大户进行补贴,受益蔬菜面积 10 万亩。二是提高蔬菜基地建设要求。在市级"菜篮子"基地建设项目中新增绿色防控的建设内容,促进绿色防控技术在蔬菜基地中的应用。

(二)依托示范项目,加大带动力度

以绿色防控示范区建设为抓手,强化辐射带动。根据各地产业现状,科学布局,抓点带面,全市累计建成省级示范区 3 个、市县级示范区 15 个,并把示范区作为绿色防控技术集成、创新和培训的基地,做到可看、可学、可推广。

(三)充分整合资源,扩大辐射和影响力

发挥项目导向作用,利用市级"菜篮子"基地建设项目和高效、"双低"新农药补贴等政策,提升蔬菜基地绿色防控技术水平。2014 年,根据省植物保护检疫局的统一部署,在萧山、富阳、建德建立整建制统防统治试点推进绿色防控技术融合发展,服务面积 5.2 万亩。

(四)注重技术创新,提升集成应用水平

积极开展绿色防控技术集成研究,集成应用诱虫植物和蜜源植物种植、"三诱一阻"、天敌保护及科学用药等关键技术,完善绿色防控技术规程,示范一批防治效果好、操作简便、农民欢迎的综合技术模式,推进绿色防控技术推广应用。全市每年开展各类技术试验 20 余项。

(五)强化技术指导,充分发挥主体作用

为提高绿色防控技术应用到位率,在萧山、余杭、富阳等地召开全市水稻、蔬菜病虫绿色防控培训现场会,开展技术指导和服务,加强宣传引导,依靠政府主导和技术示范效果展示,提高全社会对绿色防控技术的认知度。

三、几点体会

(一)理念更新是基础

通过示范、宣传,引导基地和企业提高对绿色防控重要性的认识,转变病虫害防控理念,把绿色防控上升为基地的自觉行为,发挥实施主体的积极性,提升了绿色防控实施效果和社会关注度。

(二)政策扶持是保障

通过项目带动、助力技术应用,是合力推进绿色防控工作的有效手段。将绿色防控与统防统治农业补贴政策、"菜篮子"基地建设等整合在一起,有利于展示绿色防控成效,加大应用推广力度。

(三)保障安全是目标

抓住生态农业建设、"五水共治"契机,将绿色防控作为实现农药减量控害、提升农产品质量安全水平的重要举措,顺应农业生产者和消费者的需要,有利于争取领导重视、政策支持,不断推动绿色防控工作。

(四)优化技术是手段

在传统综合防治的基础上,近年来理化诱控、生物农药、天敌保护与利用等技术不断创新,绿色防控技术逐步得到集成和熟化,为绿色防控工作提供了有力的技术支撑。

下一步,我们将进一步强化政策扶持、技术创新、示范带动,采取绿色防控与统防统治融合推进等形式,积极探索绿色防控技术补贴和物化补贴模式,逐步建立"政府补贴、部门服务、企业投入、农民参与"的绿色防控技术应用长效机制,扶持、引导、推动绿色防控工作的稳步开展。

(作者为杭州市农业局总农艺师。定稿于 2015 年 3 月)

实施农药减量　助力“五水共治”

洪顺根

2014年，常山县全面贯彻落实浙江省委、省政府“五水共治”决策部署，创机制，抓示范，强落实，克服天气因素带来的病虫防治压力，科学防控病虫害、减少化学农药使用，全年化学农药减少使用110.03吨，减量幅度为8.3%，超额完成省、市政府下达的任务目标。我们重点抓好了以下几项工作：

一、着力推进病虫害统防统治

(一)强化政策扶持

常山县委、县政府高度重视，将农作物病虫害统防统治工作列入“五水共治”重要内容，成立由分管县长为组长的统防统治工作领导小组，专门制订工作方案，确保统防统治工作有序推进。虽然常山县作为欠发达县，财政相对较困难，但是2014年县财政仍然安排150万元资金，确保水稻、胡柚病虫害统防统治配套经费的到位。

(二)强化扩面增量

在做好水稻病虫害统防统治的基础上，继续推进主栽经济作物胡柚病虫害统防统治，为整县制、全作物统防统治创造条件。2014年，全县水稻与胡柚病虫害统防统治面积9.01万亩，占种植面积的39.5%，覆盖率比上年增加10.4%。

(三)强化散户带动

按照浙江省植物保护检疫局的部署，在同弓乡开展整建制水稻病虫害统防统治试点，全年实施统防统治面积11295亩，覆盖率从2013年的52.3%提高到2014年的90.9%；新带动散户1365户，散户带动率由2013年的0.67%提高到2014年的91.6%；示范区比自防区减少防治次数2次，病虫防治效果达到90%以上，减少化学农药用量80.2%，每亩增收节本70元。

二、着力探索绿色防控措施融合

(一)实施协作提升

加强专业科室间协作,配套集成病虫防控、良种、栽培、测土配方施肥等技术,促进区域内品种、栽培模式及管理统一。推进“农企协作”,引导各实施主体同农资经营单位签订购销合同,批量采购、应用高效环保药剂,减少环节,降低成本,促进对口药剂推广,既提高防效又减少用量。

(二)实施示范创建

借助统防统治的规范,要求500亩以上服务面积的植保专业合作社建立100亩以上农药减量示范方,1000亩以上服务面积植保专业合作社必须建立100亩以上绿色防控示范区,把示范区建设列入统防统治规范考核的重要内容。2014年,全县建立农药减量示范区15个,绿色防控示范区6个,通过示范辐射,有力地推进了生态调控、理化诱控、生物防控和科学用药等技术措施推广应用,为农药减量工作深入开展奠定了坚实基础。

(三)实施废弃物回收

把农药废弃包装物回收作为统防统治面积核实的依据,并在整建制统防统治试点乡镇同弓乡开展农业投入品废弃物回收处置示范乡镇创建,积极探索农药废弃包装物回收处置机制,2014年全县建立了1个农药废弃包装物贮存中心、20个回收点,回收农药废弃包装物2.5吨,为该项工作面上开展积累了经验。

三、着力完善病虫监测和技术培训

(一)在病虫监测上下功夫

在监测工作上,做到点上监测和面上普查相结合,准确掌握病虫发生和发展状况,科学预测。在情报发布上,重点在防治关键期和突发病虫侵袭危险期,合理发布。在药剂配方推荐上,坚持合法、安全、高效、减量的原则。在情报传递形式上,农民信箱、短信先行,让广大农民第一时间知晓情报摘要。一年来,我们病虫情报发布期数比常年减少25%,在有效控制病虫发生为害的同时,较大幅度地减少了化学农药的使用次数和使用量。

(二)在宣传培训上下功夫

在培训对象上,以农药经营户、散户为主转移到以植保专业合作社负责人、家庭农场主、种植大户、示范户为重点对象。在培训形式上,采取现场与室内结合。

在技术资料上，做到简洁、易懂、实用。2014 年，县植保站开展培训 16 场 600 人次，印发技术资料 4600 余份，有力地推进了植保技术普及和植保新技术、新产品推广应用。

（三）在技术储备上下功夫

以农药减量和生态保护为目标，开展高效、“双低”农药、稻田养鸭（鱼）、性诱剂诱杀技术、综合减量方案、绿色防控集成技术等试验示范，为农药减量工作进一步深化提供有力支撑。

下一步，我们将借鉴兄弟市、县先进经验和做法，围绕“五水共治”农业面源农药污染治理、生态循环农业和农产品质量放心县建设，加强对植保工作的领导，继续深化整建制统防统治试点和绿色防控示范区建设，确保农药减量措施落实和技术到位，为浙江省现代植保建设作出新的更大的贡献。

（作者为常山县农业局局长。定稿于 2015 年 3 月）

推进整建制统防统治　助推农业水环境治理

奚天位

2014年，天台县按照浙江省农业厅开展整建制统防统治试点工作要求，在我县水稻种植面积最大的乡镇——平桥镇，开展了水稻病虫害整建制统防统治试点创建工作。以农药减量为目标，提高统防统治散户覆盖率，推广绿色防控技术应用，取得了积极成效。截至目前，全镇77个村共实施统防统治面积2.4万亩，比农户自防区减少农药使用次数1.7次，减少农药使用量2.9吨，亩均节省防治成本82.5元。

一、工作措施

（一）建立领导机构，强化组织保障

成立了由镇长任组长的整建制统防统治试点领导小组和分管农业的副镇长任组长的实施小组，主要负责做好组织协调、督查指导、经费落实、宣传发动、技术培训等工作，强化对试点工作的组织保障。组织兴农植保专业合作社等8家植保服务专业合作社做好新增面积统防统治服务工作。

（二）开展宣传发动，提高统防统治覆盖面

组织召开整建制统防统治试点工作动员会，宣传整建制统防统治目的与意义，传达整建制统防统治实施方案及绿色防控设施补助等相关政策，提高整建制统防统治认知度，动员广大农户自觉参与整建制统防统治工作。对未开展统防统治的村，落实专人进村入户进行宣传发动。同时出台相应扶持政策，对新增散户统防统治面积，给予每亩30元的农药购买补助，破解散户统防统治覆盖率低的难题。

（三）推广绿色防控设施，提高绿色防控技术应用面

出台“肥药双控”工作奖励扶持办法，对集中连片综合应用杀虫灯、性诱剂等绿色防控设施300亩以上的，每亩补助120元。宣传发动辖区内大户、合作社进行项目申报，加强与县现代农业园区沟通协调，将园区统一采购的300盏太阳能杀虫灯大部分安装在平桥镇粮食功能区内，确保统防统治示范区内均安装绿色防控设施。

（四）加强病虫监测预警，提高科学防控针对性

在平桥镇统防统治区内建立2个水稻病虫监测点，安装水稻专用虫情测报灯，

落实2名统防统治植保员开展灯下与田间水稻主要病虫监测，准确掌握辖区内主要病虫发生动态，结合病虫情报，有针对性地指导统防统治服务组织开展病虫防控工作。同时，促使全镇统防统治服务组织与信誉良好且规模较大的农资店签订农药购销合同，推广全程科学用药解决方案面积5000多亩，减少农药采购中间环节与采购成本，确保防控质量。

（五）抓好技术培训，确保防治效果

分别在2014年6月7日、7月2日，组织召开统防统治服务组织负责人、植保员技术培训会，邀请县植保技术人员以及先正达、拜耳公司等单位的专家进行关于病虫调查、绿色防控技术、水稻病虫全程解决方案等技术培训。8月16日，在晚稻穗期病虫害防治关键时期召开防控会议，提出相应防控对策，要求选用福戈、吡蚜酮、拿敌稳等环境友好型农药，做好晚稻病虫害防治工作，确保晚稻丰收。

（六）强化示范带动，发挥模板效应

建设水稻病虫害绿色防控示范区1050亩，综合运用杀虫灯、性诱剂、田埂种植香根草和科学用药等措施，实施病虫害综合治理，发挥农药减量示范作用。同时，将农药废弃包装物回收列入统防统治量化考核内容，由服务组织负责统一回收农药废弃包装物，交由农资部门进行无害化处理，减少对农业生态环境的污染。

二、工作成效

（一）统防统治覆盖面大幅提高

2014年，平桥镇新发展统防统治5个村260多户，面积2800多亩，由兴农植保专业合作社负责开展统防统治，其他7家合作社也新增800多亩，全镇共新增服务面积3600多亩。全镇开展统防统治共77个村，占全镇116个行政村的66.4%；服务面积2.42万亩，占全镇水稻种植面积2.85万亩的84.9%，比2013年提高了11.9%。

（二）绿色防控技术与统防统治有效融合

2014年，平桥镇共新增太阳能杀虫灯286盏、性诱剂1000多套，绿色防控设施应用面积1.05万亩，占全镇水稻种植面积的36.8%。绿色防控技术与统防统治融合率（绿色防控面积/统防统治面积）43.4%，对减少化学农药使用发挥了积极、重要的作用。

（三）化学农药减量显著

据统计，单季稻统防统治区平均用药2.4次，比农户自防区减少1.7次，比全县一般统防统治减少了0.3次；每亩平均折纯用药量59.2克，比农户自防区减少

122.3克，减幅67.4%，比一般统防统治减少34.3克，减幅36.7%。按全镇统防统治服务面积2.4万亩计算，减少折纯农药使用量2.9吨，大幅度地降低农业面源污染，为我县“肥药双控”工作发挥了重要作用。

（四）经济效益显著

据统计，整建制统防统治每亩平均防治成本99元，比农户自防区减少82.5元，比一般统防统治略增（0.7元）；每亩平均产量633.9千克，比农户自防区增产13.3千克，比一般统防统治增产21.9千克；综合计算，每亩比农户自防区增效125.3元，比一般统防统治增效69.8元；按全镇统防统治服务面积2.4万亩计算，节本增效300.7万元，进一步提高了大户种粮积极性。

三、2015年工作打算

2014年我县整建制统防统治工作试点取得了较大成效，但与“肥药双控”行动要求还存在一定的差距，统防统治面积占全县粮食播种面积的比重仍偏小。2015年，我们将继续推进整建制统防统治试点工作，以2014年试点工作为基础，以全省财政支持粮食生产综合改革试点为动力，推进农民联合社开展整建制统防统治服务，进一步争取加大财政资金扶持力度，扩大太阳能杀虫灯、性诱剂等绿色防控设施投入，丰富绿色防控技术内容，进一步提升绿色防控与统防统治融合，减少化学农药使用，降低农业面源污染，保障农产品质量安全。

（作者为天台县农业局副局长。定稿于2015年3月）

不断提高柑橘黄龙病防控成效

朱爱琴

丽水市莲都区是“全国椪柑之乡”、“中国水果百强县”。一直以来，柑橘是莲都区传统水果，也是农业主导产业之一，现有种植总面积6万亩，总产量为8万吨，是农民主要收入来源之一。2001年莲都区发现柑橘黄龙病疫情，2004年发生范围涉及16个乡镇（街道），发生面积5.89万亩，病株数21.5万株，果园病株率5.21%，曾经的“致富树、摇钱树”变成了“伤心树”。近年来，莲都区坚持“挖治管并重，综合防控”策略，在区委、区政府和上级有关部门的统一领导下，全力以赴持续开展防控阻截，有效控制了疫情扩散蔓延。2014年普查全区发病面积1.01万亩，病株数0.46万株，病株率0.13%，分别比2004年下降了81.6%、97.8%和97.5%，防控工作取得了明显成效。莲都区连续11年被评为省重大农业植物疫情防控考核优秀。

一、加强领导，明确责任

莲都区政府成立了由分管区长任指挥长，区政府办公室、农业、财政、公安等单位组成的重大农业植物疫情防控指挥部，把柑橘黄龙病疫情防控工作摆上政府重要议事日程。区政府分管领导每年亲自参加防控动员会议，部署工作。指挥部下设技术指导组和督查组，明确职责分工，指导和督促防控工作。各有关乡镇（街道）也都成立了相应的重大农业植物疫情防控领导小组、实施小组和挖除专业队。同时，区政府每年与各乡镇（街道）签订重大农业植物疫情防控工作责任书，并把重大农业植物疫情防控工作列入全区工作责任制年度考核项目（防控工作占乡镇年度考核总分的10%），每年安排防控专项经费40万元，确保防控工作正常有序开展。乡镇（街道）按属地管理原则，与相应村签订防控责任书，实行行政首长负责制。区政府农业部门做好技术指导，代表政府履行疫情防控监督检查与考核工作。

二、整合力量，强化队伍

针对繁重艰巨的防控阻截任务、基础薄弱乡镇的农业技术服务体系和交通工具等硬件设施条件落后的实际情况，莲都区全面推进乡镇农技服务“三位一体”建设，根据植物检疫相关法律法规，经乡镇推荐，区农业局审查考核，重新调整聘请28位同志为兼职植物检疫员，同时在乡、村两级建立了由乡镇农技站业务骨干、合作社技术人员及村农科员组成的16个疫情防控应急专业队；按“早发现、早报告、早阻截、早扑灭”的疫情监测原则，全区设立柑橘木虱和黄龙病监测点17个，构建有害生物疫情监测网络，落实专人定期定点规范监测；整合一切可整合力量，全区组建形成了一个以专、兼职植物检疫人员为骨干，应急防控专业队和疫情监测人员为主力的200多人的重大植物疫情检疫防疫队伍，为做好全区柑橘黄龙病等重大农业植物疫情防控工作提供了坚实的组织保障。

三、严格检疫，依法监管

带病的柑橘接穗和苗木是柑橘黄龙病远距离传播的主要途径，因此，加强接穗和苗木监管显得尤其重要。区政府2002年发文规定，疫情发生区一律不准繁育柑橘类苗木，严禁到疫情发生地调进苗木、接穗，本区柑橘生产坚持以区内为主进行苗木自繁自育。苗圃推行防虫网隔离育苗，区政府为促进防虫网隔离育苗，出台政策对繁育合格的瓯柑给予每株0.3元的补助。植物检疫机构认真履行检疫监管职能，对非疫情发生区繁育苗木严格按《柑橘类苗木产地检疫规程》进行检疫，建立完善柑橘类苗木接穗监测检疫登记制度和苗木来源、繁育、销售档案；每年春、秋两季，组织乡镇（街道）分管农业的领导和农技人员上下联动集中开展乡镇集市橘苗市场检疫检查，依法规范本区域内自繁自育的橘苗凭产地检疫合格证，区域外橘苗凭调运检疫证书在本区境内市场交易，依法严查违法买卖行为。特别关注新品种引进，严格按建立无病果园的要求建园，坚持从源头管理上抓好柑橘黄龙病防控工作，把疫情入侵扩散风险降到最低限度。近五年来，春、秋市场执法检查共检疫柑橘苗18万株，发现违章调运橘苗1.3万株，没收烧毁染疫橘苗0.6万株。

四、示范引领，科学防控

坚持挖治管并重原则，在坚决彻底有效挖除柑橘黄龙病树的同时，注重柑橘黄龙病防控和产业平稳发展的有机结合，积极探索柑橘产业在黄龙病发生区的健康发展，在每个疫情发生乡镇建立柑橘黄龙病综合防控示范点，以点带面，示范引路，大力推进柑橘木虱统防统治和无病果园保护建设工作。通过向橘农发送柑橘木虱的发生情报，发放柑橘木虱防治药剂、机动喷雾器，指导农户在最佳时间对柑橘木虱进行统一防治。全面实施柑橘“三疏一改”、推广使用有机肥等技术措施，结合莲都区特色产业扶持政策，对山地、失管和严重老化橘园改种发展处州白莲、白枇杷、茶叶等特色优势产业，多措并举整治失管橘园，压缩柑橘木虱生存空间。近五年全区挖除病树 4.093 万株，防治柑橘木虱 82.4 万亩次，整治改造失管果园 12584 亩。

柑橘产业过去是莲都区农民增收致富的重要产业，现在是莲都山区农民能否实现奔小康的产业支柱，经过多年来的柑橘黄龙病防控，莲都区柑橘黄龙病得到有效控制。下一步，我们将进一步加强市场监管，从源头加强苗木管理。通过普查挖除病树，开展统防统治等措施不断提升防控成效，为莲都区柑橘黄龙病防控再创新篇章作出应有的贡献。

（作者为丽水市莲都区农业局副局长。定稿于 2015 年 3 月）

统防统治强服务 “虫口夺粮”保丰收

赵如英

嘉兴市地处浙北平原，是浙江省晚粳稻主栽区，水稻在全市粮食生产中具有举足轻重的地位，面积约占到粮食总面积的55%，产量占到粮食总产量的70%以上。近年来，随着耕作制度的多样化、暖冬天气的持续，嘉兴市水稻病虫害呈多样化、突发性之势，特别是迁飞性害虫危害加剧，成为水稻稳产、高产、保障粮食安全的重大威胁。为此，嘉兴市紧紧围绕保供给、保安全、保生态的要求，积极推进农作物病虫害专业化统防统治工作，特别是2013年嘉兴市被列入省级农业社会化服务体系建设试点市以来，更是加大统防统治推广力度，在促进粮食增产、污染减排等方面取得了显著成效。2014年，全市实施水稻专业化统防统治服务面积52.3万亩，占全部晚稻面积的1/3，水稻病虫害得到全面有效控制，危害率控制在3%以下，晚稻单产达570千克/亩，连续多年位居全省首位。同时，全年减少农药用量235.1吨，为农业水环境治理作出较大贡献。

一、重扶持，明目标，切实加强统防统治的工作保障

（一）完善政策助推广

2011年，嘉兴市就出台了水稻病虫害专业化统防统治扶持政策（嘉委发〔2011〕36号），明确对规范运作的专业合作社按统防统治面积每亩补助20元；对选用绿色防控手段防治农作物病虫害的，按实际增加的投入补助50%。2014年，又出台支农政策（嘉政发〔2014〕57号），鼓励各级服务组织对粮食生产进行全程服务，采取以奖代补的方式加强粮食生产社会化服务项目补助。2015年，根据全省粮食生产扶持政策的调整，市农经、粮食、财政等部门联合发文，及时优化财政扶持方式，重点对为散户开展统防统治的服务组织进行以奖代补，普遍加大了支持力度；各县（市、区）还对连片2000亩以上开展统防服务、融合绿色防控技术的村或服务组织，分别给予5万～10万元不等的财政补助（以项目制申报）。

（二）明确目标抓落实

一直以来，嘉兴市都将农作物病虫害专业化统防统治工作列入对各县（市、区）农业经济目标责任制考核范畴，并在每年初及时将目标任务量化分解到各县（市、

区),强化刚性执行。与此同时,将发展壮大统防统治服务组织列入了农业社会化服务体系建设试点内容,并明确利用2～3年时间,将全市水稻病虫害统防统治率提高到50%。其中,2015年全市计划实施水稻病虫害专业化统防统治面积63.3万亩,统防统治服务比例达40%以上。

(三)加强指导促规范

坚持把宣传和培训作为提升统防统治理念、提高防治技术规范性和到位率的重要一环,紧抓不放,切实做到"两个规范",即在每次药剂防治前,对开展统防统治服务的专业合作社进行专门培训指导,规范社会化服务;在防治关键时期,由植保部门联合农业行政执法部门对合作社以及基层农药供应点进行监督检查,规范农药供应市场。同时,科学制定防治策略和指导意见,多渠道宣传推广病虫害农药减量防控技术,把科学、有效的防控措施落实到田头。2015年上半年,全市共举办病虫害统防统治政策宣传、综合防控技术培训等30余期,参加培训人数超过2500人次。

二、育主体,抓示范,着力推进整建制统防统治试点工作

(一)大力培育服务主体

以开展农业社会化服务体系建设试点为契机,积极培育统防统治服务主体,着力打通服务最后一公里。到2014年底,全市共落实财政扶持资金1397.6万元;培育专业化统防统治服务组织160家,从业服务人员达到6557人,其中持证上岗人员586人;拥有各类背负式机动喷雾装备5679台(套)、大中型喷雾装备2456台(套),日作业能力达20.4万亩。

(二)积极开展试点示范

以选用高效、低毒、长持效农药为主要措施,以减少化学农药使用为目标,在嘉善县、海盐县和海宁市等三个县(市)开展整建制水稻病虫害统防统治融合绿色防控技术应用试点示范工作。从统计情况看,三个示范点的平均农药防治次数减少1～2次,单位面积农药使用量减少30%～50%,试点示范工作取得了显著效果。同时,省农业厅也在嘉兴市安排了四个整建制统防统治融合绿色防控技术的示范试点(嘉善县为试点县,海宁市一个试点镇,南湖区和海盐县各一个点),探索推行统防统治服务新模式。

(三)着力推进绿色防控融合

在试点示范的基础上,积极推广应用绿色防控技术和药剂,做到既控虫害又减药量,保障了生产、生态两安全。一方面,坚持指标防治,减少前期用药;坚持能兼

则兼,减少防治次数和药剂用量。比如对主要害虫褐飞虱采用“治前控后”防治策略,提出“治三压四控五”或“治四控五”防治策略。另一方面,大力推广应用高效、低毒、长持效的安全药剂,比如使用氰烯菌酯替代咪鲜胺防治水稻恶苗病,用满穗、拿敌稳替代传统药剂防治纹枯病等,为有效控制主要水稻病虫害、保障稻米产量和生态安全发挥了重要作用。

三、强监测,摸实情,为科学开展统防统治提供技术支撑

(一)加强监测预警网络建设

目前,全市共有8个专业测报站,其中市级1个、县级7个,嘉善县、平湖市、海宁市、桐乡市等地还在部分镇(街道)建立了调查测报点,初步建成市、县、镇三级测报网络。各级测报技术人员之间通过电话、农民信箱和微信群、QQ群等新媒体平台加强信息交流,共同探讨、分析病虫发生趋势和特点。由于监测网络严密到位,嘉兴市水稻病虫害预测准确率常年保持在90%以上。

(二)认真开展病虫害预测预报

严格按照病虫害测报调查规范,采用系统调查与面上普查相结合的办法,实时监测田间病虫害发生动态。在水稻主要生长时期,全市半数以上的植保技术人员都在田间一线从事病虫害测报调查工作,及时准确掌握病虫害发生趋势,指导全市防治工作的开展。如嘉兴站、桐乡站、海盐站、南湖站等设立稻飞虱观测圃,从播种至收获不使用任何杀虫剂,每隔3～5天调查一次,观察自然状况下稻飞虱消长规律。在病虫害发生的关键时节,及时开展普查,掌握病虫害发生变化情况。

(三)科学制定防治策略

严格落实水稻病虫害防治策略会商制度,在加强病虫害监测、准确掌握水稻主要病虫害发生趋势的基础上,定期召集水稻栽培、植保、气象等方面专家,共同研讨水稻病虫害防治策略,提出治前压后、病虫兼治、指标防治等原则。在水稻生长期间,通过综合研判本地与周边地区的病虫害发生变化情况、水稻生长情况以及天气变化情况,制定科学合理的防治策略和措施,并通过手机短信、广播电视、报纸等渠道,将病虫发生与防治信息及时传递给统防统治服务组织和广大农民,指导开展科学防治。2014年,全市共发布各类农作物病虫害发生信息与防治技术意见90余期,其中水稻方面意见50期,为有效开展病虫害防治起到了重要作用。

四、下一步打算

我们将重点抓好三方面工作:

(一)加大宣传培训力度,树立科学防控理念

大力宣传专业化统防统治的先进典型、经济效益和生态效应,使更多农民充分认识专业化统防统治工作的重要性,提升认可程度,为广泛推广病虫害统防统治工作营造良好氛围。

(二)积极培育服务主体,提升统防统治服务水平

发展壮大专业化统防统治服务组织,加强对服务主体的指导与监管,确保规范运作。加大新型高效施药器械的应用推广力度,提升统防统治效率。继续支持和鼓励统防统治服务组织为散户开展统防统治服务,扩大散户服务覆盖面。

(三)加强绿色防控融合,促进生态循环农业建设

认真研究晚稻病虫害防治策略和方法,在统防统治工作中,加强新型高效低毒农药的试验、示范与推广,积极倡导绿色防控技术应用。加强对农药经营单位的监督检查,严厉打击违法经营和使用农药行为。

(作者为嘉兴市农业经济局副局长。定稿于2015年8月)

扎实推进整建制统防统治与绿色防控融合

何　健

2015年，常山县按照浙江省、衢州市农业部门总体部署，把农作物病虫害整建制统防统治与绿色防控融合试点县建设作为省级农产品质量安全放心示范县创建、整建制推进现代生态循环农业的总抓手，通过政策扶持、载体创新、融合推进等措施，积极探索应用环境友好型、可持续的病虫防控模式，有效提升农作物病虫害防控水平，推动农药减量增效和农业可持续发展。

一、主要做法

（一）坚持高位推动，强化要素保障，夯实试点基础

1. 加强组织保障

常山县委、县政府高度重视，将整建制统防统治和绿色防控融合试点工作作为"五水共治"、现代生态循环农业建设的重要内容，专门印发《常山县2015年农作物病虫害整建制统防统治与绿色防控融合试点方案》，成立由分管农业副县长任组长的领导小组，并根据农作物（水稻、胡柚）种植实际，将目标任务分解落实到各乡镇（街道），将其作为县政府对乡镇（街道）年度目标考核重要内容，确保试点工作有序推进。

2. 加强政策保障

统筹各级财政扶持政策，大力发展上规模、上水平的示范性植保服务组织，积极探索病虫害统防统治与绿色防控融合补贴机制。例如，实行"以奖代补"形式，对为散户提供病虫害统防统治服务的植保社会化服务组织，服务面积达到100亩以上，每亩补贴60元；对实施胡柚病虫害统防统治的植保社会化服务组织，服务面积达到100亩以上，每亩补贴80元；对集成应用绿色防控技术的主体，集中连片面积200亩以上，每亩补贴100元。

3. 加强宣传保障

利用电视、报纸、广播、网络、农技110等平台，进行广泛宣传发动，提高农户对统防统治与绿色防控的认知度和参与的积极性。同时依托科技下乡、农广校等平台，通过培训会、现场会等多种方式，积极引导农民应用绿色防控技术。近年来，共

举办县、乡、村各级培训30余场次，培训2300人次，印发资料6000余份，组织农民到示范区观摩学习12场次，充分发挥了示范带动作用，让广大农户“看有现场、学有样板”，为整建制统防统治与绿色防控融合试点营造良好的氛围。

(二)坚持点面结合，强化防控监管，打造网格化防控格局

1.强化示范创建

把示范区建设列为统防统治和绿色防控融合试点工作重要内容，要求水稻和胡柚连片面积500亩以上的大畈，必须建立百亩以上绿色防控核心示范区；乡镇(街道)至少建立1个百亩以上的核心示范区。2015年，全县建立千亩水稻、胡柚统防统治与绿色防控融合示范区2个、百亩示范片14个，面积合计5000余亩，“县有千亩核心示范区，乡有百亩核心示范片，千亩大畈有示范方”的绿色防控示范格局初步形成，有效推进了病虫防控科学化水平。

2.强化机制创新

探索工商资本介入的拜肯模式，联合42家合作社组建“常山三宝”胡柚专业合作社联合社，开展胡柚产前、产中、产后全程社会化服务。创新“大户＋散户(大户)”、“大户跨区域服务”等合作模式，引导种植大户、家庭农场、农资经销商等组建植保社会化服务组织，为散户提供病虫害统防统治有偿服务。2015年，全县66家植保社会化服务组织实施水稻病虫害统防统治5.2万亩，其中散户1.1万亩，覆盖率55.2%；实施胡柚病虫害统防统治3.48万亩，其中散户1.72万亩，覆盖率51.5%。制定完善《统防统治作业要求》、《安全用药规程》、《绿色防控技术规程》等制度，鼓励应用新型植保施药器械，加快“机器换人”步伐，提升植保专业化、规范化、社会化服务水平。

3.强化废弃物回收

开展农业投入品废弃物回收处置全县推进工作，探索农药废弃包装物回收处置机制。制订农药废弃包装物回收处置方案，将种粮大户、服务主体实际药剂使用量、农药废弃包装物回收量等指标作为补贴面积重要依据。建立监督检查机制，督促主体规范自身行为，提高废弃包装物回收率。在植保专业合作社、农资经销点及粮食、胡柚、蔬菜规模种植基地等设置废弃物回收点120余个，共回收废弃包装物近20吨，回收率达70%以上，有效地减少了农药废弃包装物对生态环境的污染。

(三)坚持齐抓共管，强化多方融合，提升防控成效

1.坚持监测预警与应急防控“两手抓”

落实病虫监测工作岗位责任制，准确掌握病虫发生动态，根据主要病虫发生特点和适宜药剂科学组配，对病虫进行综合防控，有效减少用药次数和用量。同时在病虫防治关键时期，确定专人联系乡镇，通过分片负责、分类指导，实现病虫测报“两查两定”和“统防统治”的良好结合，确保做好病虫害的应急防控。2015年上半

年，全县病虫情报发布期数比常年减少33%，有效控制了病虫发生危害，较大幅度地减少了化学农药的使用次数和使用量。

2. 坚持统防统治与绿色防控"两融合"

采取统防统治与绿色防控融合推进的方式，引导条件好的统防统治组织优先应用生态调控、理化诱控、科学用药等绿色防控技术，实现病虫害综合治理。同时按照"绿色防控措施集成、化学药剂防控配合"的思路，引导植保社会化服务组织同农资经营单位签订购销合同，科学合理使用高效环保药剂，进一步提高病虫害防治效果，减少化学农药使用量，保障农产品质量和农业生态环境安全。

3. 坚持绿色防控与生态治理"两促进"

以农药减量和生态保护为目标，推广应用稻鸭共育、稻鱼共生等生态循环模式，并通过性诱剂诱捕、天敌释放、杀虫灯诱杀、田埂种花留草和科学使用环保高效农药等绿色防控措施，加快建立良好农田生态系统，实现农药减量增效和农业生态环境安全。目前，全县推广稻鸭共育面积3000亩、稻鱼共生基地2000亩，应用2项以上生态、理化等绿色防控措施的面积达10万余亩。

二、主要成效

(一)推进了化学农药减量

2015年，预计全县实施农作物病虫害统防统治面积10.3万亩，比2014年增加12.5%，覆盖率达42.7%。全县绿色防控面积4.2万亩，水稻、胡柚农药减量将达到20%以上，其中早稻绿色防控示范方用药2次，平均亩用量98克，比农民自防田减少1次，预计减量84.0%；胡柚示范方用药(包括清园)3次，平均亩用量1.05千克，比常规用药减少1次，预计减量35.6%，能较好完成年度目标任务。

(二)提高了农产品质量安全水平

通过实施病虫害综合治理，实现生态环境、农产品质量安全建设和农药减量增效和谐统一，2015年上半年全县定量检测农产品合格率为98.6%，定性检测合格率为100%，省级以上抽检合格率为100%，新增绿色食品3个、无公害农产品3个，签订有机食品认证合同15份。

(三)推动了生态循环农业建设

依托"同景科技光伏农业"项目，探索在太阳能发电板下进行水稻、油茶和名贵中药材种植，实现"农光互补"。创新推广拜肯高端生态栽培管理技术，目前拜肯公司已与4家胡柚专业合作社签订协议，通过应用微生物菌肥、微生物农药等生物技术，建设零残留胡柚基地1180亩，进一步打造优质高效胡柚产业。加快整建制推进生态循环农业，积极创建现代生态循环农业示范区2个、面积1.9万亩，培育现代生态循环农业示范主体20家。

三、下一步措施

(一)在服务散户上下功夫

强化土地整村整组整畈流转,推进农业规模经营。加大政策扶持力度,强化病虫害统防统治服务组织规范化建设,进一步提升对散户服务水平,力争病虫害绿色防控在规模基地全覆盖,散户带动率达50%以上。

(二)在科技协作上下功夫

加强病虫害统防统治与绿色防控技术融合示范、农药新产品应用示范,探索研究和引进推广新型绿色防控适用技术,配套集成病虫防控、良种、栽培、测土配方施肥等综合技术,促进区域内品种、栽培模式及管理统一,为农药减量提供支撑。

(三)在融合推进上下功夫

推进病虫害统防统治与绿色防控技术扩面提质,提升普及率和防控能力。加强农药减量与化肥减量、废弃物综合利用及高产优质栽培等技术的融合,集成应用新型清洁化生产技术模式,实现“整区域、全覆盖”绿色防控,为整建制推进现代生态循环农业、农产品质量安全放心县创建打下坚实的基础。

(作者为常山县人民政府副县长。定稿于2015年8月)

努力创新统防统治与绿色防控融合机制

谢秋鸣

近年来，遂昌县按照浙江省农业厅开展农作物统防统治和绿色防控工作的部署，围绕现代植保建设要求，创机制，抓示范，强落实，取得较好成效。2015年又牢牢抓住农作物病虫害整建制专业化统防统治与绿色防控融合试点的契机，创新机制，建设绿色惠农卡服务平台，推进统防统治与绿色防控融合。

一、主要做法

（一）政策强力推进

县政府高度重视，成立了县政府分管领导为组长的病虫害整建制专业化统防统治与绿色防控融合试点领导小组，制定了《遂昌县推进农作物病虫害整建制专业化统防统治与绿色防控融合试点工作方案》、《2015年遂昌县水稻、茶叶病虫统防统治与绿色防控融合技术方案》。以70%财政补贴比例支持植保专业合作社购置植保无人机，加快植保领域机器换人。2015年，将病虫害统防统治服务每亩补贴从2014年的40元/亩提高到60元/亩；在省、市农业部门指导下，抓住关键时期、重点环节和重大病虫，细化防治任务和措施，加强督查和技术指导，推进病虫害专业化统防统治与绿色防控融合的示范、推广工作。

（二）创新制度设计

作为试点县，我们在具体推进过程中，也遇到双减计量难、补贴核实难、效益发挥难的“三难”问题。为此，我们抓住浙江省农业厅《关于抓好2015年粮食产销工作意见》授权各地“出台具体粮食生产补贴政策”的契机，经过多次调研、座谈、征求意见，建立了“惠农基金和绿色惠农卡服务平台”，将规模种粮补贴、病虫统防统治补贴、有机肥补贴等纳入基金，在县域范围内的农资经营店、专业化统防统治服务组织、农村电子商务服务站实施协议定点，配置服务终端设备，通过“绿色惠农卡”直接拨付农户，主要用于补贴种粮农户购买农药等农业生产资料及专业化作业服务等。通过整合惠农补贴，设立“绿色惠农卡”，实行农资、服务刷卡消费，政策补贴倾斜，有利于提高散户参与统防统治的积极性，加快高效环保农药及绿色防控新技术的推广应用，促进生态循环农业建设，实现国家补贴资金专款专用，最大限度地发挥政策的引导作用。

(三)着力示范带动

2015年,全县建立百亩以上统防统治与绿色防控融合核心示范区11个,共4200亩,其中水稻核心示范区6个(1800亩),茶叶核心示范区5个(2400亩)。科学合理应用太阳能杀虫灯、性诱剂、色板等绿色防控技术和科学用药,实施病虫害综合治理,发挥绿色防控示范作用。加强病虫监测和技术服务,技术人员定期定点调查病虫发生情况,做好病虫监测和防治指导。通过示范区和毗邻区农作物生长状况的对比,直观展示统防统治和绿色防控融合良好效果,辐射带动周边农户应用。组织农药经营户、植保专业合作社负责人、家庭农场主、种植大户、示范户等现场观摩3次380人次,通过现场对比观察防控效果,进一步促进绿色防控技术的推广应用。

(四)强化宣传培训

组织农技人员、村两委干部、合作社社员及示范农户,深入农户、田间宣传;通过培训会以及电视、广播、农业信息网、农民信箱等进行宣传,努力营造推进整建制统防统治和绿色防控融合的良好氛围。以农药经营户、植保专业合作社负责人、家庭农场主、种植大户、示范户为重点培训对象,采用举办专题培训班、印发宣传资料、开展技术咨询、深入田间指导等形式,培训现代植保和统防统治及绿色防控技术,在技术资料上,做到简洁、易懂、实用。截至2015年7月已开展不同层次培训班11期860人次,发放宣传资料6600多份,通过农民信箱发布信息6500条。

二、主要成效

(一)提高了统防统治覆盖率

通过政策引路和示范带动,推动了我县统防统治快速发展,植保服务组织服务散户的积极性得到发挥,散户参与统防统治的意愿得到增强。截至2015年7月,全县实施病虫害统防统治3.8万亩,包括水稻1.8万亩,其中散户1.1万亩;茶叶统防统治2万亩,其中散户1.2万亩。全县使用杀虫灯450台,控害面积2.25万亩,茶园使用黄板1.6万亩,稻纵卷叶螟性诱剂应用示范点1个320亩。试点乡镇大柘镇泉湖植保专业合作社2015年新购置植保无人机3台,与1700多户农民签订服务协议,受益茶叶、水稻等农作物面积达1.4万多亩,全镇覆盖率达54%。

(二)提高了资金使用效率

通过“绿色惠农卡”整合惠农补贴资金投入统防统治与绿色防控融合试点,规定其中的统防统治补贴只能用于统防统治,补贴政策向亩用量少的高效、低毒环保药剂及诱虫板、性诱剂等绿色防控物资倾斜，引导资金投向统防统治与绿色防控。以往每年遂昌县投入统防统治只有200万元左右，2015年“绿色惠农卡”内的资金大约有1500万元，这1500万元大部分用于统防统治与绿色防控。

（三）减少了农药使用量

由于示范和宣传到位，农户绿色生产的意识明显增强，病虫害防控理念逐渐转变，应用绿色防控产品与技术更加自觉，统防统治和绿色防控技术融合区农药用量、使用次数双降低。截至2015年7月，全县水稻病虫害统防统治核心示范区用药次数平均1.6次，亩均用药量（折纯）64克，分别比上年同期同地用药次数平均减少0.6次，亩均用药量（折纯）减少12克；全县茶叶病虫害统防统治核心示范区用药次数平均1.3次，亩均用药量（折纯）88克，分别比上年同期同地用药次数平均减少0.5次，亩均用药量（折纯）减少16克。

（四）改善了农业生态环境

统防统治和绿色防控的应用，减少了用药次数和用药量，减少了农药废弃包装物污染，保护了天敌，改善了农田生态环境，增强了农田生态系统的自我调控能力，提高了农产品质量安全水平，为我县农产品电商的繁荣发展提供了优质农产品资源。截至2015年7月，全县新增废弃物回收临时存放点21个，共回收废弃包装物18吨，试点区域农药包装废弃物回收率达70%以上，有效减少了对生态环境的污染。

三、下一步打算

（一）充分挖掘绿色惠农卡服务功能

遂昌县“绿色惠农卡”服务平台将于9月份完成开发调试并投入使用，我们将坚持边运行、边总结、边完善，充分挖掘绿色惠农卡在政策引导、数据分析、农资监管、技术推广、产业发展、考核计量、规范管理、信息入户等方面的服务功能，充分发挥其支农、惠农的作用。

（二）进一步加强农资市场监管

自遂昌县推出定点单位申请以来，全县大部分农资网点都提出了申请。我们要求定点农资网点必须规范管理，如违规经营，将对农资网点停刷卡3天到1个月，严重违规就取消定点单位资格。为防止违法行为，我们制定了一系列农资市场监管制度，一是“进销存”软件监管，全县所有的定点单位的农资“进销存”的“库”在中心云平台，通过中心“库”全面实时掌握各个定点单位的库存品种、数量及进货销售情况，我们可随时抽取某一定点单位某一特定农药品种的库存数量直接到定点单位核对；二是随机抽取一定数量的销售记录，到农户家中调查购买情况并与系统平台数据库核对；三是截访核实，农业执法人员突击在定点单位店门口随机截访购买农户在定点单位购药情况并与后台核对。

(三)强化农药废弃包装物回收

通过绿色惠农卡购买的生产资料有据可查，对农户和专业服务组织生产作业过程中产生的农田废弃物来源和数量信息可追溯。绿色惠农卡目录内农资补贴比例分两档，交回废弃物给予较高补贴比例，不交回农药包装废弃物补贴比例减5%，促使农药废弃包装物、废弃农膜等废弃物的回收工作能落到实处、抓出成效。

（作者为遂昌县农业局局长。定稿于2015年8月）

统防统治工作的现状及对策思考

严建立　王道泽*　陈　瑞　王国迪　洪文英　王国荣
汪爱娟　金立新　邵美红　赵　敏　祝小祥　方必胜

发展植保专业化统防统治，是提升农作物重大病虫害防控水平，保障粮食生产和农产品质量安全的重要举措，是创新现代植保服务方式，促进农业转型升级的必然选择，是践行"公共植保"、"现代植保"理念的重要抓手。摸清杭州市统防统治工作的现状，分析杭州市统防统治发展中存在的问题，提出解决的对策和措施建议，对推进杭州市农作物病虫害专业化统防统治工作，有着重要的现实意义。

一、杭州市植保专业化统防统治工作成效

杭州市从2007年开展植保专业化统防统治工作试点到现在，专业化统防统治得到迅猛发展，服务面积大幅增加，服务水平和病虫防控能力显著提高，取得了显著的经济、社会和生态效益。

(一) 专业化服务组织不断壮大

截至2011年，全市已成立统防统治服务组织142家，建立不同组织形式的植保机防队381个，拥有专业机防队员3355人，配备植保新器械2819台，服务农户数达48977户，形成了以植保专业合作社为骨干，粮食、农机、村级综合服务等组织形式并存的专业化、社会化病虫防控体系。通过全面推进农作物病虫害专业化统防统治服务，涌现出一批优秀的服务组织，2011年建德市新安植保专业合作社、杭州广通植保防治服务专业合作社、杭州及时雨植保防治服务专业合作社、富阳市益农植保土肥专业合作社等4家专业合作社被农业部授予第一批全国农作物病虫害专业化统防统治示范组织。

据对全市142家服务组织的调查，杭州市统防统治服务主体的组织形式主要分为专业合作社型、大户主导型和农药经营带动型三类，其中专业合作社型114家，大户主导型28家，农药经营带动型10家。统防统治服务主体运行机制日趋完善，各服务组织均配套了固定的办公、服务场所和药械仓库，初步具备了专业化、社会化的病虫防治能力；按要求配备了专（兼）职植保员，在植保部门的指导下，协助开展基本的病虫调查、植保技术咨询与服务；建立了一套服务规范和技术规程，建

立了田间服务档案，形成了服务的可追溯制。2011年杭州市各县(市、区)统防统治基本情况如图1所示。

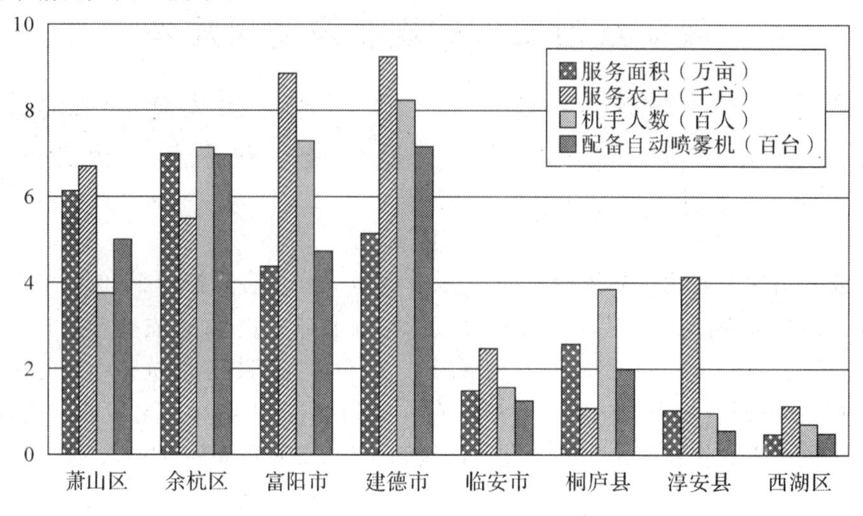

图1　2011年杭州市各地统防统治基本情况

服务形式主要有全程统防统治和代防代治两种。据调查，全市142家服务组织中有92.3%实行全程统防统治服务，每亩早稻收费50～80元，每亩单晚收费100～180元；在山区半山区、经济欠发达、土地流转少、农民接受能力差的地区还存在着部分的代防代治服务模式，每亩水稻收费10元/次。富阳市互利粮油专业合作社实行全程服务，包括统一育秧、肥水管理和收割等，改变了单一的植保服务模式，实现病虫害统一防治，农事统一管理，收费为520元/亩。

(二)统防统治服务规模快速扩展

杭州市历年统防统治实施情况如图2所示。2011年，全市农作物病虫统防统治服务面积达28.21万亩，其中水稻26.01万亩，占全市水稻种植面积的20%以上，粮食功能区害虫统防统治覆盖率达到73%。在重点开展水稻统防统治服务的同时，积极探索蔬菜、茶叶、桑树、水果、苗木等作物病虫害统防统治工作，已开展柑橘病虫害统防统治10000亩，梨、桃树各500亩，桑树6000亩，茶叶11323亩，蔬菜600亩，苗木2213亩。余杭区的杭州好莱喜合作社首次将杂草防治列入统防统治服务内容。2012年，全市农作物病虫统防统治服务面积可达32万亩。

(三)经济效益得以体现

1.降低了农药使用成本

实施专业化统防统治后，减少了农药使用次数和用药量，农药使用成本大幅下降。据调查，2011年水稻统防统治实施区每亩用药4.99次，较非实施区减少1.57次，用药量(折纯)267.05克，减少143.23克，农药成本平均为72.99元，减少用药

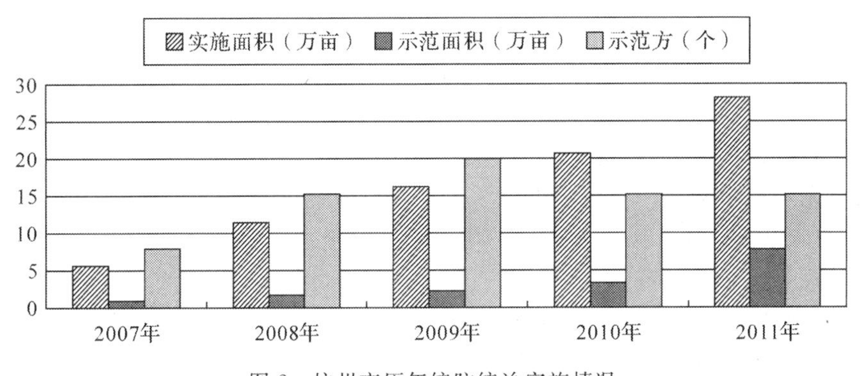

图 2　杭州市历年统防统治实施情况

成本 25.99 元。茶叶统防统治实施区每亩用药 4.2 次，较非实施区减少 3.11 次，用药量(折纯)213.48 克，减少 121.53 克，农药成本平均为 75.97 元，减少用药成本 27.75 元。

2. 节约了用工成本

植保专业化服务组织使用先进适用的植保器械，大大提高了防治作业效率。农民自备的常规手动喷雾器每天只能防治 5～8 亩，而合作社使用的背负式电动喷雾器每天能防治 30～40 亩，担架式喷雾器每天能防治 80～120 亩。据统计，全市水稻统防统治实施区平均每亩人工费为 46.18 元，比非实施区的 76.84 元减少用工成本 30.66 元。茶叶统防统治实施区平均施药人工费为 61.69 元，比非实施区的 78.08 元减少 16.39 元。

3. 挽回了产量损失

实施统防统治后，病虫危害得到了及时、有效控制。统防统治实施区防治效果明显好于非实施区，多挽回粮食损失 5.5%，多挽回茶叶损失 11.7%。全市平均每亩减少粮食损失 42.44 千克，可挽回损失 84.88 元(按 2.0 元/千克计)；减少茶叶损失 2.51 千克，可挽回损失 502 元(按 200 元/千克计)。

(四)取得了良好的社会生态效益

1. 提升病虫害防控能力

通过实行统防统治，植保合作社等服务组织改善了植保装备，实行科学防治，提高了防治效果，大大提升了病虫防控能力，及时、快速、高效地控制病虫害，减轻了病虫危害。近年来，水稻统防统治区的病虫危害得到了及时有效控制，而散户自防区则容易因防治时间和用药方法不当，造成稻飞虱、稻纵卷叶螟等主要病虫害发生而导致产量损失。

实行统防统治等社会化服务，有效解决了目前植保技术到位率低的问题，带动了周边农户及时科学防治，减少了粮田抛荒，促进了粮食生产。作业人员按植保部门提出的防治策略开展防治，使植保服务平台前移，技术服务到户到田，较好地解决了植保技术推广"最后一公里"的老大难问题。

2.保障农产品质量安全

统防统治区严格按照植保部门发布的防治时间和防治药剂进行防治，减少了防治次数和使用剂量，避免了乱用药、滥用药，促进了高效、低毒、低残留农药品种和安全用药技术的推广应用，杜绝了国家禁用农药，并严格执行用药后的安全间隔期，真正从源头上保障了农产品的质量安全问题。

3.改善生态环境

实施统防统治后，通过科学防治，使用高效、低毒、低残留新农药，农药的使用次数和使用量减少，农药包装物及时回收，减少了农业面源污染。

二、杭州市植保专业化统防统治工作的主要做法

(一)以健全社会化服务组织为着力点，加强统防统治服务主体的培育

2008年和2010年的"中央1号文件"中分别提出"探索建立专业化防治队伍，推进重大植物病虫害统防统治"和"大力推进农作物病虫害专业化统防统治"的工作要求，各级植保部门抓住机遇，加大政策、技术扶持力度，整合项目资源，积极引导种粮大户、农资经营企业成立统防统治服务组织，开展社会化服务，使统防统治实现组织化、市场化运作，保证了统防统治工作的有效开展。

(二)以政策扶持为手段，加强统防统治专业服务组织的扶持力度

在积极争取省级财政对水稻统防统治补贴资金的支持的同时，杭州市级财政不断加大对统防统治专业服务组织的扶持力度。市财政在粮食功能区开展统防统治服务补助每亩20元，农业社会化服务专项通过项目申报的形式给予每个服务组织5万～10万元的补贴，出台购机补贴政策给予植保机械30%的补贴。各区、县(市)财政在落实省补贴资金配套的基础上，出台了相关的专项补贴政策。余杭区、萧山区实行良药补助政策每亩补贴10元，萧山区在新建粮食功能区开展统防统治服务每亩补助服务组织30元，淳安县在财政紧张的条件下落实统防专项资金等。

(三)以示范和培训为引导，提高统防统治专业服务组织的技术水平

统防统治是个新生事物，需要示范和培训引导。各地在及时总结成功经验，树立典型，示范推广的同时，加强对服务组织的各类培训，包括植保技术，施药机械的喷洒、维修、保养技术，农药安全使用技术，职业道德等，积极引导专业化统防统治组织采取除化学防治以外的农业防治、物理防治、生物防治等综合防治技术，不断提高统防统治服务组织的技术水平。

(四)以粮食功能区建设为重点，努力提高统防统治专业服务覆盖率

充分利用粮食功能区的示范带动作用，发挥粮食功能区建设的项目和资金导

向作用，在功能区内实行全程统防统治服务，促进了专业化统防统治组织的发展，提高了统防统治专业服务的覆盖率。同时，向农民展示统防统治的综合效果，使农民转变观念，接受植保专业化统防统治，有效推进了统防统治的发展。

三、当前植保专业化统防统治存在的主要问题

杭州市农作物病虫害专业化统防统治工作虽然取得了一些成绩，但从总体上来看仍处于起步阶段，专业化防治组织发展不稳定，统防统治规模小，覆盖率低，防治对象大多限于水稻等作物。

（一）服务组织有待扶持

当前，植保服务组织受服务规模、收费水平、防治成本等因素影响，自身发展能力不足，没有政府扶持还无法正常运行。植保服务组织社会效益明显，但自身属于微利行业，防控压力大、经费短缺、植保机械的购置和维修、聘用植保技术人才和机防手、专业技能的培训等都是制约服务组织发展的因素。

据对全市的服务组织的调查，有 9%的服务组织亏本，18%的保本，73%的盈利，但利润很低，平均每亩盈利 8.8 元(已包括各种补贴)。如 2011 年，萧山区的杭州广通植保防治服务专业合作社利润为 11.56 万元，服务面积 61650 亩，折合每亩利润为 1.88 元；余杭区的杭州及时雨植保防治服务专业合作社利润为 8.6 万元，服务面积为 12027 亩，折合每亩利润为 7.15 元。

由于运作风险相对较高，在实际运行中，遇到了不少困难。调查结果反映，农民要求高，防控压力大，占 77%；田块分散，占 65%；机手雇佣难，占 55%；技术欠缺，占 45%；机械维修难，占 42%；农户收费难，占 42%；缺少资金，占 26%；农户固定难，占 16%。为此，希望政府能够增加补贴，占 68%；希望得到政府的扶持，占 65%；希望政府和技术部门提供技术服务，占 55%；希望政府买保险，占 55%；希望建立评估机构，占 19%。

（二）服务能力有待提高

由于植保专业化统防统治处于刚刚起步阶段，服务组织技术力量差异较大，普遍缺乏植保技术人才，发展不平衡，服务对象单一，以水稻为主，服务内容也局限于病虫防治，服务能力有待提高。142 家植保服务组织中只有 1 家是实行全程服务，包括播种育秧、肥水管理和收割等。

（三）服务行为有待规范

当前，服务组织的从业条件、合同签订、纠纷处理、收费标准等方面缺乏必要的规范和管理，缺少准入和淘汰机制，影响了服务质量。组织运行方面缺少必要的生产和管理规定、规范的生产管理档案、健全的人员管理制度和考核评价奖惩制度。

(四)服务队伍有待加强

由于青壮年劳动力大多外出务工,统防统治服务组织目前普遍缺少专业队员和技术人才。据调查,统防统治服务组织的机手平均年龄都在 50 岁以上,最大的近 70 岁。由于年龄偏大,文化程度也不高,对新技术的接受程度有限,也不太愿意接受培训。机防手收入低,再加上喷药劳动强度大、危险性高,很多专业化统防统治组织好不容易通过培训发展的机手,干了 1 年就不干了,导致队伍很不稳定。同时缺少技术人员,特别是村一级的植保技术员几乎没有。

(五)服务面积有待扩大

专业化统防统治主要依托社会化服务组织,而粮食生产作为传统产业,与农业优势、特色产业相比,存在着效益低、农户分散生产、组织化程度低的特点,这一矛盾导致水稻病虫害专业化统防统治面积的进一步扩大有很大难度。2011 年全市水稻统防统治面积为 26 万亩,只占全市水稻面积的 20%,粮食功能区的覆盖率也只达到了 73%。因此,要实现到 2015 年水稻病虫害专业化统防统治率达到 50% 和粮食功能区全覆盖的目标,需要更大的外部推动力。

农户田块过于分散,制约了统防统治规模的进一步扩大。杭州市人均耕地面积少,农户种植规模普遍较小。田块分散,防治成本高,造成了分散田块的农户想参加统防统治,而服务组织不敢接收的局面。据调查,142 家服务组织的服务对象中户均种植面积 5.76 亩,最小农户面积仅 0.96 亩。全市平均每家合作社的统防统治服务面积仅 1986 亩,规模在 1 万亩以上的只占 3.5%。服务面积最大的杭州广通植保防治服务专业合作社达到 61650 亩,最小的服务组织服务面积只有 300 亩。65%的服务组织认为田块分散是目前统防统治工作无法推进的主要原因之一。

(六)服务风险有待保障

病虫害属生物灾害,具有突发性、暴发性、成灾性,一旦流行,就会增加防治难度和防治成本;农户对病虫害达标防治认识不清,对防治效果要求高,给植保服务组织开展工作带来较大压力。因而需要进一步完善各类病虫害防效认定标准,建立药害鉴定、防效纠纷仲裁机制,及时解决专业化防治中遇到的问题。55%的服务组织希望政府可以建立相关的评估机制,由政府买保险。

四、推进专业化统防统治工作的对策及建议

借鉴外地先进运作模式,结合本地实际,就如何推进专业化统防统治工作提出以下对策及建议:

(一)加强宣传引导,形成支持植保专业化统防统治的合力

广泛宣传,积极引导,提高认识,形成合力。要充分利用电视、广播、报刊、网络、现场会等多种形式进行宣传,让政府和群众认识到发展专业化统防统治的意义和重要性。各级政府要把植保专业化统防统治上升到发展现代农业、建设现代植保体系的高度,上升到保障农业生产安全、质量安全和农业生态安全的高度来抓。社会各界积极参与到发展专业化统防统治的工作中来。努力营造全社会普遍了解、深刻认识、大力支持、合力推进植保专业化统防统治的良好氛围。

(二)加强政策扶持,构建植保专业化统防统治的保障体系

各级政府要加大政策扶持力度,建立国家、省、县三级专业化防治财政专项,将农业重大病虫和外来入侵有害生物的防控上升为政府行为,纳入政府公共管理和服务范畴,建立稳定的经费保障制度和应急防控物资储备制度。要充分利用现有惠农政策,扶持并规范专业化统防统治组织,争取增加对专业化统防统治示范县、示范区的资金支持。重点对植保专业社会化服务组织及相关组织的补贴,加快推动植保专业社会化服务组织发展壮大,提高植保专业社会化服务组织的服务能力。

同时,要制定优惠政策,加强金融财政方面的支持,鼓励引导社会资本进入专业化统防统治领域,探索企业共建、联建统防统治服务组织的模式,促进农作物病虫害专业化统防统治服务组织的快速发展。要积极争取将统防统治保险纳入农业政策保险制度,提倡服务组织代替农户交纳保险费。

(三)加强服务指导,为统防统治工作提供技术支撑

在推进专业化防治的过程中,各级农业部门要加强对服务组织的服务和指导。一是要帮助服务组织完善运行机制和各项规章制度,实行科学管理。二是加强防治指导,及时提供准确的病虫情报和防治信息,帮助建立防治物资供应链,指导开展相应的业务管理,及时组织指导开展应急防治。三是开展技术培训,加强植保技术服务资格认证,重点开展对机防队岗位技能培训,要达到"一能三会",即能维修机动喷雾器;会识别病虫害,会正确施药,会检查防治效果,提升服务组织的整体素质。四是做好示范推广工作,通过总结、提高、示范,宣传统防统治先进经验,带动周边服务组织更好更快地发展起来。

(四)注重项目整合,促进统防统治的发展

要充分发挥各类项目的带动作用,整合"两区"建设、生态示范区建设以及农业社会化服务、农机购置补贴资金等项目资源,在项目中体现对统防统治服务的扶持,发挥资金导向作用,率先在项目实施区实现统防统治服务,重点在粮食功能区建设中体现植保专业化服务组织建设和统防统治的开展。要加大专业化防治组织购置优质适用植保机械的补助力度,充分用好农机购置补贴资金扶持专业化统防

统治。同时,要利用“阳光工程”等培训项目,加强对专业化防治队员的技能培训,确保专业化统防统治工作顺利开展。

(五)加强规范管理,提升植保专业化组织服务能力和水平

农业部门要加强服务组织的规范管理。要在落实《农作物病虫害专业化统防统治管理办法》的基础上,对专业化防治组织的准入条件、服务行为和监督管理进行规范,建立服务组织技术人员的职业技能培训、鉴定制度。制定各类病虫害防治效果认定标准和损失赔偿办法,探索建立农作物病虫害防治效果考核评价、药害等鉴定机制、防治效果纠纷仲裁机制。同时要加强监管,督促检查专业化防治组织的运作和各项工作措施落实情况,及时帮助解决工作中遇到的困难和问题,切实提升服务组织的服务能力和水平。

(六)拓展服务范围,努力提高植保统防统治覆盖率

植保统防统治是农业社会化服务的一部分内容,病虫害防治周期短,季节性强,服务组织不能常年开展经营服务。为提高生存和发展能力,要鼓励服务组织扩大经营服务范围,开展蔬菜、茶叶、水果等经济作物病虫害统防统治服务,或向统一育秧、机收等农机专业化服务延伸,通过向农户提供产前、产中、产后全方位的技术服务来增加效益。通过不断拓宽服务领域和服务范围,建立可持续发展机制,才能稳定专业化防治队伍,有经济实力提高病虫防治的质量和水平,全面提升对重大病虫害的防控能力,提高植保统防统治的覆盖率。

(第一作者:严建立为杭州市农业局副局长;主笔作者:王道泽为杭州市植保土肥总站站长。定稿于2012年10月)

农作物病虫害专业化统防统治现状、问题及推进对策

凌永建

农作物病虫害专业化统防统治是指具备相应植保专业技术和设备的服务组织,开展社会化、规模化和集约化农作物病虫害防治服务的行为。实施专业化统防统治是贯彻、落实"预防为主,综合防治"的植保方针和"科学植保、公共植保、绿色植保"理念的重要抓手,是植保技术集成、推广、应用的具体体现,也是提高病虫防治组织化程度的关键措施。为加快宁波市农作物病虫害专业化统防统治工作步伐,提升发展水平,根据浙江省农业厅统一部署,宁波市组织相关人员就全市农作物病虫害专业化统防统治工作进行调研,并提出了进一步推进的对策措施。

一、农作物病虫害专业化统防统治实施情况

(一)实施过程

宁波市水稻病虫害专业化统防统治工作始于2007年,按照省里统一要求,结合我市的实际情况稳步推进。专业化统防统治工作实施经历了两个阶段,第一阶段在2007—2009年,为专业化统防统治工作起步、摸索阶段。此阶段的工作方式是以服务组织自我发展为主,具体实施的主要类型是松散型的代防代治,并有少面积的承包防治。前期工作取得了初步成效,并积累了一定的工作经验,为下阶段工作的开展打下基础。第二阶段在2010—2012年,为专业化统防统治工作提升和规范化发展阶段。为持续、有效、全面推进我市专业化统防统治,这个阶段我们加大工作力度,主要抓好了以下几个方面的措施:第一是学习取经,大胆尝试。2009年8月,市农技总站组织各地农技站去外地进行了统防统治的专题学习、考察,之后便着手开展了以农资连锁企业组建合作社为主体的专业化统防统治试点工作,并初步取得成功,逐步明确了我市统防统治实施"企业模式"的可行性。2010年我市大胆尝试了统防统治的"企业模式",以"企业型"服务组织为主体,实施了合同承包紧密型水稻病虫害防治服务,并取得了突破性进展。第二是宣传发动,行政推进。2011年,《浙江省农作物病虫害防治条例》颁布实施,我市牢牢把握该条例实施的契机,积极做好领导的参谋。7月15日,市政府发出《关于全面推进农作物病虫害

专业化防治工作的意见》(甬政办发〔2011〕200 号),并要求各地农业部门结合推进农业转型升级、开展粮食生产功能区建设等工作的组织和实施,全力推进。9 月 16 日,市农业局在镇海区召开了全市水稻病虫害专业化统防统治现场会,市农业局鲍尧品局长在会上作了进一步动员。之后,在其他主要新闻媒体里又作了相关报道。第三是积极示范,财政扶持。从 2011 年开始,市级财政对全市水稻病虫害专业化统防统治示范面积开展专项补助,按照每亩 20 元对参加示范的农户实施补贴。2011 年,全市补贴面积就达 7.5 万亩,预计 2012 年全市示范补助面积将达 16 万亩以上。财政的大力扶持,确保了示范工作的顺利开展,有效地带动了周边农户。第四是制定办法,规范发展。2012 年 8 月 13 日,市农业局印发了《宁波市水稻病虫害专业化统防统治实施办法(试行)》和《宁波市优秀专业化统防统治服务组织评选办法(试行)》等规范性文件,文件的出台为我市今后专业化统防统治的规范化实施起到了保驾护航的作用。

随着统防统治工作的逐步、有效推进,我市的实施面积也在稳步增长,从 2007 年的 5.4 万亩一跃到了 2012 年的 27 万亩(预计),增加了近 4 倍(各年间的具体面积详见图 1);开展专业化统防统治的专业服务组织已有 90 余个,服务组织从业人员 1000 余人,拥有机动喷雾器械 800 多台,服务队伍的壮大和装备的提升较快。至此,我市以"企业模式"为主导,其他服务组织共同参与的水稻病虫害专业化统防统治的格局基本形成,并逐步向规范化方向发展,为顺利完成我市专业化统防统治工作"十二五"规划的总体目标奠定了良好的基础。

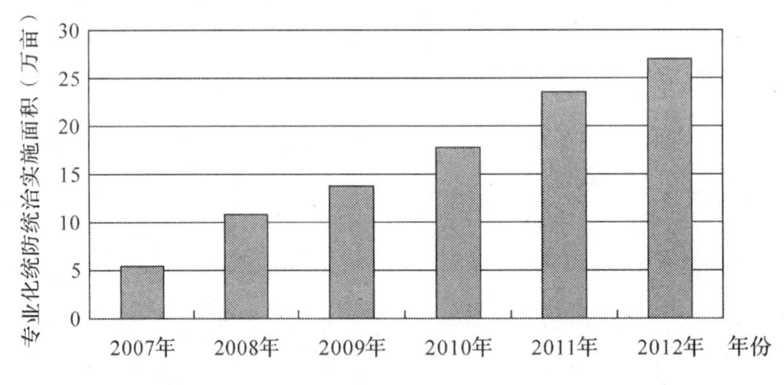

图 1　宁波市 2007—2012 年水稻专业化统防统治实施面积

(二)实施主体类型

植保专业服务组织是专业化统防统治的实施主体,主体类型对于专业化统防统治工作至关重要。随着我市专业化统防统治工作的不断推进,实施主体也在逐渐发生变化。在实施的第一阶段,实施的主体主要是以粮油合作社、农机合作社为主,仅有个别植保专业合作社参与其中,服务类型也是以松散型为主。到第二阶段，植保专业服务组织，特别是省、市农资连锁组建的“企业型”植保专业合作社逐渐占了主导地位，服务面积开始大幅增加，如2011年的承包服务面积就达到了7.5万亩，预计2012年超过15万亩。服务类型也逐渐由松散型转变为紧密型、规范型。

(三)实施取得的成效

根据几年的实施情况来看，我市水稻病虫害专业化统防统治工作取得了显著的成效。

1.提高了防治技术到位率和防治工作效率

在水稻病虫害防控过程中统一药械、统一配方、统一时间、集中防治，极大地提高了病虫害防治的技术到位率，确保防治效果。另外，由于弥雾、担架式等高效机动喷雾器械的使用，极大地提高了喷药的工作效率，大大降低了病虫害防治的工作强度。据统计，专业化统防统治作业区可以比农户自防区作业效率提高近10倍。

2.减少了农药使用次数和使用量，保护环境和农产品质量安全

由于专业化统防统治作业区病虫害防治依据区域测报点的调查，防治时间准确，药剂使用科学，效果明显，并严格执行农药安全使用间隔期制度，作业区每亩施药比农民自防区可减少1～2次，降低了农药用量，保护了农田生态环境和稻米质量安全。另外，由于服务组织生产档案记录翔实，也为稻米质量安全追溯体系建设起到了重要作用。

3.提高了防治效益

由于打药次数和农药使用量减少，每亩可以节省成本约45元，防治效果普遍提高7%～9%。每亩可增加产量29.6千克，每亩增收80元左右，专业化统防统治显示出十分明显的经济效益。

(四)目前存在的问题及原因

虽然在各级农业部门的推动下，我市专业化统防统治工作逐渐步入正轨，但由于工作情况依然复杂、涉及面广，当前推进过程中还存在一些问题和难点。通过调研，我们发现我市的专业化统防统治工作主要存在四个方面的问题。

1.思想认识不够到位，存在畏难情绪

有的地方对专业化统防统治的重要性认识不足，尤其是对统防统治在发展粮食生产和保障农产品质量安全方面的作用缺乏足够的认识。另外，一些地方还受20世纪90年代我市植保社会化服务工作失败的影响，尽管当前农业生产总体形势已经发生深刻的变化，但还是放大困难，思想包袱沉重，影响了工作的整体推进。

2.专业服务的实施主体结构需要进一步调整，实施主体实力需要不断提高

实施主体对于专业化统防统治工作的开展起着决定性的作用，我市实施主体自身还需进一步提高和完善。第一是实施主体结构。相比较其他类型主体而言，

“企业型”植保专业合作社做好统防统治，对于农资连锁企业本身在畅通农药供应渠道、销售服务迈向市场终端、农药市场占有率等方面具有十分重要的意义，所以主体本身积极性较其他主体类型更高。据调查，目前我市农资连锁“企业型”植保专业合作社为7家，仅占全市开展统防统治服务组织的11.7%。“企业型”植保专业服务组织还是相对欠缺，主体类型结构比例有待于进一步调整。第二是主体实力。一些服务组织基础设施相对薄弱、作业能力不强、安全保障措施较差，很大程度上制约了专业化统防统治工作的全面推进。

3.职能部门工作交叉，一定程度上影响了推广的力度

我市专业化统防统治的补贴资金归口于市农机局的“五统一”经营服务补贴，主管部门在操作过程中往往注重其他四项统一（统一育秧、统一插秧、统一耕作和统一收割），“统一植保”搞得好坏或者不搞，农户往往也能领到全额补贴，从而影响了专业化统防统治工作的进展。

4.长效管理机制尚不健全，使统防统治工作持续推进缺乏保障

专业化统防统治风险防范机制的缺失或不健全，将严重制约专业化统防统治工作全面持续开展。调查中发现，有25%的专业服务组织尚未制定作业技术规程，15.6%的专业服务组织没有签订防治协议，还有28.1%的合作社没有田间档案记录，另有25%的合作社没有对作业人员的作业时间进行严格控制，仅有6.3%的专业服务组织给作业人员购买了意外保险。作业安全等方面还留有一定隐患，尚需进一步规范。

二、农作物病虫害专业化统防统治推进对策与措施

推进专业化统防统治是大势所趋，为此我市已经明确了工作的总体目标要求，具体为：力争到“十二五”末，全市实现农作物病虫害专业化防治面积200万亩次，到2015年力争水稻病虫害专业化防治率达到50%以上，粮食生产功能区统防统治全覆盖。实施作物由水稻扩展到经济作物。专业化统防统治工作任务艰巨，需要各级和各方共同努力，并要结合我市粮食生产功能区建设、提升的总体目标积极推进。根据调研结果及各方的意见，我们认为下一步工作的重点是：

（一）明确实施主体，大力开展扶持

调研显示，在对专业服务组织类型的选择中，66.7%的农技人员选择了“企业型”服务组织。“企业型”植保专业服务组织在实施专业化统防统治中积极性更高，优势更加明显。所以在实际工作中政府、部门要重点发展、武装“企业型”服务组织，使其在专业化统防统治工作中进一步发挥主力军作用。

主要要抓好以下几点：首先，政府要在政策、资金方面加大扶持力度。由于服

务组织开展专业化统防统治当前基本处于微利甚至亏损状态，所以政府在资金补贴农户的同时，也要对服务组织进行资金支持（或以购买喷雾器械等实物设施进行补贴）。其次，要控制好专业服务组织总体数量。在一个行政区域中，应该发展一个唱主角的“企业型”服务组织，同时再发展1～2个其他类型组织，使各个组织间能形成有效、良性竞争。再次，积极推行作业准入制。服务组织在发展作业队时，要考虑作业队人员的素质，积极推行作业准入制，提高准入门槛，保证作业质量。最后，积极为服务组织自身发展壮大创造条件。帮助专业服务组织拓展业务范围，如参与农业植物疫情防控及相关工作，促进自身的发展壮大。

（二）加强宣传力度，做好示范带动

本次调研发现，一些农户和农技人员对专业化统防统治工作的了解程度、认知程度还不够，在一定程度上阻碍着专业化统防统治工作的快速推进。针对这种现状，要利用各种媒体、平台，进一步加大宣传力度，要使农户了解专业化统防统治这回事，使农技人员消除疑虑，增加工作主动性。同时，要积极进行示范带动，大力开展示范方建设。市级将做好中心示范方建设，各地要落实县级示范方，以示范、样板等形象的实例展示统防统治工作的成效，切实转变农户的想法，使他们真正认识到参加统防统治“有利可图”。

（三）强化服务管理，积极开展协调

专业化统防统治是以专业技术为依托的防控措施，农业技术部门要进一步加强技术指导、培训和服务，确保科学、专业防控。同时在安全作业、规范作业、作业质量等方面加强管理，促进专业服务组织的规范化运作。同时，针对农户选择的各种服务方式，当前阶段可以根据农户的意愿及具体情况，允许多种方式并存，并随着工作不断推进再逐步引导。

另外，要积极主动与农机部门加强联系。在充分沟通的基础上，处理好与农机部门的工作关系，探索协同机制，做到协调发展，共同推进。如可以建立农技、农机两个部门“统防统治面积核查联动机制”，既可以确保服务面积的准确性，又能进一步推动农机部门的工作。

（四）完善各项制度，有效规避风险

要根据风险产生的环节，有针对性地进一步完善防范和处置机制。专业化统防统治工作的风险和矛盾主要在于以下几个环节：第一是因对防治效果的认定不一而产生的纠纷；第二是在确定赔偿以后，对于损失和赔偿额度的确定；第三是作业人员发生作业意外时的处理办法。

针对上述存在的风险，首先就是要成立风险评估专家组，如发生防治效果等技术上问题时，有一个专门可以进行处理的组织，明确要不要赔偿、怎样赔偿。市、县两级应同时成立风险评估专家组。其次要制定、细化一些操作性较强的办法、标

准，如防效评价标准、服务质量考核制度、纠纷处置办法等等，使一些矛盾、纠纷在处理时有据可依。第三，要引入保险机制。要把农业生产政策性保险引入统防统治工作中，鼓励合作社给作业人员投意外人身保险，切实解决各方的后顾之忧。

（五）总体把握进度，积极有效推进

虽然我市一些地方的专业化统防统治进入较快的发展阶段，但目前工作总体尚处于示范推广阶段，专业化统防统治也没有固定的模式，因地方、作物、主体等不同而有所变化。所以我市的统防统治工作在推进过程中，既不能消极怠慢，又要避免盲目激进，应按照我市“十二五”期间的总体目标，以我市粮食功能区为重点，有计划、有目标、积极有序推进，为全省统防统治工作的全面推进，作出自己的努力。

（作者为宁波市农业局副局长。定稿于2012年10月）

实施农药减量控害存在的问题和对策研究

陈再廖　朱　洁

农药是农业生产中必不可少的投入品,但是由于温州市农业产业结构、经营体制和从业人员的原因,普遍缺乏对农药残留高危害性的认识,在农业生产过程中,往往为了片面追求高产量,在防治病虫害过程中经常盲目使用和滥用农药,甚至使用高毒等禁用农药。而不合理地使用农药,特别是高毒、高残留农药的大量使用,不仅增加种植成本,降低效益,而且影响农产品品质,对广大人民群众的身体健康构成潜在的威胁;同时农药的不科学大量使用还严重破坏生态环境,使天敌数量减少,害虫抗药性上升,导致病虫害逐年发生加重、农药用量逐年上升的恶性循环。因此,从源头上减少农药污染,保护和改善稻田生态环境,提高农产品质量,保障人民身体健康,已是当务之急。本文就温州市如何开展农药减量控害工作做了一些研究,并就存在的问题进行探讨。

一、实施农药减量控害工作主要做法与成效

(一)积极培育合作组织,强化服务网络建设

大力发展植保专业化合作组织,强化服务网络建设,开展农作物病虫害专业化防治,是现阶段病虫害防治工作的需要,更是解决现阶段千家万户分散经营防治病虫害难题的根本途径。为调动农民积极性,促进植保服务组织建设,温州市采取了多项措施:一是积极引导,创建多元化的服务组织。按照《农民专业合作社法》等规定,结合温州市实际,大力培育多元化的植保服务组织,主要以小农户组建植保服务组织、村经济合作社组织的植保服务体系及其他地区的大户牵头组建植保服务组织等多种形式。二是加大宣传,营造良好的社会氛围。充分利用电视、农民信箱、印发宣传资料等形式,进行广泛宣传,调动农民积极性。同时,在市农业局及财政部门的支持下,每年安排一定的经费,在全市植保合作组织中推优评优,对服务面广、社会影响较好、运作较规范的植保专业合作社给予一定的补助并颁发荣誉证书。三是强化管理,引导植保合作社规范发展。根据《浙江省水稻病虫统防统治管理办法(试行)》"六个一"建设标准,积极引导和支持植保服务组织健全各项规章制度,完善内部管理,逐步成为组织健全、服务规范、农户满意的规范性合作社。经过

几年努力，温州市植保专业化合作组织服务工作取得显著成效，到2011年底全市正式登记的植保合作组织达到92家，加上从事统防统治的其他组织共228家，拥有背负式机动喷雾器1828台，担架式机动喷雾器808台，通过加强专业化服务组织建设，创新多元化服务体系模式，取得了良好的生态效益、社会效益和经济效益。

（二）实施精准施药技术，提高农药使用效率

以准确的农作物有害生物预测预报为基础，以达标防治为依据，大力推广应用水稻重大病虫综合防治技术，选用高效、低毒、低残留农药，施行以机动喷雾器为主的精准施药技术，有效提高农药的安全使用与利用率，合理地减少化学农药的使用，达到了减量、控害、节本、增效目的。主要措施有：一是采取有力措施，切实加强病虫监测预警工作，准确掌握病虫草的发生与最佳防治时期，通过多种途径（包括电视预报、纸质情报、农民信箱等）及时将信息传播给农民，同时强化“两查两定”，力求做到达标防治，尽量减少防治次数。二是积极推广新型植保机械。以服务组织为植保技术推广的载体，可以明显提高技术普及率，有效降低技术普及的成本，大大提高了技术的覆盖面和到位率。随着温州市2012年植保专业合作社的蓬勃发展，背负式机动喷雾器、担架式机动喷雾器等新型植保机械被大量推广使用，大大提高了农药使用效率。三是做好病虫防治指导工作。以准确的农作物有害生物预测预报为基础，让农民准确掌握施药品种、防治时间、水量和部位，实现精准施药技术，提高农药使用效率。并且向农民积极灌输农药交替轮换使用的概念，避免同一药剂循环连续使用，以提高防治效果和延缓抗性产生。

（三）实施综合防控技术，提高病虫防控水平

近几年温州市贯彻“预防为主，综合防治”的植保方针，充分发挥市农作物重大病虫监测预警中心的作用，加强了病虫监测预警，坚持长短结合、标本兼治和综合治理，推行“三结合、一协调”的防控对策，即源头治理和扩散流行区控制相结合，应急防治和常规防控相结合，专业防治和群众防治相结合，全面协调应用农业防治、生物防治、物理防治、生态控制和化学防治等技术措施。全面禁用甲胺磷、对硫磷、甲基对硫磷、久效磷、磷胺、甲拌磷、氟虫腈等高毒、高残留农药及其混配剂，在稻田禁用拟除虫菊酯类农药及其复配制剂，筛选推广新型农药。

（四）加强植保技术培训，提高植保技术到位率

植保技术专业性较强，农民不易掌握，必须充分重视植保技术培训工作，开展多种形式技术培训，提高农民的植保技术水平。针对近几年合作组织的发展，2012年特别对合作组织的植保员进行了专门培训，通过培训，让农民、机手、经营户具备一定的农业科技知识和一定的病虫防治专业知识，做到不用错药、适时对路用药，尽可能将农业生产的损失降低到最低程度，充分发挥植保服务体系的作用。同时全面利用电视、广播、报纸、移动通信及计算机网络等多种媒体平台，支持和服务于植保防控工作。坚持每周制作可视化节目并在电视上播报，同时同步在温州农业信息网上发布。大力举办培训班，培训专业大户、合作组织负责人和农药经营人员，广泛发放虫情信息及防治技术资料，把植保技术送到农民手中，让农民听得懂、学得会、用得上，全面调动了我市农民的主动性和积极性，形成了全民抓植保的良好氛围，扎实推进了病虫减量控害工作的进程。

(五)着力推进统防统治，增加农民经济效益

继续把统防统治列入农业工作考核内容，着力推行统防统治。水稻重大病虫按照统一防治时间、统一用药配方、统一防治方法、统一防治质量的要求开展。同时积极扶持发展专业化防治组织，引导植保专业化防治健康有序发展。一是强化宣传，营造良好的社会氛围。充分利用电视、农民信箱、印发宣传资料等形式，进行广泛宣传，将补贴政策宣传到村到户，营造了发展统防统治工作的良好氛围。二是加强指导，提高农技人员的服务水平。全市植保干部坚持把统防统治工作作为一项重点工作来抓，加强了对植保合作社等专业合作社的指导，帮助健全各项管理制度，创新服务方式。根据当地实际，制定了统防统治技术规程，加强田间病虫调查，把病虫情报、防治技术送到各植保服务组织中，指导防治工作，推广应用综合防控措施，科学合理使用农药，严把防控质量关，促进了统防统治工作顺利开展。三是加强督查，核实统防统治的服务面积。及时对全市植保合作社等服务组织开展水稻统防统治所签订的服务协议、实际服务面积进行审查、核实，对统防统治经费的发放进行监督。

(六)实施绿色防控技术，减少农药使用数量

为进一步贯彻落实科学发展观和“绿色植保”理念，实现我市农业可持续发展，确保农产品质量安全和人民身体健康，有效控制农作物病虫危害，而积极推广病虫害绿色防控技术。一是农业防治技术。全市早稻推广抗病虫品种面积达45万亩，占可推广面积的90%以上，实施稻田灌水翻耕杀蛹(二化螟)35万亩。二是生态控制技术。结合我市当地的优势，在永嘉、泰顺推广稻田养鱼，在瑞安、苍南推广稻田养鸭技术，并在全市推广采用覆膜起垄和搭架栽培技术，注意雨后及时排涝，保护地加强通风、透光、降湿，以减轻病害的发生。三是物理防治技术。大力推广频振式杀虫灯、黄板诱杀与灯光诱杀技术应用，目前黄板诱杀已成功应用于大棚烟粉虱和番茄曲叶病毒病的防治，防治效率可达90%以上；频振式杀虫灯在我市的实际应用面积已达60万亩次。四是生物防治技术。性诱剂诱杀技术在我市已应用10万亩次，主要在蔬菜上诱杀斜纹夜蛾和甜菜夜蛾；性诱剂在水稻上的应用还有待进一步开发。五是推广高效、低毒、低残留环保型农药。科学使用农药，包括适期、适量、对症用药，采用新型施药器械，提高药液雾化效果，以减少农药用量，提高防治效果。同时，氯虫苯甲酰胺、氟虫双酰胺·阿维菌素等高效、低毒、低剂量新农药防

治二化螟、稻纵卷叶螟的应用面积每年达300万亩次，这些新型环保农药的大面积应用，大大减少了农药用量，实现了绿色环保。

二、存在的主要问题

(1)植保队伍弱化，特别是测报人员缺乏。一是县本级从事测报人员越来越少，只有个别县植保站还坚持自己参加调查，大部分县已经不再调查，存在基础数据不够准确的问题。二是基层测报点布局不够合理，测报人员后继无人。三是乡镇缺少技术人员，存在技术传播盲区。

(2)《浙江省农作物病虫害防治条例》在很多地方还没有得到有效落实，特别是机构设置、经费安排、防控措施等还存在大量问题。

(3)经费缺乏，个别县连基层测报点的运行与测报人员的补贴经费都无法保障。

(4)统防统治的步伐还比较慢，力度还不够大，范围还比较窄。

(5)总体来讲植保器械还比较落后，农药使用效率仍然不高。

三、对策研究

(1)在实施好现有措施的基础上，建议全省统一进一步加强对《浙江省农作物病虫害防治条例》的宣传，营造全社会了解、支持、执行该条例的浓厚氛围。

(2)要求省人大在适当的时间开展实施《浙江省农作物病虫害防治条例》执法检查，监督地方政府按照条例要求设置机构、安排经费、加大推广绿色防控力度，减少农药使用数量，实现农药减量控害的目标。

(3)加大技术培训力度，提高农业干部特别是基层农业干部和专业合作组织技术骨干的业务水平，实现减量控害技术到位率。

(4)建议制定植保器械标准，淘汰以工农-16为代表的低端喷雾器，加大力度推广高效喷雾器。

(5)继续加大力度筛选、推广高效、低毒、低残留对生态环境友好的新农药。

(第一作者：陈再廖为温州市植物保护站站长。定稿于2012年10月)

农作物病虫害监测预警体系现状与发展思路

朱明泉　潘欣葆*　吕进

湖州市地处浙江北部，太湖南岸，素以“鱼米之乡，丝绸之府”著称，全市土地面积5819.56平方千米，位于东经119°14′～120°29′，北纬30°22′～31°11′，辖有吴兴、南浔两区和德清、长兴、安吉三县。2011年全市主要农作物种植面积有水稻(单季晚稻为主)85866公顷，小麦20666公顷，油菜24667公顷，蔬菜37800公顷，瓜果6000公顷，桑树17733公顷，茶树16933公顷，是一个以粮、油、蔬、果、桑、茶等为主的综合性农区。

一、农作物病虫害监测预警体系现状

自1955年12月农业部颁布《农作物病虫预测预报方案》、在全国范围内开展农作物病虫害监测预报工作以来，湖州市也在20世纪60年代前后开始建立农作物病虫监测预警机构——农作物病虫测报站，隶属于同级农业部门的植保检疫(农作)站，其主要职能为适应农业生产病虫害防治需要，对水稻、大小麦和油菜等病虫害开展监测预警，按照测报要求进行田间调查，根据病虫害发生规律和发生实际情况，准确预测、及时发布病虫情报指导防治，减轻农作物因病虫危害而造成的损失，保障农业丰产丰收。10多年来，全市粮油作物病虫草鼠常年发生为害面积达1500万亩次，防治面积达1800万亩次，年挽回粮食损失可达20万余吨，占全市粮油总产的20%以上。因此，病虫害监测预警是确保农业生产稳产高产的重要环节，受到了各级政府、农业部门重视，广大农民群众也普遍欢迎。

(一)机构设置

几十年来，在各级政府和农业部门的重视和支持下，我市的农作物病虫害监测预警事业得到稳定发展，市、县两级均建立农作物病虫害监测预警机构，现有以粮油作物病虫测报为主的病虫测报站4个，即市农作物病虫测报站和德清、长兴和安吉县农作物病虫测报站，以及基层测报点9个。在市、县两级监测机构中，属于省级重点监测预警机构4个(其中含国家级监测预警机构1个)。

(二)基本建设

各级政府重视农作物病虫害监测预警体系建设，对病虫害监测预警基本建设投入一直较大，特别是近年来通过全国植保工程和省粮专资金等项目，加大了扶持力度。在市、县两级政府和农业部门的重视和支持下，我市通过部、省、市和县共建等多种形式，市、县两级均实施了部级或省级病虫害监测预警区域站项目建设，基础设施和监测预警条件得到很大改善，办公条件和实验设施得到改善和提高，监测装备水平显著改善，配备了一大批先进仪器设备，如日别式自动诱虫灯、孢子捕捉仪、气象仪、鼠情监测仪等病虫害监测仪器，以及计算机、高清晰数码照相和多媒体投影仪等仪器，对提高病虫害监测预警水平，开展病虫害监测预警信息化和数字化处理，提高对重大病虫预警能力和处置水平打下了良好基础。

(三)监测范围

受传统农业影响，监测人员较少，加上我地粮油作物重要病虫害有稻纵卷叶螟、稻飞虱(褐飞虱、白背飞虱、灰飞虱)、螟虫(二化螟、三化螟、大螟)、黏虫、蚜虫、稻瘟病、纹枯病、条纹叶枯病、稻曲病、赤霉病、油菜菌核病等，病虫害种类多，发生复杂，危害重，监测调查任务重，因此，监测预警主要限于水稻、大小麦和油菜等农作物的病虫害。

二、现代农业发展条件下病虫害监测预警体系的特点分析

全国植保大会提出了“公共植保、绿色植保”理念，为了适应现代农业发展要求，促进农业产业水平提升，实现农业增效、农民增收，确保农业生产、农产品质量和农业生态环境安全，推进现代植保建设，不断完善“政府主导、属地管理、联防联控”重大病虫害防控工作机制，坚持贯彻执行“预防为主，综合防治”的植保方针，适应农业生产发展的需要，科学合理指导病虫害防治工作，迫切要求进一步健全我市的农作物病虫害监测预警体系。

(一)农业产业发展和提升的需要

随着农业产业的发展和提升，在继续做好传统的以粮油作物的病虫害监测预警的同时，迫切需要将病虫害监测预警范围扩大。因为我市种植农作物除了水稻、大小麦和油菜外，还有蔬菜、瓜果、桑树、茶树等，在农业生产中均占较大的比重(见表)，病虫害发生为害亦均偏重。如蔬菜等经济作物病虫害发生复杂，为害严重，由于一般生产周期较短，对病虫害防治要求更高，迫切需要加强病虫害的监测预警，提供科学合理的防治指导，以确保蔬菜产品的产量、品质和食用安全，提高我市蔬菜产业在市场上的竞争力，促进蔬菜等产业的发展和提升。

表 湖州市2011年主要农作物种植面积(单位:公顷)

县(区)	水稻	大小麦	油菜	蔬菜	瓜果	桑树	茶树
吴兴	13600	1933	4400	8533	600	1933	867
南浔	21400	2333	5467	5867	533	8400	—
德清	9400	267	933	3200	733	4200	800
长兴	26933	12133	10667	13533	2867	1333	6133
安吉	14533	4000	3200	6667	1267	1867	9133
合计	85866	20666	24667	37800	6000	17733	16933

(二)经济发展的需要

随着经济的不断发展、人们生活水平的不断提高,对农产品不仅需要数量的充足供应,还要求提供优质、安全的农产品,即无公害、绿色农产品甚至有机食品。因此,对病虫害监测预警来讲要求将更高,必须提供更及时、更准确的防治信息;要有利于科学、合理开展病虫害防治,要让农民尽量做到少用农药、有针对性地使用农药,进一步向病虫害绿色防控方向发展。

(三)现代农业发展的需要

随着农村经济的发展,各地加快了土地流转、集约化经营的发展步伐,促进了现代农业的发展。2012年,湖州市围绕"建设国家现代农业示范市"目标,进一步完善举措,加快土地流转,实现农业增效、农民增收,推进农业现代化建设,全市新增流转土地面积3533公顷,其中33个村实行了土地整村流转,面积达到3686公顷。这样,对病虫害监测预警来讲,既是机遇,也是挑战:一方面可能由于耕作栽培、品种布局的相对统一,有利于病虫害监测预警工作的开展,促进病虫害统防统治工作的进行,有利于农药的规范使用,提高防治效果;另一方面对病虫害监测预警也提出了更高要求,既要提供科学、合理的防治技术,有效控制病虫害为害,又要在防治指导上注重降低农药使用量和成本,提高经济效益。

三、健全监测网络,加强队伍建设,提高农作物病虫害监测预警水平

各级政府和农业部门要继续支持病虫害监测预警体系建设,建设好布局合理、队伍稳定、点面结合的农作物病虫害监测预警新体系,确保监测预警工作正常进行,拓展监测预警范围,提高监测预警水平,为农业丰收和现代农业发展作出贡献。

(一)健全监测网络,逐步实现主要农作物病虫害监测预警全覆盖

一是要健全以市、县(区)为主的粮油作物病虫害监测预警体系。要继续加强

市和三县的病虫害监测预警机构建设，同时在吴兴区、南浔区要积极创造条件及早建立病虫害监测预警机构。另外，由于受耕作栽培制度、品种布局和气候条件等因素的影响，病虫害发生的区域性较强。因此，要建立点面结合的病虫害监测预警体系，以市、县（区）病虫害监测预警机构为主，并按农作物种类和面积建立区域性病虫监测点，即在市、县（区）病虫害监测预警机构下分别建立几个（3～5个）布局合理的病虫害监测点，以提高监测预警的准确性和针对性，更好地指导防治。二是根据作物布局，在市、县现有的病虫害监测机构中创造条件（主要是监测预警专业人员的配备）扩大监测预警范围，或建立新的专业病虫害监测预警机构（如蔬菜等专业病虫害监测预警机构），以全面指导主要农作物病虫害的防治。

（二）加强队伍建设

要加强队伍建设，市、县（区）监测预警机构应配备3～5名专职人员。目前监测预警机构普遍存在着人员偏少、年龄等结构不合理和业务水平有待提高等问题。因此，应及时将有志从事病虫害监测预警事业的高校毕业生等人员充实到各监测预警机构，确保监测调查等工作的正常开展。同时要加强技术培训，通过送出去到大专院校和科研院所深造或请进来培训和指导等形式来提高监测预警人员的业务水平。

（三）确保监测预警工作正常进行

市、县病虫害监测预警机构通过部或省级区域站项目建设在办公实验用房、病虫害监测仪器设备等方面有了很大改善，要加强管理，并积极做好通信（包括互联网等）、电力、交通等方面的保障工作，以确保监测预警工作正常运行，充分发挥监测预警项目建设各项功能，提升监测预警能力。

（四）严格要求，提高监测预警水平

要按照农作物病虫害监测预警规范开展农作物病虫害监测，加强农作物病虫害监测预报站点的信息系统建设。监测人员要切实做好农作物病虫害的调查监测，建立健全监测预报工作制度，准确提供监测数据，及时作出农作物病虫害发生趋势预测，发布农作物病虫害预报预警信息，提出农作物病虫害防治意见，保障农作物病虫害监测预警水平，为农业丰收和现代农业发展作出贡献。

（第一作者：朱明泉时任湖州市植物保护检疫站站长；主笔作者：潘欣葆为湖州市植物保护检疫站高级农艺师。定稿于2012年10月）

新形势下基层植物检疫工作情况调查

王才良　赵国纬*　何晓迪　张文钢
傅关英　陶献国　徐品凡　王叶婷　陈　斌

植物检疫是通过法律、行政和技术的手段，防止危险性病、虫、杂草和其他有害生物的人为传播，保障农业生产和生态环境安全，促进贸易发展的措施，是构筑农业生产安全体系的第一道防线，也是贯彻"预防为主，综合防治"植保方针，落实"公共植保、绿色植保、现代植保"理念，履行农业公共管理和社会服务的重要内容，事关农业、生态、贸易和农产品质量安全。近年来，嘉兴市各地植物检疫机构严格按照上级的要求，认真开展各项检疫工作，有效地防止了检疫性病虫草害的入侵、扩散与蔓延。但是，随着嘉兴市现代农业快速发展、种植业结构不断调整、物品交流日益频繁，疫情传入的风险越来越高，传播速度越来越快。面对日趋复杂的疫情新形势，基层植物检疫部门还有诸多问题需要面对。

一、基层农业植物检疫工作基本情况

（一）机构设置状况

嘉兴市下辖的7个县(市、区)中，设独立法人的植物检疫机构有6个，南湖区植物检疫职能由农业行政执法大队承担。7个基层植物检疫机构中，参照公务员管理的有4个，公益类的有3个。7个植物检疫机构均以不同的形式与其他部门合并或合署办公，其中与农业行政执法大队合署办公的有南湖区、海宁市和桐乡市，与植保站合署办公的有秀洲区和嘉善县，与植保土肥站合署办公的有平湖市和海盐县。

（二）植物检疫员队伍

截至2011年12月，全市各县级植物检疫部门共有专职检疫员28人，每个县(市、区)2～6人不等。所辖各农业镇(街道)有兼职检疫员62人。从年龄结构上来看，专职检疫员年龄结构较为合理，20～30岁的有4人，占14.3%，30～40岁的有4人，占14.3%，40～50岁的有15人，占53.6%，50～60岁的有5人，占17.8%，基本形成了一个老中青合理分布的队伍。兼职检疫员整体年龄偏大，50～60岁的有40人，占64.5%，40～50岁的有12人，占19.4%，40岁以下只有10人，占16.1%。从专业上来看,专职检疫员中植保植检类专业的有14人,占50%,其他专业包括农学、林学(林业)、行政管理等;兼职检疫员多以乡镇植保员为主。从近3年的人员流动情况来看,专职检疫员队伍较为稳定,人员变更以正常的退休和新进为主。兼职检疫员队伍变动较大,人员变动较快。

(三)检疫工作情况

1.检疫性病虫害和外来有害生物得到了有效控制

近年来,在嘉兴市各地发生过的全国农业检疫性有害生物和浙江省补充检疫对象有李属坏死环斑病毒、扶桑绵粉蚧、毒麦、水稻细菌性条斑病、黄瓜绿斑驳花叶病毒病、豚草和冠瘿病,在疫情发生后,各地第一时间上报疫情,积极采取各种行之有效的防控措施,切断病源,做到了早发现、早扑灭,有效地防止了检疫性病虫草害的扩散,降低了可能造成的严重损失。外来有害生物加拿大一枝黄花经过多年综合防控,发生面积也从最高峰时的5.92万亩减少到目前的0.97万亩,减少了83.6%,且零星轻发生面积占76.62%,有效地遏制了其快速蔓延势头,保障了农业生产安全和生态安全。

2.阻截带建设顺利推进

经过几年的建设,目前,全市共设立疫情监测点69个,其中重点综合监测点24个,分布于42个镇(街道),占全市农业镇(街道)总数的63%,涉及水稻、梨、葡萄、棉花、瓜果、蔬菜、花卉等多种作物。

3.产地检疫和调运检疫工作有序开展

2011年,全市产地检疫面积27531亩,检疫合格种子10075吨,种苗产地检疫监管率达100%。市里每年还组织检疫人员赴海南水稻南繁育种基地进行田间检疫,从源头上把好关。在签证上,各县(市、区)也全部实现了通过“全国植物检疫平台”签发,做到了规范签证。

4.种子种苗检疫专项执法检查

近年来,各县(市、区)植检站每年都认真对辖区内种子种苗生产经营单位开展专项检疫执法检查。从检查情况上看,粮油类种子的生产经营单位(如种子公司、农科院),检疫意识相对较强,产地检疫申报、检疫率均达100%。瓜菜类和花卉类种子(草本苗木)的生产经营单位(个人)多数因为规模小、分布散、人员文化程度低等,检疫意识相对较弱,检疫档案记录不够完整。

二、新形势下基层农业植物检疫工作中存在的主要问题

(一)思想认识上还存在不足

嘉兴市各县(市、区)自2005年起都成立了植物疫情防控指挥部,每年对上与

市政府签订责任书,对下与各镇(街道)签订责任书,部分乡镇同所属的村签订了责任书,将植物检疫工作纳入年度考核中。从总体上来看,各级部门对植物检疫工作越来越重视,但是,仍然有部分领导干部和群众,在认识上还不到位,对检疫工作不理解、不支持,有些领导干部认为检疫性有害生物一般不会造成人员伤亡,不会影响社会稳定,有些同志认为加拿大一枝黄花防除后还是会长出其他杂草,与其费时费力不如不防,这就直接导致了防控资金投入不足、措施难以真正落实、防除不彻底、工作开展不平衡,有些群众认为检疫就是为了收费,有一定的抵触情绪。认识上的不足导致了检疫工作开展过程中难度加大。

(二)检疫员队伍有待充实,检疫条件亟待提升

1. 专职检疫员难做到专职

28 名取得检疫员证的专职检疫员平均到每个县只有 4 人,甚至有的县只有 2 人,而且这其中 90% 以上的专职检疫员日常工作中还要兼顾病虫测报、防治、土肥、农药管理、森检等多种职能,工作常常是顾此失彼,严重制约了检疫工作的开展。

2. 兼职检疫员积极性调动难

虽然每个农业镇(街道)都有 1 名兼职检疫员,但也需要承担植保、粮油、林业甚至更多条线工作,植物检疫工作只能处于应付状态。基层植物检疫工作以疫情普查和外来有害生物防控为主,这一块工作既难立课题,又不容易出成果,加上多数县(市、区)公车改革后用车不便,致使很多人工作的积极性不高。另外,频繁的岗位调换、匮乏的专业知识、缺位的业务衔接等也严重影响了检疫工作的开展。

3. 检疫条件亟待提升

全市 7 个植物检疫站,除个别县(市)有少量的检疫设备外,其他地方几乎没有任何仪器设备,连最基本的显微镜、解剖镜都没有,这既与我们当地的经济水平不相匹配,也无法有效应对当前错综复杂的疫情形势。

(三)检疫把关越来越难,逃检漏检仍普遍存在

1. 发达的交通、多样的运输方式为逃检漏检提供了便利条件

嘉兴市区位条件得天独厚,铁路、公路、水路四通八达。运输方式上,大批量调运以火车、汽车、轮船为主,小批量调种多以物流配货、邮寄、快递或自身携带进行。随着现代物流业的快速发展,快递公司如雨后春笋般涌现,为提高业务量,快递公司在调运植物及其产品时几乎从不需要提供检疫证书,这也给检疫机构的监管带来了很多困难。

2. 新奇特农产品的追求增添了检疫把关的难度

为进一步提升农业的附加值,提高农业产出,各地积极调整种植结构,水果、苗木、花卉种植面积逐年扩大,新、奇、特农产品不断增加。农产品流通步伐加快,调

入调出更加频繁，加上通过网络购买种子、产品的年轻人越来越多，使得原本不应在本地出现的检疫性有害生物都有了随时侵入的可能。

3.鲜活农产品绿色通道带来了新问题

鲜活农产品绿色通道的开通为农产品调运带来了方便，降低了运输成本，但也带来了新问题。由于有些公路收费站并未按规定检查调运的农产品的植物检疫证书，只要属于减免收费范围的鲜活农产品就予以放行；有些调运农产品的单位、个人，不去办理植物检疫证书，逃避检疫管理。另外，从调查来看，很多调运农产品的单位、个人要求开具检疫证书就是为了节省路费，检疫部门可以借此机会对其运输的农产品进行检疫，然而自2010年12月1日起，全国所有收费公路（含收费的独立桥梁、隧道）全部纳入鲜活农产品运输“绿色通道”网络范围，对整车合法装载运输鲜活农产品车辆免收车辆通行费后，我市办理检疫证书的鲜活农产品量大幅减少，2011年全年不足100批次，仅为2009年25434批次的4‰。

（四）种子包装检疫编号不规范现象仍比较突出

按照《中华人民共和国种子法》的规定，种子标签上需标注检疫证明编号，这表明任何种子生产和经营单位必须严格实施种子检疫。但是在种子市场执法检查和市场调查时却发现种子外包装上种子检疫编号不规范现象仍比较突出，表现在检疫证号过期、一证多用、无证、套证等。在包装印刷上也不规范，有直接印到包装袋上的，也有用喷码标出或用不干胶贴上的，还有的就使用自编的流水号、物流码或识别码。一般来说，利用“全国植物检疫网络化管理工作平台”开出的检疫证书格式为“植产检字第××号”，编号是16位，但市场上的编号五花八门，如“鲁（寿）植检登字第003号”、“植物检疫证号：050708650”等，很不规范。另外，即使使用全国统一的编号，目前也没有一个有查询功能的平台，依然无法辨别真伪。

（五）检疫执法水平、执法力度有待提高

执法人员执法不规范，对问题查处不力的现象仍存在。在执法过程中，还存在不着装执法，以及检疫执法程序不合法等问题。在基层执法中虽然发现了问题，但碍于人情面子，许多问题也不能及时、有效得到处理。另外，检疫执法部门对经营门店没有直接的约束手段，致使一些销售门店难以管理。销售门市数量多，地点杂，流动性强，执法难度较大。

（六）部门间沟通、协调有待加强

农业植物检疫工作由当地植物检疫机构负责，但要严把检疫关口，防止检疫性有害生物的传播和扩散，单靠植物检疫机构几乎无法完成。如调运检疫工作涉及农业、交通、邮政、公安、铁路等多个系统，但在实际工作过程中农业与其他部门之间交流、沟通的机会很少，信息不顺畅，造成了部分应检植物和植物产品的漏检、逃检。在地方，外检与内检之间也缺乏积极有效的沟通协作。虽然外检与内检工作的性质和目的都是防止特定病、虫、草害的人为传播，但是由于管理体制和工作重点不同，双方缺乏沟通和协作，影响了系统整体功能的发挥和植物检疫事业的发展。

三、新形势下做好农业植物检疫工作的思考与探索

（一）加强宣传，进一步提高干部群众对检疫工作重要性的认识

植物检疫是一项预防性措施，目的在于防患于未然，但在危险性病虫害没有对农业生产造成严重危害之前，这项工作的重要性很难被人们所认识。当前，植物检疫的认可度远不及卫生检疫和动物检疫，甚至还可能被误认为是多一道程序，影响产业发展。因此，植物检疫部门要进一步做好行之有效的宣传，积极争取领导的重视和全社会的支持。要利用技术培训、法律下乡、农资打假等活动，以“全国植物检疫宣传周”为契机，充分发挥网络、新闻媒体等的舆论引导优势，利用农民信箱、短信、广播、电视、网络、报纸、宣传栏等平台，广泛宣传植物检疫法律法规、检疫性病虫害知识以及检疫证书申请办理流程等，让广大群众及时了解到检疫性有害生物的危害性，提高防控的自觉性和警觉性，为植物检疫工作的顺利开展提供良好的外部环境和群众基础。

（二）加强队伍建设，改善检疫条件，不断提升检疫水平

做好植物检疫工作，队伍建设是关键。近年来各地植物检疫人员还不够稳定，尤其是年轻同志，承担行政职能却要面临职称评定等实际情况，多难以安心于检疫工作。因此，在事业单位改革过程中，应将植物检疫机构列入参照公务员管理，解决从业人员的后顾之忧。提高检疫员准入条件，要求有植保专业学历，对专职检疫员实行严进严出。定期或不定期开展技术和法律法规培训；对新发生的检疫对象可组织开展现场会，掌握最新的检疫知识，提高检疫水平和工作能力。改善检疫条件，及时配备显微镜、体视镜、离心机、GPS 等仪器设备和数码相机、摄像机等执法取证工具，提高整体的检测水平。

（三）检疫防控关口前移，重心放在“防”上

疫情防控，重在“防”而非“控”。要加大疫情普查力度，充分调动兼职检疫员、农业产业主体、生产经营大户的积极性，发挥群众的力量优势，保证辖区各项检疫性有害生物普查的到位率，加强技术指导，保证普查数据的真实可靠性。严把产地检疫关，摸清涉及产地检疫的单位和个人信息，掌握基本情况，做到工作主动，心中有数。严格按照检疫标准进行产地检疫，对发现的检疫对象立即采用有效措施、封锁和扑灭。严把调运检疫关口，对来自疫情发生区的应检植物和植物产品必须进行复检。

(四)进一步规范种子包装检疫编号

实行全国统一的产地检疫合格证编号,以便于识别真假,规范市场秩序。目前我市各县(市、区)均相继安装了全国植物检疫工作平台,基本实现了所签发的植物检疫证书在平台上打印,检疫管理进一步规范,但平台建设还有待完善,可增加检疫证号查询功能,实现数据共享,有效控制逃检、漏检,证号伪造、涂改、转让、套证等违法行为。

(五)规范执法行为、提升执法水平

加强对检疫执法人员法律、法规知识及业务知识的培训。在执法过程中要做到严格执法,热情服务,着装整齐,文明施检。处罚时要程序合法,有理有据,处罚标准严格按照《浙江省植物检疫行政处罚自由裁量权指导标准(试行)》进行,进一步规范执法行为,减少行政争议,推进依法行政,公平执法。开展联合执法,交叉执法,相互监督,避免人情关系,也可避免给种子种苗繁育经营单位造成检疫执法是形式主义、走过场的感觉。完善行政执法监督机制,制定问责办法。针对执法人员缺位不作为的问题制定问责办法,建立执法责任制、执法过错责任追究制和自我约束机制,通过落实责任的方式,强化执法人员的责任意识,规范其日常行政执法行为,使执法人员主动规范约束自身行为。

(六)加强部门间沟通协作,把好调运检疫关口

把好调运检疫把关,防止检疫性有害生物的传播,单靠植物检疫机构的努力远远不够,需要铁路、交通、邮政、快递等相关部门和单位的支持、配合。2001年,农业部等五部局联合下发了《关于加强农业植物及植物产品运输工作的通知》,要求所属部门做好检疫证书查验和配合工作,但在基层一些地方做的还不到位。另外,主管部门要加强对物流、快递行业的管理,要求严格按照"通知"进行收寄。同时,建议有条件地方可取消检疫收费,但鲜活农产品绿色通道运输过程中必须提供检疫证书方可免费通行。

(第一作者:王才良为嘉兴市农业经济局执法支队支队长;主笔作者:赵国纬为嘉兴市秀洲区植物检疫站农艺师。定稿于2012年10月)

植保体系现状与建设重点的调研

朱秋潮　冯　波*　闫　君　董涛海

近年来，绍兴市各级植保机构认真贯彻落实农业部和省政府、省农业厅关于植保工作的一系列文件和会议精神，始终坚持“科学植保、公共植保、绿色植保”的工作理念和“预防为主，综合防治”的植保方针，积极做好全市植保工作，有效地防控了重大病虫害和重大有害生物，确保了绍兴粮食和农业生产持续健康发展。根据浙江省植物保护检疫局对现代植保建设的要求，就全市植保体系现状、人员配置情况、存在问题和发展思路等若干问题进行了深入调研和分析，现将调研情况汇报如下：

一、绍兴市公共植保体系现状和能力分析

（一）植保机构和队伍状况

绍兴市下辖“一区二县三市”，即越城区（包括市直）、绍兴县（现为柯桥区）、新昌县、诸暨市、上虞市（现为上虞区）和嵊州市。除越城区外（主要职能由绍兴市级承担），市及各县（市）都设有专门的植保机构。据统计，到2011年底全市共有在岗专职植保技术人员83名，其中市级4人，县级25人，乡镇级54人，推广研究员1人，高级农艺师11人，农艺师59人。植保人员中，年龄在50周岁以上的占65.4%，40～50周岁的占26.6%，40周岁以下的占8%，总体上人员年龄老化，知识老化，已经难以适应当今复杂的农作物病虫害预测预报工作。

（二）病虫监测预警和防控能力

全市植保部门设立了34个县、乡镇级病虫监测预警点，监测对象涉及30余种病虫草害。通过监测预警点及时对农作物重大病虫害发生进行调查与监测，提高了测报网点信息的调查收集，提高了预测信息准确率，病虫预报准确率达95%以上，从源头上加强了农作物重大病虫害监测预警能力。充分利用各种现代传媒技术，尽快发布病虫预测预报和防治信息，指导农民更快地做好防治。特别是市本级利用“手机短信通网络客户端系统”为市区255位10亩以上种粮农户发送病虫情报及其他技术指导类短信，有效地提高了信息的入户率和时效性，大大提高了广大农户对病虫灾害的适期防治率。

(三)植保社会化服务能力

近几年,我市积极培育壮大各种服务主体,大力推进植保社会化服务,同时,我们重抓规范化建设,以重规范、重质量、重完善为主要工作方针,对开展植保社会化服务的合作社提出严格要求,以确保我市植保社会化服务扩面提质,稳步扎实地发展。据统计,到2011年12月,全市共有各类植保服务组织330个,近两年累计服务面积达48.54万亩次,其中市本级植保服务专业合作社19家,服务面积3.53万亩次。在实施区全部按照《绍兴市区植保统防统治工作实施细则》要求进行操作实施,落实专人负责,开展示范引导。

(四)科技支持和技术推广应用能力

绍兴市各级植保部门大力推广先进适用技术,层层建立示范方、示范点,努力促进农业增产增效。近两年来,全市共建立综合防治示范方335个,示范推广面积23.62万亩;推广非化学防治技术应用面积102.09万亩次;推广新型植保器械应用面积229.39万亩次;推广新型农药应用面积820.56万亩次。

针对害虫抗药性增强,高毒、高残留农药禁用,常用药剂防治效果下降的实际,我们积极引进新农药,开展新药剂防效的试验示范,筛选出了防治水稻褐飞虱、稻纵卷叶螟、二化螟、稻曲病、蔬菜斜纹夜蛾、烟粉虱等重大病虫的多种高效农药,推荐了多种防治配方,实现了高效低毒新农药推广与药剂交替轮换使用的目的,杜绝了高毒农药,缓解了农药抗药性问题,完善了病虫防控技术,提升了植保技术水平。

二、当前绍兴市植保体系中存在的主要问题

(一)病虫监测力量不足,经费保障有待进一步加强

县、乡镇两级专职植保人员较少,特别是乡镇一级植保人员,基本兼有行政性事务。测报调查本身任务繁重,工作艰苦,同等待遇情况下,测报人员工作积极性不高,应付者多,务实者少,很少有人主动愿意搞测报。同时,各级财政对植保公共投入、长效投入机制不健全,没有列入同级财政预算,经费来源不稳定、不保障,一定程度上存在着“有钱养兵、无钱打仗”的情况。

(二)植保社会化服务工作仍需进一步发展

从绍兴市经济社会发展和现代农业发展趋势来看,大力推进植保社会化等服务工作大有文章可作,大有天地可创。目前,全市植保社会化服务面积不广,服务农户比例偏小,并且服务机制、服务内容、服务方式仍然有待进一步创新,服务规范化有待进一步加强。同时,植保社会化服务风险担保机制还需建立、完善,缺乏利益保障机制。

(三)应对新挑战的能力还需进一步加强

随着全球变暖,气候异常,近年来全市农作物病虫害发生形势日趋严峻,防治任务越来越重,急需完善全市农作物重大病虫应急防治药械储备库,提高应急处置水平,增强快速反应和应急处置能力。

三、加强绍兴市植保体系建设的重点与对策建议

(一)巩固病虫测报基础,加快信息化建设步伐,完善农作物重大病虫害监测预警体系

一是加强队伍建设。进一步明确病虫测报公益性职能,健全机构、充实人员,加大技术培训力度,加快知识更新步伐,提高从业人员的创新能力和新知识的应用本领。二是加强基础设施建设,提高病虫监测的现代化水平。多方面、多渠道争取资金,加大硬件设施投入力度。大力推进病虫测报数字化建设和可视化预报,逐步实现病虫监测预警的网络化、规范化和多媒体化。三是以实施植保工程为契机,进一步完善全国区域性病虫测报站和省级重点测报站配套建设,同时,逐步扩大调查作物,增加测报对象,开展茶叶、蔬菜、果树等多种作物病虫的预测预报。

(二)加快发展社会化服务体系,努力拓宽服务领域

要一手抓完善提高,一手抓扩大发展,大力推行“五个统一”服务的专业化防治。充分发挥各类农业龙头企业、农民专业合作社、种粮大户的作用,积极发展个体服务型、合作经营型、临时服务型、订单收购型等多元化植保专业服务组织。要从形势发展和新的需要考虑,努力拓宽服务领域,包括以水稻病虫害防治为主要对象向其他粮油作物和经济作物拓展;由产中服务为主向产前、产中、产后全方位服务拓展;由技术服务为主向提供技术指导、信息咨询相结合的多层次服务拓展;等等。

(三)加速技术创新能力建设,提升植保技术现代化水平

以提高有害生物治理的综合效益和农产品市场竞争力为目标,推进植保科技创新,为构建“科学植保、公共植保、绿色植保”体系提供支撑。一是将现有技术配套组装,修订完善现有综合防治技术标准,进一步完善病虫害综合防治技术。二是大力开展新农药、新器械的试验、示范,贮备一批适合我市应用、适应形势需要的生物制剂和高效、安全、低毒、低残留农药,以及安全、高效、精准、适用的植保器械。三是加强与科研、教育等部门的紧密合作,联合开展关键技术研究,加快植保科技成果转化步伐,提高新技术对种植业的科技贡献率。

(四)加快建立适合我市需要的农业有害生物应急管理体系

完善绍兴市的农业有害生物灾害应急防控预案，各县(市、区)根据省、市预案的总体要求，建立应急管理体系，一旦发生农作物有害生物灾害，保证能够迅速按照预案的程序，落实预防、控制和治理措施。建立市级农药器械储备库，落实农作物重大流行性病害和迁飞性害虫的应急防治药剂及施药器械的储备制度。

(五)建立确保公共植保体系有效运行的长效机制

要立足当前，着眼未来，牢固树立长期控害、持续治理的思想，建立生物灾害综合治理的长效机制。在组织管理上，要制定包括对重大生物灾害的风险评估、应急防控经费投入、紧急防控动员和组织、控制措施的实施、灾情信息发布、防控效果评价等为主要内容的全市重大病虫应急防控预案。进一步明确各级政府、有关部门的职责，使生物灾害的治理工作有章可循、有条不紊、反应灵敏、快捷高效。在资金保障上，争取将农作物重大病虫害防治经费列入年度财政预算，切实加大对植保人员、装备、试验、防控、物质储备和植保社会化服务组织补贴所需的经费，保障政策稳定长久，以确保农业有害生物可持续治理。

(第一作者：朱秋潮时任绍兴市农业技术推广总站副站长；主笔作者：冯波为绍兴市农业技术推广总站农艺师。定稿于2012年10月)

公共植保体系的构建
——以金华市公共植保体系为例

张根进　陈桂华*　盛仙俏　张发成　葛　翔　夏声广
何云飞　何洪法　贾华凑　马国光　吴璀献　郑能文　朱更新

一、公共植保体系的相关定义、基本架构以及公共职能

2006年4月13日在湖北襄樊举行的全国植保工作会议上，正式提出了“公共植保”、“绿色植保”的理念。

（一）相关定义

公共植保就是把植保工作作为农业和农村公共事业的重要组成部分，突出其社会管理和公共服务职能。植物检疫和农药管理等植保工作本身就是执法工作，属于公共管理；许多农作物病虫具有迁飞性、流行性和暴发性，其监测和防控需要政府组织跨区域的统一监测和防治；如果病虫害和检疫性有害生物监测防控不到位，将危及国家粮食安全；农作物病虫害防治应纳入公共卫生的范围，作为农业和农村公共服务事业来支持和发展。

绿色植保就是把植保工作作为人与自然和谐系统的重要组成部分，突出其对高产、优质、高效、生态、安全农业的保障和支撑作用。植保工作就是植物卫生事业，要采取生态治理、农业防治、生物控制、物理诱杀等综合防治措施，要确保农业可持续发展；选用低毒高效农药，应用先进施药机械和科学施药技术，减轻残留、污染，避免人畜中毒和作物药害，要生产“绿色产品”；植保还要防范外来有害生物入侵和传播，要确保环境安全和生态安全。

（二）基本架构

公共植保体系的基本机构是以县级以上国家公共植保机构为主导、乡镇公共植保人员为纽带、多元化专业服务组织为基础的“一主多元”的新型植保体系，即国家公共植保系统与多元化专业服务组织系统的架构。

（三）公共职能

根据“公共植保”、“绿色植保”的定义，公共植保体系的公共职能应该涵盖植物保护（农作物病虫害监测预警防治、技术应用研究与推广管理、农业有害生物灾害

的应急处置)、植物检疫(外来有害生物和检疫性有害生物的检疫防疫执法),以及农药管理三大职能。

二、金华市植物保护体系现状

(一)机构设置

浙江省植物保护检疫局已实现了公共植保体系所相应的机构设置,其职能涵盖植物保护(农作物病虫害监测预警防治、技术研究与推广管理、农业有害生物灾害的应急处置)和植物检疫(外来有害生物和检疫性有害生物的检疫防疫执法)两大职能(没有农药管理的职能),参公管理。对照省植物保护检疫局机构设置,就目前金华市现状而言,比较混乱。金华市本级和9个县(市、区)的植物保护机构有七种类型,一是和浙江省植物保护检疫局保持一致,职能相同,有金华市本级、兰溪;二是植物保护在农业技术推广中心、植物检疫在执法大队,有东阳、永康;三是植物保护在粮油站,植物检疫在执法大队,有武义、磐安;四是植物保护在农业技术推广中心、植物检疫单列,有浦江;五是植保和土肥合并、植物检疫在执法大队,有婺城;六是植物保护在农业技术推广中心、植物检疫和种子管理合并,且植物检疫的执法职能又在县级执法局,有义乌;七是有机构和编制,但在具体设置中,人员和机构全部打乱,有金东。到2011年底为止,婺城、东阳、永康、武义、磐安、浦江的植物检疫已经参公管理。

(二)人员配置

据统计,到2011年底全市有植保编制人员77名,其中植物保护人员34名(其中开展田间系统调查的病虫测报人员11名),专职检疫人员43名。从年龄结构看,40岁以下人员比例不足10%。

(三)激励机制

参公单位享受“阳光工资”,其他单位均为纯公益事业单位,现已经执行绩效工资。除此之外,还没有其他相应的激励机制。

(四)设备设施

部级区域站建设有4家,即金华市本级、永康、兰溪、东阳,投资额在300万~500万元;省级区域站建设有6家,即浦江、武义、磐安、婺城、金东、义乌,投资额在100万元左右;植物检疫示范监测点建设有3家,即东阳、永康、婺城。

(五)财政资金

全市财政预算投入公共植保体系工作经费每年为240万元,其中植物保护107万元、植物检疫133万元,地区间极不平衡,义乌经济条件好,差不多占全市经费总额的30%,大多数县的植物保护经费在5万元左右。

三、存在的问题

根据公共植保体系的相关定义、基本架构,以及公共职能,结合金华市植物保护体系现状,主要存在以下几个方面的问题:

(一)机构设置混乱,影响管理效能

从纵向看,金华市本级和9个县(市、区)的植物保护机构有7种类型,导致管理层级不明确,管理力度分散,影响了管理的效能。从横向看,植物检疫管理和执法具有非常强的专业性(包括农药管理),其管理和执法的技术基础就是植物保护技术,以检疫性有害生物监测为例,农作物病虫害监测和检疫性有害生物监测是同一范畴的工作内容,植物保护和植物检疫作为一个整体,完全可以融合在一起,把两者分开,浪费了公共资源。

(二)人员配置不足,年龄结构极不合理

由于受机构设置的影响,人员配置极不平衡,多数县级植物保护技术人员严重不足,特别是一线的田间病虫害系统调查的测报技术人员严重不足,年龄结构严重老化,这已经成为公共植保体系最严峻的问题,如果农业有害生物灾害不能及时准确地监测预警,将造成重大损失。

(三)制度建设滞后,缺乏发挥技术人员能动性的激励机制

一线的田间病虫害系统调查的测报技术人员严重不足,部分原因就是激励机制缺乏。由于一线病虫测报人员不管刮风下雨、寒暑酷热都要按时下田查虫,非常辛苦,而且是一个经常性工作,缺乏时间支配的自由度,又没有相应的激励机制和个人发展前景,在现在这个市场经济、高消费时代,年轻人大多不愿意从事这样的工作,现在部分县级植保机构招测报技术人员,招不到人,即使招进来了,一旦有机会就立马走人。

四、对策和措施

从对现状和问题的分析,要构建高效的公共植保体系,必须从以下几个方面着手:

(一)理顺机构设置,明确机构职能

根据公共植保体系的相关定义、基本架构,以及公共职能,设置上下一致的植物保护机构,其职能包括植物保护(农作物病虫害监测预警防治、技术应用研究与

推广管理、农业有害生物灾害的应急处置)、植物检疫(外来有害生物和检疫性有害生物的检疫防疫执法),以及农药管理三大职能。

(二)合理配置人员数量,注重建立激励机制

机构设置、职能明确后,发挥人员的能动性是关键。根据工作性质,制订相应的激励机制,要让一线田间病虫害系统调查的测报工作,有人愿意去干,才谈得上事业的发展,这是最基本的条件。

(三)对当前发展比较好的方面,要进一步提高完善

一是要继续加强病虫害监测预警体系基础设施建设。要进一步加大财政投入,完善部、省级农作物重大病虫监测预警防控区域站建设,实现农业有害生物监测预警数字化、可视化、网络化,提高预报准确率,增强预警时效性。

二是要大力推进绿色防控技术的研究示范和推广应用。要设立财政专项,联合大专院校、科研院所的合作,开展绿色防控技术研究,要加强技术示范和农民(特别是专业合作社和种植大户)的技术培训,使技术迅速转化为生产力,从而从源头上解决农产品安全问题。

三是完善应急管理体系。要健全病虫害应急预案体系及运行机制,一旦发生农作物病虫灾害疫情,能够迅速采取有效的防控措施,控制其扩散蔓延。

四是发展社会化服务体系。要把握土地流转、规模化生产发展的有利形势,把发展植保社会化服务体系作为公共植保体系的有效补充和扩展来认识,把社会化服务组织作为实施绿色植保的主力军,常抓不懈,抓出成效。

(四)争取领导重视,确保公共植保体系的稳定发展

农业部提出的采取“上下联动、分级负责,中央主投、地方配套,中央养事、地方养人”的原则,保障“四费”(人员和公用经费、条件和手段建设经费、队伍建设经费、推广项目经费),形成“覆盖全国、运转高效、反应迅速、功能齐全、防控有力”的现代植保运行体系,实现农作物有害生物监测预警数字化、防控专业化和疫情控制区域化的总体思路,已经非常明确地勾画出公共植保体系的基本架构。浙江省出台的《浙江省农作物病虫害防治条例》也对建立公共植保体系做了明确的规定。确保法律、法规落到实处,政府领导是关键。要争取领导重视,建立组织体系,制定相应的政策制度以及与公共植保体系相适应的财政扶持机制,才能确保公共植保体系的稳定发展。

(第一作者:张根进为金华市农业局副局长;主笔作者:陈桂华为金华市植物保护站站长。定稿于2012年10月)

农作物重大病虫信息化监测网络建设及可持续发展对策

陆文武　徐晨光

近年来，由于气候环境的变化和种植业结构的调整，农业有害生物危害加剧，新的病虫不断出现，迫切需要建立农作物病虫监测预警与控制体系，以保障农业稳定发展，提升农业生产和农产品质量安全，实现农业增效，农民增收。本文在舟山市重大病虫监测网络调查研究的基础上，对重大病虫信息化监测网络建设及发展保障对策做了粗浅思考和分析，旨在抛砖引玉、集思广益。

一、基本现状

（一）农业发展概况

舟山市位于我国东南沿海，长江和钱塘江的入口处，是我国唯一以群岛组成的港口城市。属亚热带海洋性季风气候，温度适中，雨水充沛，光照充足，十分适合多种农作物生长。全市耕地面积约 20 万亩。种植业特色较为鲜明：一是粮食产业，全年播种面积 15 万亩，总产约 5 万吨；二是蔬菜瓜果产业，播种面积约 16 万亩，总产 20 万吨；三是特色林果产业，水果种植面积 12 万亩，盛产梨、桃、杨梅、葡萄、柑橘等，总产约 30 万吨，林业育苗面积近万亩。

农作物病虫害主要有水稻纹枯病、玉米大小斑病、蔬菜瓜果枯萎病、炭疽病、菌核病、白粉病、蔓枯病、霜霉病、灰霉病、叶斑叶霉病、细菌性角斑病、病毒病以及稻飞虱、稻纵卷叶螟、二化螟、烟粉虱、斑潜蝇、菜青虫、斜纹夜蛾、甜菜夜蛾、小菜蛾、蚜虫、红蜘蛛、介壳虫等 50 多种，检疫性病虫主要是柑橘木虱、黄瓜绿斑驳花叶病毒等。近年来农业有害生物发生猖獗，危害加剧，全年病虫草鼠发生面积约 180 万亩次，对农业生产安全威胁严重。

（二）病虫监测基础

近年来，舟山市在上级业务主管部门的大力支持下，病虫监测条件不断改善。从硬件设施装备看，全市植保部门拥有虫情测报灯 4 台，易安装气象站及配件（省级）1 套，鼠情智能监测系统及配件 1 套，数码照相机 3 台，孢子捕捉仪 3 台，便携式计算机 5 台，传真、打印、复印一体机 3 台，扫描仪 3 台，还拥有生物图像显微镜、连续变倍体视显微镜、电子分析天平、电热恒温干燥箱、手提式压力灭菌器等其他病虫监测和实验的仪器设备。从病虫观测场(点)建设看,市站于2009年投资60万元建成了占地12.5亩的病虫观测场,设置于小沙、马岙、白泉等乡镇(街道)的3个观测点也在筹建中;普陀区和岱山县的2个县级观测点投资20多万元,办公实验用房改造、配套仪器设备购置等基本完成,项目建设已近尾声。

(三)主要制约因素

1. 产业地位不突出

从全市产业格局来分析,我市农林产业仅是个"辅助型"产业,在全市经济总产值中所占的比重不高,目前主要在保障基础供给、改善生态环境等方面发挥着一定作用,在全市整个产业状态中是处于非主导地位。

2. 人员配置不充足

由于各级植保站均属内设机构,不具备独立法人单位资格,从而造成全市植保技术干部严重缺乏。到2011年底全市植保从业人员为10人,其中兼职、退休返聘和临时工计5人,多数县(区)植保人员仅1～2人,并且测报员的年龄大多已在50岁以上,热衷于测报事业的"新鲜血液"后继乏人。

3. 地方经费无专项

目前,县(区)级植保经费均未列入本级财政预算,工作经费不足,缺乏地方财政专项支持,已成为制约农作物重大病虫监测网络建设的重要因素。

二、建设意义

(一)现代农业发展的需要

随着社会与经济的快速发展,农业种植结构的调整优化,农业现代化步伐不断加快,加之气候环境的变化,对农业有害生物预警与控制能力提出了新的要求,特别是近年来农作物流行性、暴发性病虫害呈加重发生态势,新的病毒病不断出现,外来有害生物频频入侵,害虫对农药的抗性呈加速上升趋势,农药残留情况依然严峻,这就要求着力提升农作物重大病虫监测预警能力和科学防控水平,以适应现代农业发展的需要。

(二)控害减灾保障农业安全的需要

农作物病虫害监测预警是农业防灾减灾的重要环节,在我市农林业生产中具有举足轻重的地位。全市农作物病虫草鼠常年发生危害面积达180万亩次,防治面积约200万亩次,通过准确测报和科学防治,每年挽回粮食损失可达10万吨以上,年增效益近亿元。因此,农作物重大病虫信息化监测网络建设是关系到绿色农业发展、农业生产安全的大问题,对确保农业生产可持续发展意义重大。

(三)加速农产品安全生产机制建立的需要

农作物重大病虫害监测预警与控制，是农产品安全生产的基础。市政府正在开展“绿色生态舟山”建设，并着力构建以农业生产标准化体系、农业技术推广体系、农用投入品监管体系、安全农产品市场体系、农产品监督检测管理体系等五大体系为主的农产品安全生产机制。农作物重大病虫信息化监测网络建设，将极大地促进“绿色生态舟山”的实施力度，提高监管和服务能力，加速农产品安全生产机制的建立健全。

(四)提高公共植保管理和服务能力的需要

“公共植保”和“绿色植保”是植保工作的新理念。植保工作作为一项关系到农业、农产品和农业生态环境安全的政府职能工作，事关现代农业发展和社会主义新农村建设，事关农业增效、农民增收、农村稳定、生态优化，任务非常艰巨，这就要求有一个完善的执行体系，先进的基础设施，高效的运转机制。加强农作物重大病虫监测预警体系建设，实质性地做好防控方面重要基础性工作，将大大提高我市公共植保管理和服务的综合能力。

三、建设规划

(一)指导思想

立足舟山，以邓小平理论、“三个代表”重要思想和科学发展观为指导，围绕保障全市农业生产稳定发展、保护农业生产和农产品质量安全、减少环境污染的总要求，坚持“预防为主，综合防治”植保方针和“公共植保”、“绿色植保”新理念，加强对农作物重大病虫害的监测预警与控制，提高农产品质量，保护人民生命安全，增加农民收入，促进农业可持续发展。

(二)基本原则

坚持合理布局的原则，重点在主要农业乡镇(街道)建设病虫观测点，同时兼顾病虫发生具有明显特点的农业区域。坚持预防为主的原则，强化监测预警能力和应对流行性、突发性、暴发性重大病虫的反应能力。坚持全面控制的原则，提高对区域内农作物病虫的控制能力，特别是流行性、暴发性重大病虫害的控制能力，达到控害减灾目的。坚持科技支撑的原则，加大技术引进与研究，推进测报防治技术进步、创新，增强植保事业发展后劲。

(三)发展目标

建设以舟山市农业有害生物预警与控制区域站为中心，各县(区)植保站为主体的功能齐全、高效运转、快速反应、覆盖全市的农作物病虫监测预警与控制网络，实现病虫监测预警数据采集标准化、传输网络化、分析规范化、处理图形化、发布可视化、汇报制度化、管理自动化、决策智能化，全面提高我市农业生物灾情监测预警能力和科学防控水平，保障我市农业生产安全。到“十二五”期末，病虫预报准确率提高5%～10%，技术信息覆盖率达85%以上，农药使用量减少30%以上，因病虫害造成的损失控制在3%以内（灾害年5%以内），农产品农残检测合格率95%以上。

（四）总体布局

在新城临城街道同胜村建设舟山市农业有害生物预警与控制区域站和标准病虫观测场，按每5万～6万亩耕地设置1个病虫观测点的要求，市级在小沙、马岙和白泉镇新建3个病虫观测点，普陀区、岱山县分别在展茅和高亭镇新建2个县级观测点，形成以舟山市病虫区域站为中心、各观测点覆盖全市的农作物重大病虫信息化监测网络，其中舟山市农业有害生物预警与控制区域站占地5亩，投资1000万元，舟山市标准病虫观测场占地12.5亩，投资60万元。

（五）主要任务

——做好区域内农作物病虫监测信息网络的建设，协助省监控分中心管理与维护本区域的省重大病虫害监测网，确保高效运转；

——承担部、省下达的重大病虫害监测任务，及时上报当地病虫发生信息、重大生物灾情、发展趋势预测和应急控制情况；

——承担区域内主要农作物病虫害的监测预警，及时准确发布病虫情报，提出防治方案，指挥区域内重大病虫害防治；

——组织实施病虫测报防治可视化工作，制作、播出电视栏目；

——开展害虫抗药性监测，掌握害虫抗药性发展动态，提出应对措施；

——开展区域内农作物病虫草鼠害测报防治技术研究，组织植保新技术的试验、示范和推广，加强对区域内测报防治技术人员的技术培训。

四、保障对策

（一）加强组织保障

开展农作物重大病虫信息化监测网络建设，关键是加强组织领导，落实工作责任。各有关部门特别是农业部门领导必须高度重视，积极争取当地政府支持，自觉把该项工作作为保障农业发展、保护农业生产和农产品质量安全的有效抓手，做到“一把手”亲自抓、分管领导具体抓，层层分解落实责任。同时要加强统筹协调、资源整合，实现项目资金落实、科技服务配套、公共服务同步跟进，形成共同建设的强大合力。

（二）加强政策保障

用足、用好国家现有的各项支持政策，根据浙江省农业厅和农业部的项目投资指南，积极争取国家投资。要力争把病虫信息化监测网络建设纳入当地政府的投资计划，加大对重大病虫监测网络建设、测报防治技术研发与推广等方面的投入扶持力度。建立长期稳定的投入机制，确保病虫监测网络正常运行。病虫区域站和观测场建设涉及的土地整合、调配和流转，应享受政府土地流转补助经费。

（三）加强科技保障

农作物重大病虫信息化监测网络建设技术性要求高，应成立由有关专家组成的技术顾问小组，必要时请国家和省级植保专家共同参与，加强对监测网络建设和重大病虫监测防控工作的业务指导。要增加科技投入，探索完善符合病虫害监测防控特点和规律的支持机制，促进科研、示范与推广的协调推进。加大专业人才培养和引进，加强与部省级、兄弟市县级植保部门以及高等院校、科研院所的交流合作，加快植保先进技术的引进消化吸收、集成创新和推广应用。

（四）加强法制保障

全面贯彻执行《农业法》、《农产品质量安全法》、《农药管理条例》、《农业行政处罚程序规定》、《浙江省农作物病虫害防治条例》等农业法律法规，提高农业和植保部门依法行政水平。加强农业普法宣传，提高农业主体的合法安全生产理念。围绕重大病虫防控、农产品质量安全、农业资源环境保护等现实问题，以各项法律法规为依据，进一步加大农业执法力度，切实保障我市农业生产安全和农业主体的合法权益。

（五）加强考核奖惩

要落实监测网络建设和重大病虫监测防控的工作责任，进一步量化细化，加强督查指导，及时解决问题，严格考核奖惩。要建立健全工作考核体系，建立包括组织领导、财政投入、队伍建设、监控成效、科技支撑等在内的量化考核指标体系，努力提高科学化考核水平。

（第一作者：陆文武时任舟山市农业局副局长。定稿于2012年10月）

构建重大农业植物疫情长效防控机制的对策

杨昌国　明　珂　余继华　顾云琴
陈克松　杨性长　费礼洲　郑章麟

植物检疫是国家法规赋予各级农业主管部门所属的植物检疫机构的法定职责，而重大农业植物疫情防控是植物检疫的重要工作，担负着农业防灾减灾及保障农业生产安全、农业生态环境安全、农产品贸易安全和农业产业安全的重要任务，也担负着保障人与自然和谐共处的重任，事关农业增效、农民增收和农村社会稳定，事关社会民生的公共事业。当前，台州市进入加快发展现代农业的关键时期，深入探讨构建重大农业植物疫情长效防控机制，事关台州市实施"三化同步"战略、统筹城乡发展的重要课题，是一项重大而紧迫的战略任务。本文旨在认真调研分析台州市重大农业植物疫情发生现状、存在问题的基础上，提出构建重大农业植物疫情长效防控机制的对策。

一、发生现状

在当今经济全球化、贸易自由化、物流多样化和气候异常变化等因素影响的背景下，重大农业植物疫情入侵、扩散与危害问题日益突出，对我市农业生产、农业生态环境和农业产业安全构成了严重威胁。据不完全统计，从 1982 年至 2012 年的近 30 年间，台州曾先后有 20 种危险性有害生物(即曾经或仍被列为检疫性有害生物)侵入，其中目前仍列入检疫性有害生物(包括全国及本省补充名单)的有 13 种，含虫害 4 种、病害 6 种、杂草 3 种。侵入后被封锁扑灭的有 4 种，在台州定殖下来的有 8 种，近年新发生的有 3 种(见表 1)，呈现出以下特点：

表 1　台州历年侵入的外来农业有害生物情况

有害生物名称	发现时间	危害对象	侵入范围	目前情况	现是否为检疫性
Lissorhoptrus oryzophilus Kuschel 稻水象甲	1993 年	水稻	温岭	得到控制	是
Callosobruchus maculatus (Fabricius)四纹豆象	1995 年	豆类	温岭、路桥	少量发生	是

续表

有害生物名称	发现时间	危害对象	侵入范围	目前情况	现是否为检疫性
Liriomyza sativae Blanchard 美洲斑潜蝇	1995 年	110 余种蔬菜	全市	已定殖	否
Liriomyza trifolii (Burgess) 三叶斑潜蝇	2006 年	300 多种蔬菜	全市	已定殖	否
Bactrocera dorsalis (Hendel) 柑橘小实蝇	2007 年	250 余种果蔬	全市	已定殖	否
Bemisia tabaci (Gennadius) 烟粉虱	2001 年	500 余种植物	全市	已定殖	否
Callosobruchus phaseoli (Gyllenhall) 灰豆象	1998 年	豆类	温岭	少量发生	是
Cylas formicarius (Fabricius) 甘薯小象甲	1976 年	甘薯	温岭	少量发生	是
Opogona sacchari (Bojer) 蔗扁蛾	2001 年	50 余种植物	黄岩	基本扑灭	否
Candidatus liberibacter asiaticus Jagoueix *et al* 柑橘黄龙病菌	2002 年	柑橘	全市	已定殖	是
Xanthomonas axonopodis pv. *citri* (Hasse) Vauterin *et al* 柑橘溃疡病菌	1982 年	柑橘	除仙居外全市范围	已定殖	是
Pseudomonas solanacearum pv. batatae(Smith) Smith 甘薯瘟菌	1984 年	甘薯	温岭	少量发生	是
Xanthomonas oryzae pv. *oryzicola* (Fang *et al*.) Swings *et al* 水稻细菌性条斑病菌	1986 年	水稻	临海、椒江、路桥、温岭	基本扑灭	是
梨树疫病（病害名称保密）	2007 年	蔷薇科	黄岩、临海	基本扑灭	是
Cucumber Green Mottle Mosaic Virus 黄瓜绿斑驳花叶病毒	2011 年	葫芦科	除玉环、仙居、天台	新发生，正组织控制	是
Solidago canadensis L. 加拿大一枝黄花	2004 年	农业生态	全市	已定殖	否
Ambrosia spp. 豚草属	1992 年	农业生态	椒江、温岭、玉环	少量发生	是

续表

有害生物名称	发现时间	危害对象	侵入范围	目前情况	现是否为检疫性
Cuscuta spp. 菟丝子属	1995 年	农业生态	温岭、临海、路桥	少量发生	是
Sorghum halepense(L.) Pers. 假高粱	20 世纪 90 年代	农业生态	路桥	基本扑灭	是
Eichhornia crassipes (Mart.) Solms 水葫芦	20 世纪 80 年代	农业生态	全市	已定殖	否

(一)外来检疫性有害生物侵入频率上升

近年来,外来植物疫情传入呈上升趋势,传入台州市的植物疫情数量明显出现加快之势:20 世纪 80 年代前,传入台州市的检疫性有害生物为 5 种,90 年代为 7 种,进入 21 世纪后达 8 种。新传入的疫情对台州市农业生产安全、生态安全、贸易安全和产业安全等构成了极大威胁。

(二)已发生的检疫性有害生物仍未根除

目前就全市来看,部分地区柑橘黄龙病疫情级别有上升趋势,梨树疫病疫点依然存在;柑橘溃疡病、稻水象甲、水稻细菌性条斑病、四纹豆象、灰豆象等疫情尚未彻底消除。这些外来有害生物传入台州后,造成粮食、果蔬减产,旅游景观资源、生态系统受到损害,严重威胁农业生产安全,阻碍了对外贸易的发展,破坏了生态环境。如柑橘黄龙病发生后,闻名中外的黄岩蜜橘、玉环柚和温岭高橙,遭到前所未有的生物灾难,造成大面积毁园改种、产量锐减。

(三)新发检疫性有害生物扩散态势严峻

黄瓜绿斑驳花叶病毒病是 2011 年新传入我市的农业植物检疫性有害生物,经普查在椒江、路桥、温岭、三门等 4 个县(市、区)发生,当年造成西瓜发病面积 2120.5 亩,经济损失 286.39 万元,其中部分瓜农损失惨重。2012 年,我市于 4 月底至 5 月初、6 月上中旬、7 月中下旬连续开展了 3 次大规模普查,结果显示温岭、路桥、椒江、黄岩、临海、三门的 6 个县(市、区)22 个乡(镇、街道、农场)7437.3 亩西瓜、黄瓜发生了该疫情,极个别田块株发病率达 80%以上,损失大大超过 2011 年,严重影响着我市西瓜产业健康发展。

(四)周边地区和主要贸易国疫情潜存威胁

2012 年 3 月台州口岸在美国进口的废物原料集装箱内截获到红火蚁蚁巢群体;2009 年至今在浙江省杭州、金华和丽水地区的 9 个县(市、区)发现扶桑绵粉蚧;2005 年已经在我国销声匿迹十多年的葡萄根瘤蚜在上海再次被发现;椰心叶甲目前虽分布仅限广东、海南、香港和台湾等4省、区，但利用生态位模型预测，浙江也属于椰心叶甲的潜在分布区。另据报道，台州口岸2011年截获进境有害生物批次以及截获检疫性有害生物批次比2010年分别增长62.3%、166.7%，其中进境船舶截获检疫性有害生物437批次。这些检疫性有害生物一旦传入我市，将使农业生产遭受惨重损失。

二、存在问题

严峻的植物疫情发生态势给重大农业植物疫情防控工作带来了新的课题和压力，防控任务十分艰巨，需要完善的植检机构、专业技术人员、监测检测设备、财政经费、规章制度等人、财、物、制度等的支撑。然而，当前我市在重大农业植物疫情防控工作中存在着不少问题和难点。

（一）植物检疫法规滞后

国务院《植物检疫条例》自1992年修订发布至今已有20多年了，农业部发布的《植物检疫条例实施细则（农业部分）》经2007年修订至今也有5年，与新形势、新任务的要求不相适应。如《植物检疫条例》第14条规定："植物检疫机构对于新发现的检疫对象和其他危险性病、虫、杂草，必须及时查清情况，立即报告省、自治区、直辖市农业主管部门、林业主管部门，采取措施，彻底消灭。"规定中对植物疫情采取措施、彻底消灭的职能由农业（林业）部门承担欠妥，应规定由各级人民政府组织有关部门和人员，进行彻底消灭。《植物检疫条例》第16条规定："进行疫情调查和采取消灭措施所需的紧急防治费和补助费，由省、自治区、直辖市在每年的植物保护费、森林保护费或者国有农场生产费中安排。特大疫情的防治费，国家酌情给予补助。"这条规定仅明确了省级或国有农场承担经费，而目前国有农场几乎全部转制，与当今不相适应，应规定由各级财政予以安排。又如《植物检疫实施细则（农业部分）》第25条规定，对于违法行为，尚未构成犯罪的，由植检机构处以罚款。虽然有一些相应处罚规定，但处罚较轻，且不全面，法规漏洞较为明显，给植物检疫执法带来较大困难。

（二）法制意识仍然淡薄

近几年，我市加大了植物检疫法律法规的宣传力度，从业人员的检疫法制观念有所增强，但整个社会对植物检疫重要性仍缺乏足够重视，少数从事生产、经营、加工的单位或个人对植物检疫的法律法规不甚了解，为避免缴纳很低的植物检疫费而有意避开植物检疫环节，拒检、逃检、漏检现象时有发生。特别是一些乡镇的街头小摊，流动性大，经营的种子、苗木及其他植物产品数量少、批次多，造成执法难度相当大。漏检、不检现象屡屡发生，2007年黄岩某农业公司作为结对帮扶从外地引进梨苗送给西部山区的一个村而传入梨树疫病，导致全村梨树基本毁园改种；2011年温岭市箬横镇海防村江国庆未办理植物检疫证书违规调运西瓜种子，传入了黄瓜绿斑驳花叶病毒病。这些不仅加重了植检机构复检、疫情监测、控制等任务，而且管理相对人也遭受巨大的经济损失。

(三)植检体系机构不顺

各级农业植物检疫机构设置很不规范。我市市级成立了植物保护检疫站(属于监督管理类事业法人)，与省植物保护检疫局保持一致。全市9个县(市、区)中虽然有椒江、路桥、临海、温岭、玉环、仙居6个站与省、市基本保持一致，但椒江植保、植检是两个独立机构同一班工作人员；路桥植保检疫站还无事业法人资格；仙居植保检疫站与农技推广中心(总站)合署办公，没有事业法人资格；临海植保、植检的人员编制属农技推广中心，但事业法人却是临海市农业行政执法大队。而黄岩则单独设立植检站，天台、三门2个植检站与农业行政执法大队合署办公。由于植检体系不顺、机构名称不一、规格编制不清、运行机制有别，造成分管领导不同、技术力量分散、上下不一致，一方面不易树立农业植物检疫行政执法形象，难以让外界及群众所理解，另一方面也十分不利于整个系统列入参公管理。

(四)植检队伍亟待加强

各级植保检疫站工作人员编制有限，真正学植保植检专业的人才不多。从市级来看，市植物保护检疫站事业编制仅5个(现在职3名)，与当今承担职能和工作需要不相适应；全市9个县(市、区)植保检疫机构核定编制数83人，实际在岗人数81人，但专职植检员数量不足一半，其中具高级职称人员更是少之又少；全市有农业的128个乡(镇、街道)，设植保检疫技术人员的乡镇96个，专/兼职植保检疫人员仅有84名，加上在岗不在职、在职精力分散的现象相当普遍，对指导防控造成极大影响；村级植保员几乎消失，有的村无人管农业。加上植检队伍不稳定，人员经常变化，素质难以提高，严重影响新形势下各项农业植物检疫工作的需要。

(五)经费不足、设施落后

近年来，各级政府加大了对植检工作的投入力度，全市重大农业植物疫情防控经费均已列入了财政预算，但财政保障经费总量仍不足，各县(市、区)之间不平衡，且出现逐年减少趋势。据统计，2009—2012年9个县(市、区)重大农业植物疫情防控经费分别为208万元、179万元、150万元、145万元。由于当今植检执法和防控工作的需求量大，不足甚至缩减的植检经费难以应对疫情蔓延趋势加剧的现状。从近年重大植物疫情防控示范区建设的具体实施情况来看，柑橘、西瓜等特色经济作物疫情监测、防控等具体运行经费，根本不能保证这些工作的正常开展，每年不得不从其他渠道争取经费弥补开支，如挤占植保工作经费等。由于经费紧缺，植物有害生物实验室及相关仪器设备的更新速度远远不能满足植物检疫技术需要，除黄岩、温岭、三门等个别项目建设县(市、区)有一定硬件设备外,其他县(市、区)仍停留在20世纪80年代的水平;对于开展植检执法、疫情监测等工作息息相关的交通工具,仅是黄岩区站有一辆汽车为专用,市及其他县(市、区)均由农业局统一安排,有的要分管局长下乡才能安排车,严重影响工作效率。

三、对策与建议

农业植物检疫是一项社会公益性、政策法制性、专业技术性都很强的农业行政执法工作,其目的就是通过法律、法规和一系列技术措施来防止危险性、检疫性有害生物的人为传播,从而保障农业生产安全、生态安全、贸易安全和产业安全,促进农村经济健康发展和社会稳定。为此,建议各级政府切实加强领导,加快农业植物检疫法制建设,理顺机构,健全队伍,完善体系,增加投入,为植检创造良好的工作环境,推进植检事业又好又快发展。

(一)加强植物检疫法制建设

国家应该把有效防止外来有害生物尤其是检疫性有害生物入侵,保障本国农业产业安全和生态安全,提高到国家生物安全的高度予以重视,尽快修改《植物检疫条例》或参照动物防疫上升为《植物检疫法》(因植物检疫与动物防疫具有同等重要的作用),进一步明确各级政府、有关部门和全国公民应履行的职责与义务,切实加大处罚力度,注重法规的严肃性、时效性、适用性和可操作性,使植检法规与国际接轨,推进我国植物检疫工作走上法制化轨道。

(二)提高整个社会法制意识

增强公众检疫意识,社会共同参与,开展群防群控,是防止检疫性有害生物传播蔓延、保护农业生产、生态环境安全,促进农产品顺畅贸易的重要举措。利用多种渠道、手段,将有关植物检疫法律法规、技术要求、预防知识等向社会广泛宣传,有针对性地加强管理相对人知识培训,让公众了解和掌握有害生物的一般防范措施,积极主动地参与检疫,提高全社会的检疫防疫意识,实现群防群控,为检疫工作的开展创造一个较为宽松的外部环境。同时,还要加强检疫工作开展情况的宣传,争取政府、上级业务主管部门的政策支持和经费支持,保障检疫工作的正常开展。

(三)建立新型植保检疫体系

加快机构改革,规范各级植物检疫机构名称,彻底解决植检机构混乱的状况,树立植物检疫执法机构的良好形象。由于植保植检专业相通、工作相似、目标一致,建议各地通过植保检疫综合建站来提升合力。而农业植保植检作为法律法规授权的行政执法主体,是国务院批准的13个统一着装的行政执法部门之一,是财政全额拨款的事业单位,符合《中华人民共和国公务员法》第106条的规定:"法律、法规授权的具有公共事务管理职能的事业单位中除工勤人员以外的工作人员，经批准参照本法进行管理”和中共浙江省委办公厅、浙江省人民政府办公厅“关于印发《浙江省事业单位参照〈中华人民共和国公务员法〉管理工作实施意见》的通知”有关规定，应在全省统一设立市、县两级植物保护检疫机构基础上，根据产业发展要求确定编制人数，应列为监督管理类、依照公务员制度管理的事业单位。抓住乡（镇、街道）建设“三位一体”的机遇，至少配备1名专职或兼职植物检疫员。及时调整充实重大植物疫情监测人员，进一步健全监测网络。严格执行新入检疫人员全国统一考试制度，力求人员相对稳定。

（四）提升现代植检人员水平

要采取多种途径，培养一支政治过硬、业务精通、作风踏实的技术队伍，提高自身业务水平与能力。实际工作中应把握三点：一是植检工作具有行政执法、业务技术性强的特点，因此，要对现有人员进行清理整顿，纠正植检队伍中存在的在编不在岗现象，同时对于新进技术人员一定要在严格考核的基础上选取本科以上植保植检专业的毕业生；二是加强培训提高，特别是要加强植检人员新知识、新方法、新技术的培训工作，使从业人员全面了解农业植物检疫现状，掌握农业植物检疫相关法律法规及检疫程序、有害生物风险分析方法等，提升专/兼职植检员业务水平和业务技能；三是组织考察学习，开阔眼界、学习经验、认识新病虫，对检疫工作可起到事半功倍的效果。

（五）改善植物检疫设施条件

防范控制危险性有害生物入侵是从政府和群众的整体利益出发，由政府管理公共事务的一项重要职能，需要政府财力支持。完成各项检疫任务应当具备一定的检测设备和技术手段。运用科学的方法进行检疫检验，才能保证检疫的准确率和效率。因此，客观上需建立植物检疫实验室，配备必要的仪器设备及交通工具、通信工具等，改善检疫检验手段，逐步改变用肉眼目测开展检疫工作的局面，以适应新时期植检工作的需要。

（六）创新植物检疫防控机制

为保障农业生产安全、生态安全、贸易安全和产业安全，植检工作要努力实现“四个转变”：一是从注重防控向防控阻截并重转变，变被动防治为主动防治；二是从单一防控向系列防控转变，变关键季节防控为周年持续防控；三是从分散防控向专业化防控转变，变传统防控为现代化、专业化、机械化防控；四是从一般防控向绿色防控转变，变依赖化学农药为注重非化学措施。同时按照“植物检疫为先、多部门协作配合、全社会共同参与”的要求，创新植物检疫防控机制，在“防”字上下功夫，在“联”字上做文章，在“控”字上见成效，积极构建重大植物疫情防控机制的“三道防线”。一道防线是农业植检执法把关。通过狠抓产地检疫、严把调运检疫、加强市场检疫,预防、控制重大植物疫情侵入。二道防线是多部门协调联动。在各级政府领导下,农业、口岸检疫、林业、卫生等有关部门密切协作配合,联防联控。三道防线是坚持群防群控。紧紧依靠基层组织和人民群众,做好疫情防控知识的宣传辅导工作,及时总结群众创造的防治经验,布下防治工作的天罗地网,防止植物疫情发生、蔓延,为农业安全生产筑起一道坚实的"绿色长城"。

(七)构建防控长效保障机制

着重强化防控组织、责任制、经费三大保障,构建重大农业植物疫情防控长效保障机制。一是健全防控指挥体系,根据人事变动和工作需要,进一步调整各级重大农业植物疫情防控指挥部成员,明确细化各成员单位工作职责,落实防控责任,建立完善联席会议制度、情况通报制度、联络员制度,真正做到各负其责、各司其职,通力协作,充分发挥防控指挥部的领导协调功能;二是继续推行目标责任考核制,省与市、市与县(市、区)各级政府层层签订重大农业植物疫情防控工作责任书,明确植物疫情防控为政府行为,分解落实重大植物疫情防控任务,加大责任追究力度和"以奖代补"激励机制;三是把植物疫情防控经费列入当地财政预算,公共财政要保障公共植保植检机构、公共植保植检人员及其公务行为所需经费,要将农业植物重大生物灾害监测、预防、控制、扑灭补助经费纳入年度财政预算,每年投入的增长幅度应当高于财政经常性收入的增长幅度。建立和完善农业植物重大生物灾害基础设施建设、应急防治、突发事件应急物资储备等专项财政补贴政策,确保防控工作顺利开展。建立植物检疫实验室,配备必要的仪器设备及交通工具、通信工具等,改善检疫检验手段,以适应新时期植检工作的需要。

(第一作者:杨昌国为台州市农业局纪检组长。定稿于2012年10月)

推广应用农作物病虫害绿色防控技术的建议

张国平　李小荣*

丽水市地处浙西南山区，是一个农业人口众多、经济发展水平较低、科技文化相对落后的欠发达地区，农业在全市农村经济中占有重要地位，2011年全市农业总产值首次突破百亿元，达到111.2亿元，比上年增长14.6%，其中：粮食播种面积148.7万亩，总产量52.9万吨；蔬菜播种面积67.4万亩，总产量113万吨，产值15.6亿元；果园面积48.9万亩，总产量39.4万吨，产值7.5亿元；茶园面积44万亩，总产量2.5万吨，产值11.7亿元。

近年来，随着农业产业结构的调整，丽水市在稳定粮食生产的基础上，蔬菜、水果、茶叶等种植面积迅速扩大。受耕作制度变革、气候异常以及不合理使用农药等因素影响，病虫害发生逐年加重，但由于当前在病虫害防治中过多依赖和使用化学农药，不断提高用药浓度，增加施药次数，不仅杀死了天敌，污染了环境，还会引起病虫抗药性增加，造成病虫再猖獗和暴发流行，农产品农药残留超标。为进一步发挥丽水生态优势，打造"秀山丽水，养生福地"，发展生态农产品，根据农业部办公厅《关于推进农作物病虫害绿色防控的意见》(农办农〔2011〕54号)及《浙江省农作物病虫害防治条例》要求，应加大财政扶持力度，大力推广农作物病虫害绿色防控技术，以确保农业生产、农产品质量和生态环境安全。

一、丽水市绿色防控取得的主要成就

(一)推广了一批绿色防控技术

2011年，全市共建立农作物病虫绿色防控示范区82个，核心区面积19850亩，全市共安装杀虫灯6004盏(其中2010—2011年新增4007盏)，应用面积22.62万亩，推广性诱剂及诱捕器37.69万套，应用面积4.12万亩次，稻(茭)鱼(鸭)共育6.80万亩，推广应用生物农药109.62万亩次，其他绿色防控措施，如防虫网、诱虫板、果园生草、"以螨治螨"也得到普遍应用。松阳县近几年在茶园上大力推广病虫绿色防控技术，目前在茶叶上共安装杀虫灯470盏，控制面积2.3万亩，2012年继续投入200多万元，采购信息素及黄(绿)板115万张，应用茶园面积7.5万亩，绿色防控效果十分显著。

(二)减少了化学农药使用量

推广农作物病虫害绿色防控技术，增强了农民的农产品质量安全意识和生态保护意识，改变了农民长期形成的不注重病虫害发生规律，见病虫就治、多药混配治、过量使用化学农药的传统观念，提高对农作物病虫害的防控水平。据统计，2010年绿色防控示范区平均化学农药防治4.5次，比对照区(6.7次)减少2.2次，实施区化学农药平均使用量(折纯)为459克/亩，比对照区(613克/亩)减少154克/亩，减少了25.1%，大大降低了化学农药使用量，减轻农药对环境的污染，保护生态环境及生物多样性，实现农作物病虫的综合治理和农业生态环境的协调发展。

(三)提高了农产品市场竞争力

实施农作物病虫绿色防控技术，提高了农作物病虫综合防治水平和技术到位率，保证了农产品生产和质量安全。据统计，至2010年，绿色防控示范区共通过无公害产品认证产品59个，无公害基地认证58个，基地面积9.32万亩；绿色产品5个，绿色基地18个，基地面积0.59亩；有机产品22个，有机基地20个，基地面积7.48万亩，示范区平均节本增效386.5元/亩(其中亩节本163元、亩增效223.5元)，增加了种植效益，有利于促进绿色、生态农业的发展，促进对外贸易，促进农业增效、农民增收。

二、制约绿色防控技术推广的主要因素

通过几年的示范推广，丽水市农作物病虫害绿色防控工作虽取得了显著成绩，但也存在着一些突出的问题和制约因素，需认真研究解决。

(一)政府支持力度不够，扶持范围有限

由于对“科学植保、公共植保、绿色植保”认识不足，对农作物病虫害绿色防控工作重视不够，支持力度有限。目前除太阳能杀虫灯被列入国家农机购机补贴外，其他绿色防控产品均未被列入政府补贴目录，严重影响绿色防控技术和产品的推广。丽水市及所属各县(市、区)尚未出台关于推广农作物病虫害绿色防控技术的扶持政策和配套措施，现有绿色防控推广经费主要依靠各类项目支持，随着绿色防控面积的扩大，由于缺少经费保障，持续推广难度较大。

(二)植保体系不够完善，技术力量相对薄弱

现有植保体系还不够健全，目前我市除松阳、莲都等少数县(区)外，大部分县(市)植保技术力量严重不足，县、乡(镇、街道)农技人员精力分散，在岗人员从事公益性技术服务的少；现有基层农技推广体系改革虽已完成，乡镇“三位一体”农业公共服务体系也正在构建，但全市(除莲都外)大部分乡镇农业公共服务机构的人、

财、物都由乡(镇、街道)管理,考评、奖惩、晋职、晋升也由乡(镇、街道)负责,农技人员只能服从乡(镇、街道)安排,造成实际在一线从事农技推广人员短缺,绿色防控技术推广力量薄弱,不利于工作深入开展。

(三)技术集成不配套,防控效果不直观

目前,在农作物病虫害绿色防控方面单项技术应用得较多,如杀虫灯、昆虫性信息素、诱虫板、生物农药、“以螨治螨”、果园生草等,而在农作物病虫害绿色防控技术集成应用上还不成体系,难以发挥防控优势。同时,绿色防控产品专一性较强,防控效果也不如化学农药直观,如用生物农药印楝素、苦参碱防治茶叶小绿叶蝉,苏云金杆菌防治稻纵卷叶螟时,由于生物农药药效较缓,且施药条件严格,加之农民对生物农药特性缺乏了解,片面追求杀虫效果,造成产品推广难度大。

(四)投入成本较大,农民接受程度不高

绿色防控技术防治成本相对要比化学农药防治成本高,如安装一盏太阳能杀虫灯需 4000~5000 元,黄板加信息素每亩需 30~40 元(每亩需安放 15~20 片),费时费工,农民不愿意采用。但绿色防控技术是一项社会化的服务技术,如一盏太阳能杀虫灯防控范围达 30~50 亩,信息素诱捕也需应用一定的面积才能发挥其最佳防控效果。而现有农民大部分年龄偏大,文化素质较低,传统观念还是根深蒂固,对绿色防控技术理解不深,接受缓慢,不利于大面积推广。

(五)缺乏有效推广平台,管理措施不到位

近年来,虽通过各级植保部门、科研单位和有关企业的不断努力,研发出一大批植保新技术、新产品、新器械,如矿物油农药、性诱剂、新型喷雾机械等,但由于缺乏推广经费和有效推广平台,这些技术和产品得不到很好的推广和应用。加上土地流转集约经营程度低,千家万户分散种植现状难以改变,受面积和规模的限制,难以发挥规模效益。同时,一家一户的生产经营方式所生产的农产品难以进行相关认证,缺少统一的品牌和包装,无法体现优质优价,这也是造成绿色防控技术难以有效推广的重要原因。

三、对策与建议

由于丽水市在绿色防控技术和产品方面存在重视不够、技术力量薄弱、投入成本较大、缺乏有效推广平台等诸多制约因素,需引起各级政府高度关注,以便为大力推进农作物病虫害绿色防控工作创造良好的发展环境。

(一)加强组织领导,提高思想认识

根据农业部办公厅《关于推进农作物病虫害绿色防控的意见》及《浙江省农作

物病虫害防治条例》要求，一是要提高认识，把推进农作物病虫害绿色防控工作作为事关农业生产安全、农产品质量安全和生态环境安全的大事来抓，各级农业行政部门要把推进农作物病虫害绿色防控工作列入重要议事日程，明确工作目标，积极有序推进；二是加强对农作物病虫害绿色防控工作的组织和领导，市、县(市、区)政府要尽早出台关于“推广农作物病虫害绿色防控技术”的相关政策；三是要大力宣传“科学植保、公共植保、绿色植保”理念，完善植保体系，县级植保机构要增加编制、充实人员，乡镇要按照“三位一体”农业公共服务体系建设要求，落实专职植物疫病防控技术人员。

(二)增加财政投入，加大扶持力度

要加大财政扶持力度，深入推进农作物病虫害绿色防控工作。一要创新机制，制定相应扶持措施。各地要研究制定当地主导特色经济作物的绿色防控扶持政策，鼓励种植主体和社会化服务组织推广应用生物农药、诱虫灯、性诱剂、防虫网等绿色防治技术和产品，并由各级财政安排资金进行适当补贴。二要整合资源，多渠道筹措扶持资金。紧密结合农业“两区”建设，充分利用各级财政和相关项目扶持经费，积极探索病虫害绿色防控补贴机制，提高农民和服务组织参与积极性，促进绿色防控技术推广应用。三要注重技术研发，开展农作物病虫害绿色防控技术集成示范推广。建立农作物病虫害绿色防控技术集成研发的专项资金，加大对农作物重大病虫防控技术研发的立项支持，积极开展丽水农业主导产业农作物病虫害绿色防控技术集成研究与示范。

(三)注重技术培训，提升防控水平

加强技术培训，努力提高业务素质。一要加强技术培训。定期或不定期地开展有关农业政策、技术和产品使用培训，提高技术人员、服务人员和农民的专业素质，逐步提升服务质量，规范服务行为，建立起服务组织从业人员培训的长效机制。二要做好技术指导，及时把“病虫情报”和技术信息提供给服务组织和农民。在病虫防治关键时期，农技人员要深入田间，做好现场指导，帮助解决绿色防控过程中遇到的技术难题。三要提升技术水平。积极开展田间试验、示范，不断提高绿色防控技术的先进性、实用性和可操作性。要加强农、科、教的紧密协作，提高作物病虫害绿色防控技术的应用水平，及时向农民推广、推荐一批新型实用技术和防控产品，确保绿色防控工作取得实效。

(四)强化示范宣传，扩大社会影响

绿色防控技术示范推广工作在丽水市尚处在起步阶段，需要加强宣传，提高社会关注度。一是以现代农业综合区、主导产业示范区、特色农业精品园及有机、绿色、无公害农产品基地为平台，建立农作物病虫害绿色防控示范区，充分展示绿色防控产品、技术和成效，达到以点带面的效果。二是通过样板示范、现场观摩、技术培训的方式大力宣传推广绿色防控技术的意义、主要成效、先进技术和典型经验，提高农民对绿色防控技术及产品的认识，真正得实惠见实效，增强其主动性和积极性。三是在丽水特色产业主产区、风景名胜区、交通“三沿”区农田全面推广应用杀虫灯、诱虫板等直观绿色防控产品，成为丽水对外宣传推行“病虫绿色防控，发展生态农业”的窗口，要充分利用“农技110”、农民信箱、电视、广播、报纸等载体，让社会了解绿色防控的作用，让农民增强绿色防控的信心，扩大绿色防控的社会影响。

（五）创新服务模式，建立长效机制

推广绿色防控技术是一项长期工作，需要不断摸索和探讨，创新机制，汇聚各方力量共同推进。一是要把绿色防控的推广应用与发展专业化统防统治、实施病虫综合防治和农药减量工程等有机结合起来，优先在农作物病虫害专业化统防统治服务区，病虫害综合防治、农药减量工程实施区示范应用绿色防控技术和产品。二是要鼓励农民专业合作组织、涉农企业和农民科技示范户采用绿色防控技术，建立以各级农技推广部门为主体，农民专业合作组织、专业协会、涉农企业和农民带头人广泛参与的绿色防控多元化推广机制。逐步实施绿色防控产品政府招投标采购机制，降低产品价格，提高产品售后服务，保障农民利益。三是要建立绿色防控农产品的质量追踪及标识制度。农业部门要对绿色防控农产品实施免费检测，提供产品检测报告，发放政府认可的统一标识，并推行产品网上查询系统，以提高农产品市场定位，发挥价格优势，全面扩大绿色防控技术的推广应用。

（第一作者：张国平为丽水市农业局副局长；主笔作者：李小荣为丽水市土肥植保站站长。定稿于2012年10月）

图书在版编目（CIP）数据

创新与实践:浙江现代植保建设论坛/史济锡主编．—杭州：浙江大学出版社，2016．3
ISBN 978-7-308-15580-9

Ⅰ．①创…　Ⅱ．①史…　Ⅲ．①植物检疫—工作概况—浙江省　Ⅳ．①S412

中国版本图书馆 CIP 数据核字（2016）第 023098 号

创新与实践:浙江现代植保建设论坛

主编　史济锡

责任编辑　阮海潮
责任校对　杨利军　秦　瑕
封面设计　杭州林智广告有限公司
出版发行　浙江大学出版社
（杭州市天目山路 148 号　邮政编码 310007）
（网址:http://www.zjupress.com）
排　　版　杭州中大图文设计有限公司
印　　刷　杭州杭新印务有限公司
开　　本　710mm×1000mm　1/16
印　　张　14
字　　数　282 千
版 印 次　2016 年 3 月第 1 版　2016 年 3 月第 1 次印刷
书　　号　ISBN 978-7-308-15580-9
定　　价　50.00 元
